数据资产管理

核心技术与应用

张永清　赵伟　蒋彪　王函　著

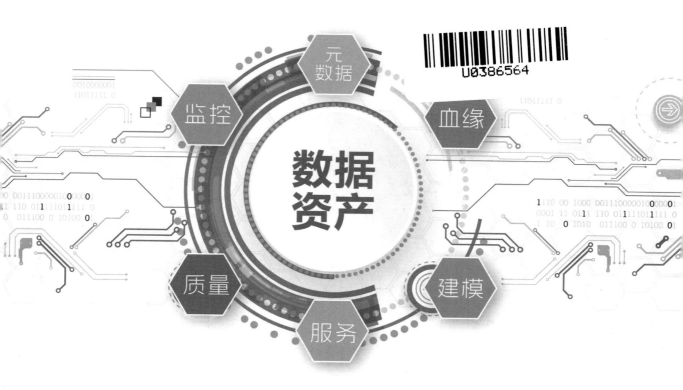

清华大学出版社
北京

内 容 简 介

本书深入探讨数据资产管理的核心技术与应用，融入作者在大数据领域多年的丰富经验。本书为读者提供一套可以落地的数据资产管理框架，并详解两个基于该框架进行数据资产管理的应用案例，使读者能更好地了解数据资产管理底层所涉及的众多核心技术，让数据可以发挥出更大的价值。本书配套PPT课件、示例源代码、作者微信群答疑服务。

全书共分10章，第1章主要让读者认识数据资产，了解数据资产相关的基础概念，以及数据资产的发展情况。第2～8章主要介绍大数据时代数据资产管理所涉及的核心技术，内容包括元数据的采集与存储、数据血缘、数据质量、数据监控与告警、数据服务、数据权限与安全、数据资产管理架构等。第9～10章主要从实战的角度介绍数据资产管理技术的应用实践，包括如何对元数据进行管理以发挥出数据资产的更大潜力，以及如何对数据进行建模以挖掘出数据中更大的价值。

本书适合数据资产管理者、数据资产管理初学者、数据应用开发工程师、数据分析师、数据库管理员、架构师、产品经理、技术经理作为技术参考书，也适合高等院校或高职高专数据资产管理相关课程的教学参考书。

图书在版编目（CIP）数据

数据资产管理核心技术与应用 / 张永清等著.

北京 ：清华大学出版社，2024. 7. --（大数据技术丛书）. -- ISBN 978-7-302-66699-8

Ⅰ. TP274

中国国家版本馆 CIP 数据核字第 2024HZ7113 号

责任编辑：夏毓彦
封面设计：王　翔
责任校对：闫秀华
责任印制：宋　林

出版发行：清华大学出版社
　　　　　网　　　址：https://www.tup.com.cn，https://www.wqxuetang.com
　　　　　地　　　址：北京清华大学学研大厦 A 座　　　　邮　　编：100084
　　　　　社 总 机：010-83470000　　　　　　　　　　邮　　购：010-62786544
　　　　　投稿与读者服务：010-62776969，c-service@tup.tsinghua.edu.cn
　　　　　质量反馈：010-62772015，zhiliang@tup.tsinghua.edu.cn
印 装 者：涿州汇美亿浓印刷有限公司
经　　销：全国新华书店
开　　本：190mm×260mm　　　　　印　　张：16.5　　　　字　　数：445 千字
版　　次：2024 年 8 月第 1 版　　　　　印　　次：2024 年 8 月第 1 次印刷
定　　价：89.00 元

产品编号：102872-01

推荐序 1

在数字化浪潮席卷全球的今天，数据已经成为一种重要的资源，其价值不亚于传统的石油、矿产等自然资源。如何有效管理和应用数据，以驱动商业决策、推动科技创新、服务社会发展，已成为我们这个时代面临的重要课题。因此，我深感欣慰地看到这本专注于数据资产管理和应用的专业书籍的诞生，它将为我们提供一个宝贵的指南，引领我们走进数据创新驱动业务创新的新时代。

数据资产的管理，作为组织内部对数据的整体管理和控制，旨在确保数据的准确性、安全性、可靠性和一致性。通过制定合理的数据管理策略，我们可以将数据从简单的信息转化为有价值的资产，为企业的战略决策提供有力支持。同时，数据资产管理也有助于提升组织的运营效率，降低数据风险，保障企业的长期发展。

而数据资产的应用，则是将数据转化为实际价值的关键环节。在大数据、人工智能等技术的推动下，数据应用已经渗透到各个领域，为我们的生活和工作带来了前所未有的便利。无论是自动驾驶、智能制造、数字孪生、智能座舱，还是个性化服务、精准营销，都离不开数据应用的支持。因此，掌握数据应用的技术和方法，对于提升企业的竞争力、推动行业的创新具有重要意义。

本书理论与实践结合，深入探讨了数据资产管理和应用的各个方面。它既有对数据资产的技术框架、流程、工具等内容的详细介绍，也有对数据应用案例、技术、方法的深入分析。通过阅读本书，读者不仅可以了解数据资产和数据应用的基本概念和原理，还可以掌握实际操作中的技巧和方法，为今后的工作提供有力的支持。

我相信，这本书的出版将为广大数据从业者、研究者和管理者提供宝贵的参考和借鉴。它将帮助我们更好地理解数据资产和数据应用的价值以及重要性，推动我们在实践中不断探索和创新，共同开创数据治理和数据应用的美好未来。

最后，我要感谢本书的作者们，他们用自己的智慧和汗水为我们奉献了这样一本优秀的作品。同时，我也期待更多的专家和学者能够加入数据资产研究和数据应用实践中来，共同推动这个领域的发展和进步。

在数据资产和数据应用的实践道路上，我们既面临挑战也充满机遇。让我们携手并进，共同开创一个更加美好的未来。

陈兵

福特中国新能源技术、数字化及整车硬件研发执行总监

推荐序 2

随着大数据技术的蓬勃发展，国内涌现了许多优秀的本土开源项目，如 Apache DolphinScheduler、Apache Doris、Apache SeaTunnel 等，推动了开源社区的持续壮大，也推动了大数据技术的进一步发展。

随着数据湖的出现以及湖仓一体化架构的融合与发展，数据资产已成为企业推动战略决策和增强竞争力的关键，也是促进业务创新和增长的核心。然而，随着数据量的爆炸性增长和数据来源的多样化，如何有效管理这些数据、充分发挥其价值并确保数据的质量，成为众多企业面临的重大挑战。

我与本书的作者永清的结识，是因为当下十分流行的大数据工作流调度平台Apache DolphinScheduler 这个开源项目。永清是该项目的积极贡献者，也是国内开源社区的活跃参与者。国内开源社区的发展和壮大，需要众多开发贡献者的积极参与和贡献。希望开源社区能有更多像永清这样的伙伴，将自己的技术和经验以书籍的形式输出，更好地服务大众。

永清写的这本书涵盖了元数据管理、数据血缘跟踪、数据质量维护、数据监控与告警、数据权限与安全、数据建模等数据资产管理中常见的一些痛点，旨在为读者提供一个可行的数据资产管理框架以及基于该框架的实践方法和经验，帮助读者更好地了解数据资产管理所涉及的核心技术，并帮助企业释放数据潜力，推动业务发展。

祝愿读者能够从本书中获益，也欢迎大家加入本土开源项目的建设中来。

代立冬
白鲸开源联合创始人
Apache 基金会正式成员
Apache 孵化器导师
Apache DolphinScheduler PMC Chair
Apache SeaTunnel PMC
ApacheCon亚洲大数据湖仓论坛出品人
中国开源先锋
中国科协"2023开源创新榜"优秀人物

推荐序 3

数字时代浪潮汹涌，大数据技术飞速发展，各国纷纷将数字化转型上升为国家战略，市场竞争格局和博弈日趋激烈。面对瞬息万变的经济形势，数字化转型已然成为经济领域提升生产效率、增强韧性、应对挑战的必修课。

《中华人民共和国国民经济和社会发展第十四个五年规划和2035年远景目标纲要》明确提出要加快数字化发展，建设数字中国，推动公共服务、智慧城市、数字乡村等领域的产业数字化转型。在数字化转型的浪潮中，如何抢抓数字经济发展机遇，坚持应用牵引、强化基础支撑、聚焦数字赋能，统筹数字发展，是培育数字经济新业态的重要引擎。

正是在这样的背景下，本书应运而生，为广大科技创新工作者提供了一份宝贵的参考指南。本书分为三部分，首先从认识数据资产入手，力求深入浅出地解析数据资产管理的基本概念、原理、分类、价值评估方法以及与人工智能之间的相互关系，其次从数据的采集、存储、血缘、服务、安全、架构等方面深入探讨数据资产管理的相关技术，最后结合数据资产管理的技术要点和应用案例，充分展示了数据核心价值的挖掘手段。

本书的作者均在大数据架构设计和应用开发领域具备长期的实践经验和丰富的成果积累，他们另辟蹊径，从数据资产管理技术实现与落地的一线工作视角出发，构建了行之有效的指导方法，特别是在元数据采集、数据血缘关系、数据监控和告警等方面提供了良好的实践范式。

"桃李不言，下自成蹊"。借此机会，向广大积极响应国家数字化建设号召，投身数字化建设的工作者致敬！相信本书的出版将对数据资产管理领域产生深远的影响，并引领广大读者进一步探索大数据技术的奥秘。

朱雷雷

江苏省交通通信信息中心

作者简介

张永清

福特汽车工程研究有限公司高级架构师。从事功能测试、自动化测试、性能测试、Java软件开发、大数据开发、架构师等工作十多年，在自动化测试设计、性能测试设计、性能诊断、性能调优、分布式架构设计等方面积累了多年经验。参与过的系统涉及公安、互联网、移动互联网、大数据、人工智能等领域。先后任职于江苏飞搏软件、苏宁大数据研发中心、苏宁研究院、苏宁人工智能研发中心、紫金普惠研发中心、福特汽车工程研究有限公司，历任测试经理、技术经理、部门经理、高级架构师等职位。重点关注大数据、图像处理、高性能分布式架构设计等领域。著有图书《软件性能测试、分析与调优实践之路》《软件性能测试、分析与调优实践之路(第2版)》《Robot Framework自动化测试框架核心指南》。

赵伟

福特汽车大数据部门架构师。从事架构设计，拥有多年软件开发经验。曾经任职阿里巴巴、SAP等公司高级软件工程师。

蒋彪

福特汽车大数据部门经理。从事软件架构、技术管理十多年，在云计算、大数据、车载智能领域有丰富的经验。著有《Docker微服务架构实战》《人工智能工程化应用落地与中台构建》等图书。

王函

福特汽车充电网络架构师。从事Java软件开发、大数据开发、架构师等工作十多年，在性能调优、分布式架构设计、人工智能等方面积累了多年经验。著有图书《人工智能工程化应用落地与中台构建》。

前　言

　　随着互联网技术的稳步发展以及人工智能时代的到来，我们已经迈入了一个数据激增的时代。每时每刻都在产生大量的数据，数据的格式和种类也在不断增加。与此同时，大数据技术和架构也在不断变革。传统的数据仓库已经无法满足海量数据的存储和分析需求，于是出现了数据湖以及湖仓一体的新型大数据技术架构。由此可以看到，随着大数据的发展，数据存储和分析会变得越来越复杂，海量数据的管理也会变得越来越重要。同时，随着人工智能技术越来越成熟，海量数据可以更好地服务于人工智能的模型训练，让人工智能变得更加准确。

　　本书从技术与应用两个角度讲述了如何管理数据资产、解决数据资产管理中面临的诸多技术痛点，从而让数据终端用户或者数据分析师等能快速找到自己想要的数据，让数据可以发挥出更大的价值。

关于本书

　　本书聚焦数据资产管理的核心技术与应用，作者分享了多年大数据工作中积累的相关技术与经验，旨在为读者提供一套可以落地的数据资产管理框架，基于该框架进行数据资产管理实践，让读者能更好地学习和理解数据资产管理底层所涉及的众多核心技术。

　　本书内容可以分为如下三个部分来理解：

　　（1）第1章，主要让读者认识数据资产，了解数据资产相关的基础概念及其发展情况。

　　（2）第2~8章，主要介绍大数据时代数据资产管理包含的核心技术，内容包括元数据的采集与存储、数据血缘、数据质量、数据监控与告警、数据服务、数据权限与安全、数据资产管理架构等，全面介绍数据资产管理底层所涉及的核心技术。

　　（3）第9~10章，主要从实战的角度介绍数据资产管理的应用实践，包括如何对元数据进行管理以发挥出数据资产的更大潜力，以及如何对数据进行建模以挖掘出数据中更大的价值。

配套资源下载

　　本书配套PPT课件、示例源代码、作者微信群答疑服务，需要读者用自己的微信扫描下方的二维码下载。如果在学习本书的过程中发现问题或有疑问，可发送邮件至booksaga@163.com，邮件主题写上"数据资产管理核心技术与应用"。

本书作者

本书第1章由张永清和王函共同写作，第2~3章由张永清写作，第4章由蒋彪和张永清共同写作，第5~8章由张永清写作，第9~10章由赵伟写作。

鸣谢

感谢清华大学出版社的编辑们对本书的出版所做出的贡献。

感谢福特中国新能源技术、数字化及整车硬件研发执行总监陈兵为本书写推荐序。

感谢白鲸开源联合创始人、Apache基金会正式成员、Apache孵化器导师、Apache DolphinScheduler PMC Chair、Apache SeaTunnel PMC、ApacheCon亚洲大数据湖仓论坛出品人、中国开源先锋、中国科协"2023开源创新榜"优秀人物代立冬为本书写推荐序。

感谢Databricks高级架构师吴舒对本书的技术指导。

感谢福特中国数字化高级经理周扬对本书的特别点评和支持。

感谢部门同事以及身边的众多朋友对本书的支持。

感谢江苏省交通通信信息中心朱雷雷为本书写推荐序。

由于作者水平和时间的限制，书中难免存在疏漏之处，还望见谅并帮忙指正，也恳请读者提出更多宝贵的意见和建议。

张永清于南京

2024年5月

目　录

第 1 章
认识数据资产

在当前以数字化为主导，人工智能技术日益成熟的信息技术时代，大数据技术已成为企业和国家的核心竞争力。早在2015年，国务院便发布了《促进大数据发展行动纲要》，着重强调了要加强数字政府建设、加快推进全国一体化政务大数据体系建设。数据不仅对于国家的建设和发展来说非常重要，是很多企业或者组织决策的重要依据，更是驱动企业或者组织自身业务增长和创新的关键要素。企业或者组织通过对数据资产的管理，以及通过大数据技术对数据进行分析和挖掘，可以更加深入地了解市场需求、提升产品的服务以及运营效率，使得在激烈的市场竞争中不被淘汰。

1.1 数据资产的基本介绍

数据资产通常是指那些可以通过分析来揭示价值、支持企业决策制定、优化企业流程、预测行业的未来趋势或产生更大的经济价值的数据集。这些数据可能是由企业自身产生的，也可能是从外部获取的（如社交媒体、第三方数据提供商、网络爬虫等），而且这些数据的格式多样，可能是结构化数据、半结构化数据或者非结构化数据，如图1-1所示。

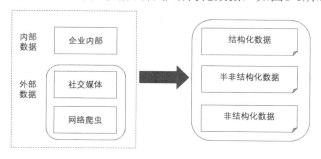

图 1-1

1. 数据资产的关键特性

数据资产的关键特性是其可用性、可访问性、完整性、可靠性和安全性，通常这些特性共同决定了数据的质量和价值，如图1-2所示。

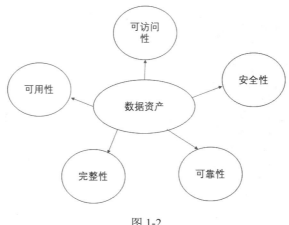

图 1-2

- 可用性：指的是数据资产需要能够被使用。如果无法被使用，那么数据资产就无法体现其核心价值，而数据资产的可用性需要依赖数据质量、数据监控等很多关键要素的支撑。
- 可访问性：指的是数据资产需要能够被数据的使用者访问。如果无法被访问，那么数据资产会显得没有任何价值，因为只有能被访问，才能挖掘出数据的更多价值。
- 安全性：指的是数据资产需要保障其数据的安全性，防止数据被泄露、丢失或者被黑客攻击篡改等。
- 可靠性：指的是数据资产一定是可靠的，否则无法用于企业的决策和判断。如果数据不可靠，那么通过数据做出来的决策肯定也不会可靠，从而会给企业带来巨大的损失。
- 完整性：指的是数据资产中的数据一定是完整的。如果数据不完整，那么获取到的信息也不会完整，不完整的数据是无法用于数据分析、数据决策的。

但是在现实生活中，数据资产的价值往往不会立即显现。相反，它们通常需要适当的管理和分析，才能转换为实用的价值或带来直接的经济回报。如图1-3所示，例如，一个顾客在京东的商品订单数据，在原始形态下可能是一系列购买商品的交易记录，但是当通过数据分析揭示出消费者的行为模式和偏好时，这些数据就转换为有助于推动销售和制定营销策略的宝贵数据资产。

图 1-3

除用于内部决策支持外，数据资产还可以成为一种可以对外出售或交换的商品。随着数据市场的发展，越来越多的公司认识到通过共享或出售其数据资产可以获得额外的经济收入，或者与合作伙伴交换数据以获取共同价值。

随着技术的进步，尤其是大数据以及人工智能和机器学习的发展，数据资产的潜在价值正在急剧增加。通过数据挖掘以及机器学习的模型训练，可以进一步发掘数据的更高价值。

2. 数据资产的常见类型

以下是数据资产的几种常见类型。

- 结构化数据：这类数据通常存在于预定义的数据模型中，它们格式清晰、易于搜索和组织。结构化数据通常存储在关系数据库中，如SQL数据库，这类数据库支持复杂的查询、报告和分析。例如，客户信息、销售记录、库存数据和金融交易数据等，都可以以结构化的形式存储。通常它们以表格形式存在，每一列代表一个数据字段，每一行代表一个数据记录，如图1-4所示。

id	name	...	...								
1											
2											
...											
...											

图 1-4

- 非结构化数据：非结构化数据没有预定义的格式或组织，因此更难以处理和分析。这类数据包括文本文档、PDF文件、电子邮件、视频、图像和音频文件，如图1-5所示。虽然处理起来更复杂，但非结构化数据通常提供更丰富的信息和见解，在机器学习和自然语言处理等领域尤其有价值。
- 半结构化数据：半结构化数据介于结构化数据和非结构化数据之间，它们可能不符合严格的数据库模型，但包含标签或其他标记来分隔语义元素，并使元素的层次结构可识别。XML和JSON是半结构化数据的典型例子，它们被广泛用于网络数据交互。
- 实时数据：实时数据是指需要立即处理的数据，以便快速做出响应或决策。这类数据在金融交易、网络分析、物联网（Internet of Things，IoT）设备监控和在线广告投放中非常常见。实时数据处理通常要求具有较高的技术能力，以便快速捕捉、分析和响应数据流。
- 时间序列数据：时间序列数据是按照时间顺序收集的数据信息，通常用于分析数据的趋势、周期性和季节性变化等，如图1-6所示。例如股票价格、气象记录和监控数据等都是时间序列数据的典型例子。
- 地理空间数据：地理空间数据含有关于地理位置的信息，这类数据在规划、物流和位置分析中非常关键。例如地图数据、卫星图像和GPS追踪数据都属于这一类型。
- 元数据：元数据是描述其他数据的数据，如图1-7所示，它可以包括文件大小、存储路径、创建日期、作者信息等。元数据有助于组织、管理和检索数据，通常是数据管理、数据仓库、数据湖中不可或缺的核心组成部分。

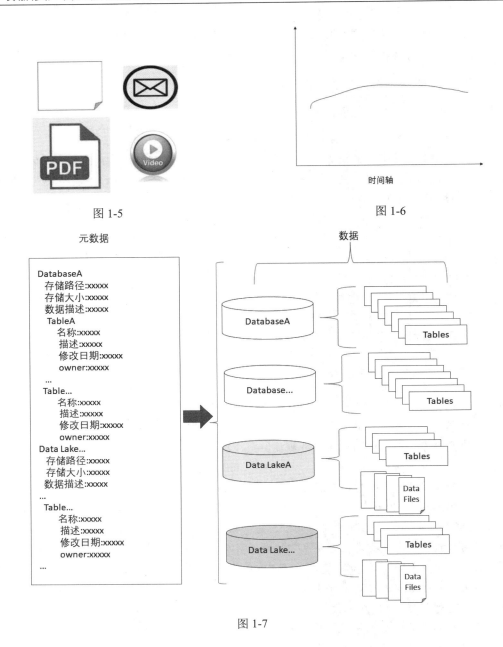

图 1-5

时间轴

图 1-6

图 1-7

1.2 数据资产的分类

本节来看一下数据资产的分类方式。一般情况下，数据资产包含如下几种分类方式。

- 根据数据敏感性分类：根据数据的敏感程度，通常可以将数据分为不同的级别，如公开数据、内部使用数据、敏感数据、隐私数据、绝密数据等。这种分类方式有助于企业或者组织对不同级别的数据采取不同的保护措施，以确保数据的安全性和隐私性。

- 根据数据来源分类：根据数据的来源，通常可以将数据分为很多不同的类别，如会员数据、商品数据、业务数据、交易数据、第三方数据等。这种分类方式有助于企业或者组织更好地了解数据的来源和用途，从而更好地利用数据。

- 根据数据用途分类：根据数据的用途，通常可以将数据分为各种不同的类别，如分析数据、决策数据、销售数据、风控数据等。这种分类方式有助于企业或者组织更好地了解数据的应用场景和使用目的，从而更好地发挥数据的使用价值。

- 根据数据格式分类：根据数据的格式和类型，通常可以将数据分为更多不同的类别，如半结构化数据、结构化数据、非结构化数据、文本数据、图像数据、音频数据等。这种分类方式有助于企业或者组织更好地了解数据的结构和特点，从而更好地处理和保存数据。

1.3 数据资产的价值评估

1. 通过成本来评估数据资产的价值

利用成本来评估数据资产的价值是一种在数据领域经常使用的方法，主要通过考量数据的获取、处理、存储以及后期维护和升级的成本，来确定数据能够产生多大的价值。

- 获取成本：指的是获取自己想要的数据需要花费的成本，比如数据的采集成本（比如通过爬虫等方式采集）、购买成本（比如从第三方数据管理机构直接购买数据）等。获取成本中还应该包括数据的传输成本，因为无论是自己采集还是购买，数据都需要传输才能进入自己的管理系统中。

- 处理成本：指的是对指定的数据进行处理需要花费的成本，比如数据的清洗、转换和整合的成本。

- 存储成本：指的是在获取到数据后，经过数据处理，存储到指定存储介质中需要花费的成本，比如硬件和软件成本，以及维护和升级这些硬件和软件系统的成本。

- 维护成本：指的是对数据进行维护花费的成本，比如对数据进行更新、修正以确保数据的准确性和完整性等发生的成本。

- 升级成本：指的是对数据进行升级需要花费的成本，比如进行技术手段上的升级以确保数据更加及时和准确等发生的成本。

2. 通过收益来评估数据资产的价值

利用收益来评估数据资产的价值是指基于现有的数据资产在过去的应用和使用情况以及未来的应用场景来评估数据资产能产生多大的价值。该方式的评估步骤如图1-8所示。

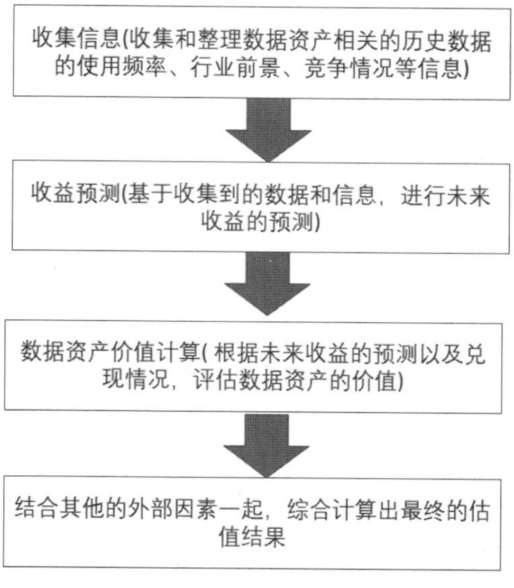

收集信息(收集和整理数据资产相关的历史数据的使用频率、行业前景、竞争情况等信息)

收益预测(基于收集到的数据和信息，进行未来收益的预测)

数据资产价值计算(根据未来收益的预测以及兑现情况，评估数据资产的价值)

结合其他的外部因素一起，综合计算出最终的估值结果

图 1-8

从图1-8中可以看到，利用收益来评估数据资产价值的核心点在于对行业相关的历史数据进行深入分析，并考量其未来前景以及竞争力。

1.4 数据资产的质量

确保数据高质量是数据资产管理的核心之一，企业或者组织管理其数据是因为需要使用数据或者挖掘数据中更大的价值，为了确保数据满足使用的需要，一定要做好数据质量的管理。如果数据质量过差，对于任何企业或者组织来说都是一种高成本的消耗。低质量的数据通常会产生如下不必要的成本开支，比如：

- 数据经常需要不断地返工和修正。
- 数据的质量低，导致企业或者组织的决策错误，从而造成巨大的经济损失。
- 数据的质量低，导致数据的使用变少，从而无法让数据发挥出应用的价值。

高质量的数据带来的相应好处包括：

- 可以更好地改善客户的使用体验。
- 可以更好地提升生产力。
- 降低低质量的数据造成的不可控风险。
- 高质量的数据可以带来更大的机会和机遇。
- 从对客户、产品、流程和机会的洞察中获得更大的竞争优势。

1.5 数据资产的存储

从传统的IT时代到现今的互联网时代和大数据时代，随着技术不断快速发展，数据资产的存储方式也发生着翻天覆地的变化。数据资产存储的发展历程主要分为以下几个阶段。

1. 文档存储时代

在信息化发展的早期，由于人们对数据的认识较少以及对数据价值的重要性认识不够，再加上当时IT系统的发展较为缓慢，数据主要依靠文档的方式存储到计算机上，如图1-9所示，比如通过Excel表格等方式来存储和查看数据。文档存储只能存储一些重要的数据，而且数据量不能太大。

通过文档存储数据的方式通常存在以下不足：

- 数据写入和修改的速度较慢，并且需要人手工把数据录入文档中，效率非常低下。
- 数据管理和维护较难，由于都是手工管理，因此极易出错，并且需要花费大量的时间，人力成本非常高。
- 数据不方便查看和检索，由于数据是以文档的方式存储的，当查找多个文档中的数据时，需要人工手动到每个文档中进行查找。

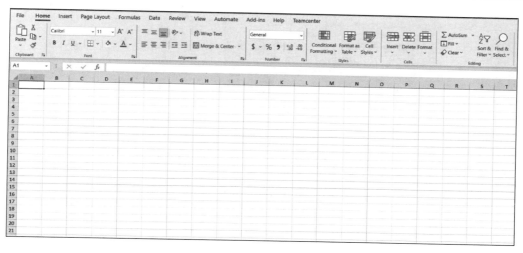

图 1-9

- 数据与数据之间的关联关系很难在文档数据库中记录，导致只能对数据进行一些简单的分析，无法进行复杂的关联分析。

2. 普通数据库存储的时代

如图1-10所示，随着计算机性能的更新换代以及IT技术的发展，开始出现了数据库技术，并且随着数据库技术的成熟发展以及SQL Server、MySQL、Oracle等很多关系数据库的出现，人们开始将数据存入数据库中。数据库的出现标志着数据资产信息化进程取得重要进展。

图 1-10

数据库存储可以解决很多文档存储数据的不足，比如不再需要人工录入和修改数据，可以通过数据库检索进一步提高数据的查询效率，通过数据库管理可以减少人工的手动管理和维护操作，数据库还可以存储数据与数据之间的关联关系，这样通过数据库就可以进行更复杂的数据分析以及数据查询等操作。

3. 数据仓库存储的时代

随着大数据的发展以及谷歌等大型科技公司对大数据技术发展的推动，人们对数据的认知进一步加深，对数据价值的探索不断加大，信息化技术的发展推动小数据逐步进入大数据时代。在谷歌三大核心论文的推动下，开源社区涌现出了很多以Hadoop、HBase、HDFS、Hive为首的优秀的大数据开源项目。正是在这个时期，人们开始提出数据仓库的概念。在大数据时代，随着人们对数据的需求越来越大，数据存储的体积也在急速膨胀，普通的数据库已经无法存储海量的数据了，更加无法对海量的数据进行分析了。数据仓库的引入通常可以解决如下问题。

- 解决数据分散的问题：如图1-11所示，在很多企业中都存在多套不同的业务系统，每个业务系统负责不同的业务，并且每个业务系统的数据通常都是存储在各自的数据库中，这样就会让数据非常分散。在数据仓库中，数据会采用集中式的存储架构，会将所有数据汇集到一个中心化的存储平台中，从而方便数据的整合和处理，以及进行更深入的数据挖掘和分析，让数据产生更大的价值。

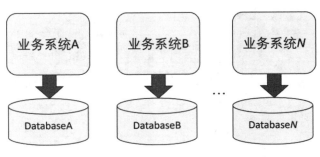

图 1-11

- 实现数据的标准化：通常来说，在一个企业或者组织中，不同的部门或者业务领域的数据标准和格式可能是不一样的，这就会给数据的整合和分析带来很多不便。有了数据仓库后，企业或者组织就可以将数据按照统一的标准进行转换和存储，从而实现数据的标准化。
- 保护数据的安全：随着人们对隐私和安全日益重视，保护数据的安全和隐私显得越来越重要。在数据仓库中，可以通过统一的数据加密、脱敏和权限访问控制来保护数据的安全和隐私。另外，随着大数据技术的发展，数据仓库的底层都是通过分布式的文件存储系统来存储数据的，从而让数据的完整性更加有保障。
- 更好地进行数字化转型：在数字化时代下，很多传统的企业或者组织都在不断进行数字化转型以适应市场的快速变化和提升自身产品的竞争力，数据仓库的出现为企业或者组织提供更加全面和完整的数据支持，帮助企业或者组织更好地了解市场的动向，快速响应客户的需求，从而制定适合自己的数字化转型策略。

4．数据湖存储的时代

随着大数据技术的快速更新换代以及数据湖概念的提出，以Databricks为首的大数据科技公司推出了名为Delta Lake的数据湖项目，在开源社区也出现了Hudi、Iceberg等优秀的数据湖项目。数据湖存储的引入，弥补了数据仓库所缺乏的某些功能，比如：

- 数据仓库中只能存储结构化的数据，而在数据湖中则没有任何限制，数据湖中不但可以存储结构化的数据，还可以存储半结构化甚至非结构化的数据。
- 数据仓库一般用于存储处理后的数据，而数据湖既可以存储没有经过处理的原始数据，也可以存储处理后的数据。
- 在技术层面，数据湖可以解决一些数据仓库无法解决的技术难题，比如以Hive为首的数据仓库在数据更新和数据删除等方面的能力非常弱，并且无法支持像数据库一样的事务处理。而数据湖则解决了这些难题，在数据湖中，可以高效地进行数据的更新和删除操作，并且支持事务处理，允许数据处理失败时执行回滚操作。

5．湖仓一体的时代

湖仓一体这个概念是最近几年才慢慢被提出来的，湖仓一体是将数据仓库和数据湖的优势结合起来而发展出来的一种全新的数据处理和存储架构。湖仓一体架构可以将结构化、非结构化的数据统一存放在一个共享的存储平台中，并且支持多种类型的数据源的接入，以及不同类型的数据分析，从而能更有效地挖掘出数据的价值。

1.6　数据资产管理

数据资产管理是一个涉及数据识别、分类、存储、保护和使用的复杂过程。数据资产的管理包括需要知晓数据的来源、存储位置、质量、适用的合规要求以及如何最大限度地利用这些数据等。在进行数据资产管理时，还需要注意数据的生命周期。数据的生命周期通常包括数据的创建、存储、使用、共享、归档和销毁等阶段。在数据的生命周期每个阶段，都需要相应的管理措施来保护数据的价值并确保其质量和合规性。

1. 数据资产管理的内容

通常来说，数据资产管理包括以下几个方面。

（1）数据获取管理：通常指的是从数据源端获取数据的管理，比如当存在很多数据源时，需要对每个采集数据的数据源进行管理，如图1-12所示。

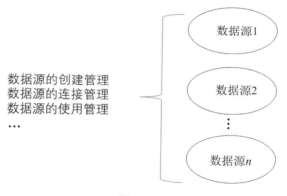

图 1-12

（2）数据处理管理：当从数据的源端获取到数据后，通常还需要对数据进行一些加工和处理，比如数据格式的处理、数据的压缩处理、数据的异常值处理等，如图1-13所示。在大数据中，数据处理通常会使用专门的实时任务或者离线任务来处理，而数据处理管理通常需要对数据处理的任务进行管理，管理时需要知道数据处理中有没有报错、有没有处理失败等。

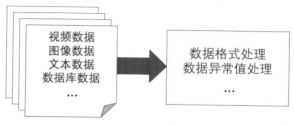

图 1-13

（3）元数据管理：在前面已经提到，元数据是描述其他数据的数据，是数据资产管理的核心。如果没有元数据管理，用户在使用数据时就不知道数据是什么、数据包含什么信息、自己需要的数据在哪里等，只有做好了元数据管理，才能让数据更容易被检索，才能让数据的使用者快速找到自己需要的数据。

（4）主数据管理：是指对核心业务的实体相关的关键数据进行管理。在不同的企业或者不同的环境中，主数据可能是不同的。主数据管理可以进一步提高数据的价值，提升数据对业务的响应速度。

（5）数据血缘管理：是指对数据之间的关联关系进行管理。通过数据血缘管理，数据的使用者就可以知道数据是从哪里来的、数据做了什么处理和加工等，如图1-14所示。

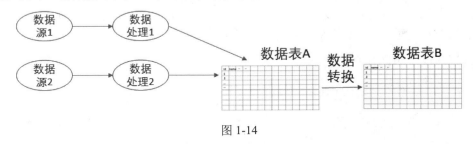

图 1-14

（6）数据质量管理：通过对数据质量规则的定义来衡量数据的质量管理。数据质量的好坏直接关系数据的价值。

（7）数据监控管理：数据监控管理是对数据链路、数据任务、数据服务、数据处理资源等环节进行监控与告警。当发现问题时，能够及时将问题告警和通知出来，以便数据的运维人员或者管理人员及时对数据进行处理。

（8）数据服务管理：在数据资产中，数据服务是对外提供使用和访问的一种最重要的形式。数据只有对外提供访问，才能体现其自身的价值。数据服务的管理就是对这些对外提供数据访问所使用的服务进行管理。

（9）数据权限与安全管理：在数据资产管理中，数据权限与安全的管理是让数据的整个生命周期中不会出现数据在未经授权的情况下被滥用，从而保护数据的安全和隐私不受侵犯。

2. 数据资产的管理方式

通常来说，数据资产的管理包括以下几种方式。

（1）加强数据治理：通常来说，数据治理是做好数据资产管理的核心，通过不断建立和完善数据治理的流程和规范，明确数据管理的职责和分工，对数据做好分类和标记，让数据更方便地被查找。

（2）建立完善的数据质量体系：数据质量直接决定了数据能否发挥其应有的作用，健全完善的数据质量体系可以持续不断地提高数据质量，让数据能够更准确地支撑企业或者组织的决策。

（3）建立完善的数据权限和安全管理体系：数据安全是整个数据资产管理的基础。建立一套包括数据备份和恢复、数据加密和解密、数据权限控制等在内的体系，可以让数据更加安全可靠。

（4）通过数据分析挖掘数据的更多价值：数据分析是数据资产的核心应用。在数据资产管理中，需要对数据进行更多分析，以挖掘出数据的更多潜在价值。

1.7 数据资产管理的信息化建设

数据资产管理的信息化建设，通常是指通过类似大数据等信息化技术对企业或者组织的数据资产进行管理和维护。本节讲解一下数据资产管理的信息化建设的好处和核心要素。

1. 数据资产管理信息化的好处

数据资产管理信息化可以带来如下好处。

- 及早发现数据问题：通过数据资产管理的信息化可以强化数据的质量以及监控和告警，当数据出现问题时，能够及早被发现。
- 提高数据管理的效率：通过大数据等IT技术手段，实现自动化、智能化管理数据，减少人工操作以及人为失误，降低人力成本和数据出错的风险。
- 让数据可以更快地产生价值：通过大数据等IT技术手段，让数据分析、数据挖掘更加迅速，能为企业或者组织提供更快、更准确的决策。
- 让数据可追溯和跟踪：通过建设数据资产管理平台，管理数据的处理过程和血缘关系等，让数据的使用者能对数据进行溯源。

2. 数据资产管理信息化建设的核心要素

数据资产管理信息化建设的核心要素如下：

- 数据采集：通过信息化的方式实现自动、实时、准确地在各个业务系统或者软硬件设备上采集数据，如图1-15所示。

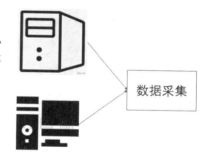

图 1-15

- 数据处理：通过Spark、Flink等大数据技术，实时地对采集到的数据进行清洗和转换处理，挖掘出更多的数据价值。
- 数据存储：通过数据仓库或者数据湖等分布式存储的技术手段来存储不同数据种类和格式的海量数据。
- 数据服务：搭建统一的数据服务平台，让数据能够被业务需求轻松地访问到。
- 数据安全：建立信息化的安全机制，自动识别数据中可能存在的安全访问风险，对数据进行自动备份，以便在数据丢失时能够自动恢复。

1.8 数据资产与人工智能

随着新一轮科技技术的变革，人工智能已经成为当前IT技术的热点话题之一，而数据更是赋能人工智能发展的关键。通常来说，数据与人工智能之间的关联关系可以通过图1-16来描述。

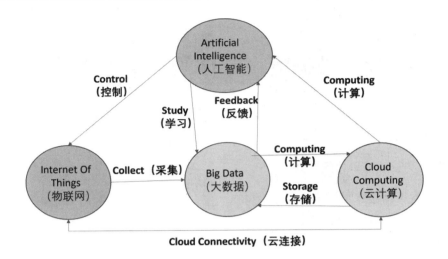

图 1-16

可以看到，人工智能在算法学习和模型训练时需要大量的数据做支撑，而人工智能算法预测的结果又需要通过数据反馈来验证其准确的程度，所以数据是支撑人工智能发展的关键，提高人工智能的准确性需要大量的数据来不断训练其模型。

数据资产和人工智能的结合将会使得：

- 人工智能更加智能化，能解放更多的人力成本。
- 能更好和更快地推动很多传统企业或者组织进行数字化转型。
- 加速科技发展的进程，发现更多未知的规律和现象。

总之，数据资产与人工智能的结合可以为很多企业或者组织带来更大的商机，可以让企业或者组织更好地理解数据，探索和挖掘数据中更多潜在的价值。

第 2 章
元数据的采集与存储

随着大数据时代的到来和大数据技术的成熟，数据已经成为每个企业或者组织最重要的资产。如何高效地管理数据资产、提高数据的质量、保障好数据的安全、让更多的用户来使用数据，让数据发挥更大的价值，已经成为很多传统企业以及新兴企业数字化的关键。而在数字化转型中，关键在于对数据资产核心技术的掌握。随着大数据的发展，数据量越来越大，通过传统的表格或者文档早就已经无法管理这么庞大的数据。数据资产的管理，通常需要通过专门的IT系统来实现信息化，以降低手工维护产生的人力成本。比如，通过专门的数据资产管理平台，可以进一步整合种类繁多的数据来源和数据格式，使得数据更易于查找和获取。通过数据资产管理提供的数据血缘、数据质量以及数据安全的管理，确保业务能够更安全、更高效地使用高质量数据，支持更精准的决策制定。

在数据资产管理中，元数据是数据资产管理的基础。有了元数据，才能知道当前数据有哪些，数据类型是什么，数据存储在哪里。从微观的技术角度来说，元数据一般是用于描述数据的属性信息（比如数据的存储位置、类型、存储格式等），是方便进行数据查找而存在的一类数据信息。

元数据通常具有如下特点：

- 元数据方便用户查找，类似于数据的一个"电子目录"。有了元数据后，在检索和查找数据时，就能快速找到自己需要的数据。
- 元数据通常以结构化形式存储，因为元数据的数据量通常不会非常大，并且只是对数据特征的一种描述。
- 元数据通常需要贯穿于数据的整个生命周期中。

从数据库、数据仓库或者数据湖的角度来说，元数据通常包含如下几类信息。

- **数据库元数据**：是指描述数据仓库或者数据湖中每一个数据库的数据存储路径、管理人员等信息的一种数据。
- **数据表元数据**：是指描述数据仓库或者数据湖中每个表的字段的长度、分区、类型、注释，以及表自身的存储格式、修改时间、注释、所属类型（比如临时表、外部表、内部表、视图等）、所有者等信息的一种数据。

无论是像Hive这样的数据仓库，还是像Hudi这样的数据湖，再或者是类似MySQL这样的传统关系数据库，都会有自己的一套元数据信息。由于元数据是数据资产管理的基础，因此管好数据资产的前提就是对元数据进行采集，然后进行统一存储和管理。

2.1　Hive中的元数据采集

通俗来说，Hive是一个基于Hadoop大数据框架的数据仓库工具，提供了类似SQL的HQL查询语言，降低了数据分析的使用门槛，让会使用传统SQL语言的数据分析人员可以无缝使用Hive进行数据分析。

Hive将元数据存储在单独的默认数据库中，也可以在部署时由用户来指定存储在哪种数据库中，通常支持存储在MySQL、SQL Server、Derby、PostgreSQL、Oracle等数据库中。

Hive在进行架构设计时，已经将Hive的元数据设计为一个单独的模块，并且提供标准的API服务，如图2-1所示。在大数据的生态体系中，很多大数据组件都是围绕着Hive的元数据来构建生态的。

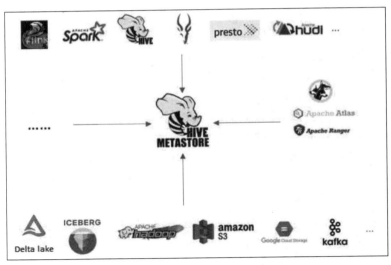

图 2-1

2.1.1　基于 Hive Meta DB 的元数据采集

由于Hive在部署时将元数据单独存储在指定的数据库中，因此从技术实现上来说，肯定可以直接从Hive元数据存储的数据库中获取需要的元数据信息。Hive的元数据是由Hive自己管理的，它存储着数据仓库中各种表和分区的所有结构信息，包括字段和字段类型信息、读写数据所需的串行器和解串器，以及存储数据的相应HDFS文件路径等。Hive表结构的任何变更，都会自动触发Hive元数据的修改。

在 Hive 的官方网站的网址 https://cwiki.apache.org/confluence/display/hive/design#Design-HiveDataModel中提供了如图2-2所示的Hive架构设计图。

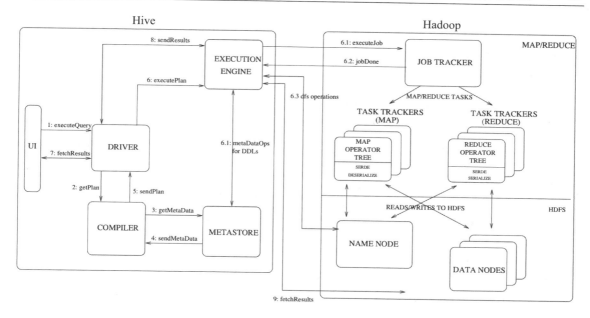

图 2-2

从图2-2中可以看到，Hive的Metastore所处的位置，以及和Hive中的其他组件的交互关系。在进行HQL查询时，SQL的编译和执行都需要获取元数据信息。

1. Hive的数据模型

Hive中包含以下几种数据模型。

- Tables（表）：和关系数据库中表的概念很像，表的创建除需要指定字段外，还需要指定数据的存储介质。在Hive中，表几乎都是存储在HDFS（Hadoop Distributed File System，Hadoop分布式文件系统）中。
- Partitions（分区）：每个表都可以有分区，分区的作用是方便快速地进行数据检索，一个表可以有一个或者多个分区。
- Buckets（桶）：每个分区中的数据又可以进行分桶，每个Bucket以文件的形式存储在分区的目录下。Bucket是最终真正用来存储数据的。

2. Hive元数据数据库中常见的关键表

Hive元数据数据库中常见的关键表信息说明如下。

（1）DBS：存储着Hive中数据库的相关基础信息，该表中的常见字段如下。

- DB_ID：数据库ID。
- DESC：数据库描述信息。
- DB_LOCATION_URI：数据库数据的存储路径。
- NAME：数据库的名称。
- OWNER_NAME：数据库所有者的用户名。
- OWNER_TYPE：数据库所有者的类型。

（2）DATABASE_PARAMS：存储着Hive中数据库参数的相关信息，一个数据库可以存在多个参数，该表中的常见字段说明如下。

- DB_ID：数据库ID，对应到DBS表中的DB_ID字段。
- PARAM_KEY：数据库的参数名。
- PARAM_VALUE：数据库的参数名对应的值。

（3）TBLS：存储着Hive数据库中数据表的相关基础信息，该表中的常见字段说明如下。

- TBL_ID：数据表的ID。
- CREATE_TIME：创建时间，数据以UNIX时间戳的形式展现。
- DB_ID：数据库ID，对应到Dbs表中的DB_ID字段。
- LAST_ACCESS_TIME：最后一次访问时间，数据以UNIX时间戳的形式展现。
- OWNER：数据表的所有者。
- RETENTION：保留字段。
- SD_ID：数据表数据的存储ID，对应SDS表的SD_ID字段。
- TBL_NAME：数据表的表名称。
- TBL_TYPE：数据表的表类型，表的常见类型包括MANAGED_TABLE、EXTERNAL_TABLE、INDEX_TABLE和VIRTUAL_VIEW。
- VIEW_EXPANDED_TEXT：数据表类型为视图的详细SQL查询语句，视图并不是真正存在的一张物理表，一般是通过SELECT查询映射出来的一个逻辑虚拟表，比如select * from table_xx。
- VIEW_ORIGINAL_TEXT：数据表类型为视图的原始SQL查询语句。

（4）COLUMNS_V2：存储着数据表的字段信息，该表中的常见字段说明如下。

- CD_ID：字段ID。
- COMMENT：字段注释。
- COLUMN_NAME：字段名。
- TYPE_NAME：字段类型。
- INTEGER_IDX：字段展示顺序。

（5）TABLE_PARAMS：存储着Hive数据库中数据表参数或者属性的相关基础信息，该表中的常见字段说明如下。

- TBL_ID：数据表的ID。
- PARAM_KEY：数据表的参数或者属性名。
- PARAM_VALUE：数据表的参数值或者属性值。

（6）TBL_PRIVS：存储着表或者视图的授权信息，该表中的常见字段说明如下。

- TBL_GRANT_ID：授权ID，字段类型为数值型。
- CREATE_TIME：授权创建的时间，数据以UNIX时间戳的形式展现。
- GRANT_OPTION：授权选项。

- GRANTOR：执行授权操作的对象。
- GRANTOR_TYPE：执行授权操作的对象类型。
- PRINCIPAL_NAME：被授权的对象。
- PRINCIPAL_TYPE：被授权的对象类型。
- TBL_PRIV：被授予的权限。
- TBL_ID：被授权的表的ID，对应TBLS表中的TBL_ID字段。

（7）SERDES：存储着数据序列化的相关配置信息，该表中的常见字段说明如下。

- SERDE_ID：序列化配置ID。
- NAME：序列化配置名，值可以为空。
- SLIB：序列化类名称，例如org.apache.hadoop.hive.serde2.lazy.LazySimpleSerDe。

（8）SERDE_PARAMS：存储着数据序列化的属性或者参数信息，该表中的常见字段说明如下。

- SERDE_ID：序列化配置ID。
- PARAM_KEY：属性名或者参数名。
- PARAM_VALUE：属性值或者参数值。

（9）SDS：存储着数据表的数据文件存储相关信息，该表中的常见字段说明如下。

- SD_ID：存储ID。
- CD_ID：字段ID，对应CDS表中的CD_ID字段。
- INPUT_FORMAT：数据文件的输入格式，例如org.apache.hadoop.mapred.SequenceFileInputFormat、org.apache.hadoop.mapred.TextInputFormat等。
- IS_COMPRESSED：数据文件是否压缩，值为true或者false。
- IS_STOREDASSUBDIRECTORIES：是否包含子目录存储，值为true或者false。
- LOCATION：数据文件的存储路径。
- NUM_BUCKETS：数据存储的分桶数量，如果为-1，则代表没有限制。
- OUTPUT_FORMAT：数据文件的输出格式，例如org.apache.hadoop.hive.ql.io.HiveIgnoreKeyTextOutputFormat、org.apache.hadoop.hive.ql.io.HiveSequenceFileOutputFormat等。
- SERDE_ID：序列化ID，对应SERDES表的SERDE_ID字段。

（10）SD_PARAMS：存储着数据表的存储相关属性或者参数信息，该表中的常见字段说明如下。

- SD_ID：存储ID，对应SDS表的SD_ID字段。
- PARAM_KEY：存储的属性名或者参数名。
- PARAM_VALUE：存储的属性值或者参数值。

（11）PARTITIONS：存储着数据表分区的相关信息，该表中的常见字段说明如下。

- PART_ID：分区ID。
- CREATE_TIME：分区的创建时间，数据以UNIX时间戳的形式展现。

- LAST_ACCESS_TIME：最后一次访问的时间，数据以UNIX时间戳的形式展现。
- PART_NAME：分区的名称。
- SD_ID：分区的存储ID，对应SDS表中的SD_ID字段。
- TBL_ID：分区关联的数据表ID，对应TBLS表中的TBL_ID字段。

（12）PARTITION_KEYS：存储着数据表分区的字段信息，该表中的常见字段说明如下。

- TBL_ID：数据表ID，对应TBLS表中的TBL_ID字段。
- PKEY_COMMENT：分区字段的注释。
- PKEY_NAME：分区字段名。
- PKEY_TYPE：分区字段类型。
- INTEGER_IDX：分区字段的顺序。

（13）PARTITION_PARAMS：存储分区的属性或者参数信息，该表中的常见字段说明如下。

- PART_ID：分区ID，对应PARTITIONS表中的PART_ID字段。
- PARAM_KEY：分区的属性名或者参数名。
- PARAM_VALUE：分区的属性值或者参数值。

3. Hive元数据中常见的关键表之间的关联关系

Hive元数据中常见的关键表之间的关联关系如图2-3所示。

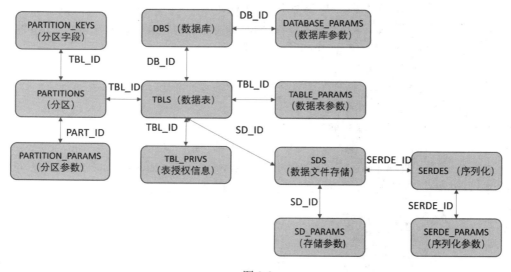

图 2-3

根据图2-3的关联关系，我们就可以用SQL语句查询到所需的元数据的数据信息。

2.1.2 基于 Hive Catalog 的元数据采集

Hive Catalog是Hive提供的一个重要的组件，专门用于元数据的管理。它管理着所有Hive库表的结构、存储位置、分区等相关信息。同时，Hive Catalog提供了RESTful API或者Client

包供用户来查询或者修改元数据信息，其底层核心的JAR包为hive-standalone-metastore.jar。在该JAR包中的org.apache.hadoop.hive.metastore.IMetaStoreClient.java接口中定义了对Hive元数据的管理的抽象。其核心类图如图2-4所示，org.apache.hadoop.hive.metastore.HiveMetaStoreClient是org.apache.hadoop.hive.metastore.ImetaStoreClient接口的实现类。

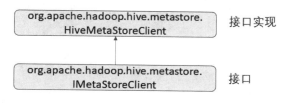

图 2-4

org.apache.hadoop.hive.metastore.HiveMetaStoreClient作为客户端，在连接Hive Meta服务时，需要传入对应的Hive连接配置，这个配置被定义在org.apache.hadoop.hive.conf.HiveConf.java中。

如图2-5所示为通过客户端获取Hive元数据时和服务端的交互过程。

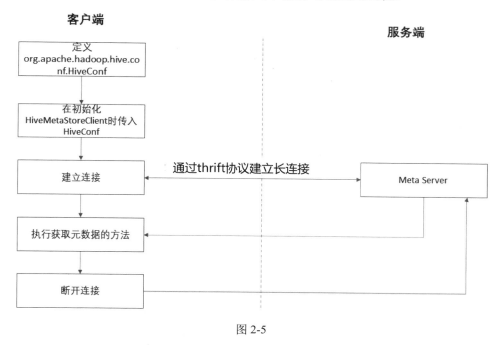

图 2-5

HiveConf的定义以及HiveMetaStoreClient的初始化代码如下：

```
...
//初始化HiveConf配置
org.apache.hadoop.hive.conf.HiveConf  hiveConf = new
org.apache.hadoop.hive.conf.HiveConf(getClass());
    hiveConf.set("hive.metastore.uris","thrift://your-ip:port");
    //初始化HiveMetaStoreClient
    org.apache.hadoop.hive.metastore. IMetaStoreClient  client= new
org.apache.hadoop.hive.metastore.HiveMetaStoreClient(hiveConf);
    ...
```

在org.apache.hadoop.hive.metastore.ImetaStoreClient.java中定义的、获取Hive元数据的核心方法如下。

- getDatabases：获取指定的数据库。
- getAllDatabases：获取所有的数据库。
- getAllTables：获取指定数据库下所有的表。
- getTables：获取指定的表。
- getTableMeta：获取表的元数据信息。
- listTableNamesByFilter：通过过滤条件获取所有的表名。
- dropTable：删除指定的表。
- truncateTable：清除指定表中的所有数据。
- tableExists：判断指定的表是否存在。
- getPartition：获取分区。
- listPartitions：获取指定表的所有分区信息。
- listPartitionNames：获取指定表的所有分区名称。
- createTable：在数据库下创建表。
- alter_table：修改表的相关信息。
- dropDatabase：删除指定的数据库。
- alterDatabase：修改指定数据库的相关信息。
- dropPartitions：删除符合条件的分区。
- dropPartition：删除指定的分区。
- alter_partition：修改指定的分区。
- renamePartition：修改分区的名称。
- getFields：获取指定表下的字段信息。
- getSchema：获取Schema信息。
- getTableColumnStatistics：获取表字段（列）的统计信息。
- createFunction：创建函数。
- alterFunction：修改函数。
- dropFunction：删除函数。

在Hive 2.2.0版本之前，Hive还提供了以Hcatalog REST API的形式对外访问Hive Catalog（Hive 2.2.0版本后，已经移除了Hcatalog REST API这个功能），REST API的访问地址为http://yourserver/templeton/v1/resource。在 Hive 的 Wiki 网站https://cwiki.apache.org/confluence/display/Hive/WebHCat+Reference中详细列出了REST API支持哪些接口访问，如图2-6所示。

比如，通过调用REST API接口http://yourserver/templeton/v1/ddl/database，便可以获取到Catalog中所有数据库的信息，如图2-7所示。

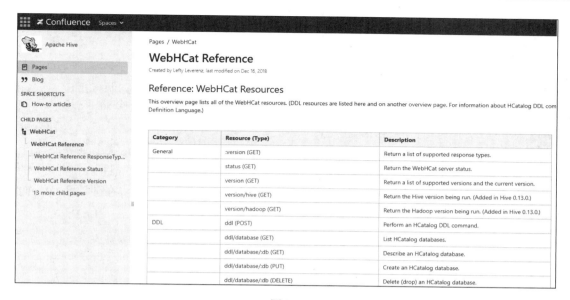

图 2-6

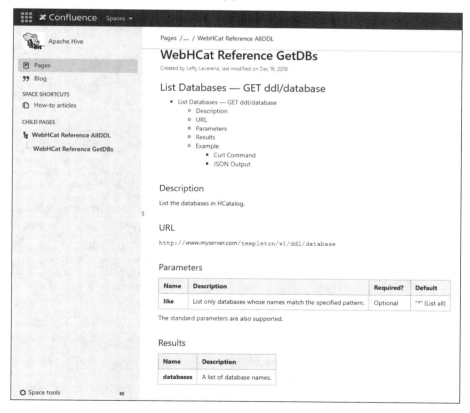

图 2-7

2.1.3　基于 Spark Catalog 的元数据采集

Spark是一个基于分布式的大数据计算框架。Spark和Hadoop的最大不同是，Spark的数据主要是基于内存计算的,所以Spark的计算性能远远高于Hadoop,深受大数据开发者喜爱。Spark提供了Java、Scala、Python和R等多种开发语言的API。

　　Spark Catalog是Spark提供的一个元数据管理组件,专门用于Spark对元数据的读取和存储管理,它管理着Spark支持的所有数据源的元数据。Spark Catalog支持的数据源包括HDFS、Hive、JDBC等。Spark Catalog将外部数据源中的数据表映射为Spark中的表,所以通过Spark Catalog也可以采集到我们需要的元数据信息。

　　如图2-8所示,在Spark源码中使用org.apache.spark.sql.catalog.Catalog这个抽象类来定义Catalog的底层抽象,而在org.apache.spark.sql.internal.CatalogImpl中对Catalog进行了抽象类的实现。在org.apache.spark.sql.SparkSession中提供了Catalog的对外调用,用户在使用Catalog时可以通过SparkSession进行调用。

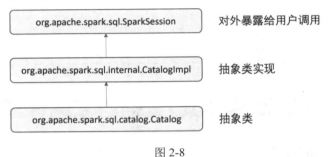

图 2-8

　　Catalog类中提供的方法如表2-1所示。

表 2-1　Catalog 类中提供的方法

方　法　名	方法参数	说　明
currentDatabase	无参数	获取当前Spark会话中默认的数据库
setCurrentDatabase	dbName（数据库名称）	设置当前Spark会话中使用的数据库名称
listDatabases	无参数	获取当前Spark会话中的所有数据库
listTables	dbName（数据库名称）或者不传参	当传入数据库名称时,获取指定数据库下的所有表。当不传参时,获取当前Spark会话中默认的数据库下的所有表
listFunctions	dbName（数据库名称）或者不传参	当传入数据库名称时,获取指定数据库下的所有函数。当不传参时,获取当前Spark会话中默认的数据库下的所有函数
listColumns	tableName（表名称）	获取当前Spark会话中默认的数据库下指定表的所有字段
listColumns	dbName（数据库名称）,tableName（表名称）	获取指定数据库下指定表的所有字段
getDatabase	dbName（数据库名称）	获取指定名称的数据库信息,如果不存在该数据库名,就抛出异常
getTable	tableName（表名称）	获取当前Spark会话中默认的数据库下指定表名称的表信息,如果不存在该数据库名,就抛出异常

（续表）

方　法　名	方法参数	说　明
getTable	dbName（数据库名称），tableName（表名称）	获取指定数据库名称和表名的表信息，如果不存在该数据库名，就抛出异常
getFunction	functionName（函数名称）	获取当前Spark会话中默认的数据库下指定函数名的函数信息，如果不存在该数据库名，就抛出异常
getFunction	dbName（数据库名称），functionName（函数名称）	获取指定数据库名称和函数名的函数信息，如果不存在该数据库名，就抛出异常
databaseExists	dbName（数据库名称）	判断指定的数据库是否存在
tableExists	tableName（表名称）	判断当前Spark会话中默认的数据库下指定的表名称是否存在
tableExists	dbName（数据库名称），tableName（表名称）	判断指定的数据库下指定的表是否存在
functionExists	functionName（函数名称）	判断当前Spark会话中默认的数据库下指定的函数名称是否存在
functionExists	dbName，functionName	判断指定的数据库下指定的函数是否存在
createExternalTable	tableName（表名称），path（表数据存储路径，扩展表在drop时，不会删除path下的数据）	创建一个指定表名和存储路径的扩展表
createTable	tableName（表名称），path（表数据存储路径）	创建一个指定表名和存储路径的表
createExternalTable	tableName（表名称），path（表数据存储路径，扩展表在drop时，不会删除path下的数据），source（数据来源，比如可以是一个select查询）	创建一个指定表名和存储路径以及数据来源的扩展表
createTable	tableName（表名称），path（表数据存储路径），source（数据来源，比如可以是一个select查询）	创建一个指定表名和存储路径以及数据来源的表
createExternalTable	tableName（表名称），source（数据来源），options（表属性参数）	创建一个指定表名、数据来源以及属性参数的扩展表
createTable	tableName（表名称），source（数据来源），options（表属性参数）	创建一个指定表名、数据来源以及属性参数的表
createTable	tableName（表名称），source（数据来源），schema（表的字段信息），options（表属性参数）	创建一个指定表名、数据来源、表字段信息以及属性参数的表
createExternalTable	tableName（表名称），source（数据来源），schema（表的字段信息），options（表属性参数）	创建一个指定表名、数据来源、表字段信息以及属性参数的扩展表
createTable	tableName（表名称），source（数据来源），schema（表的字段信息），description（表的注释描述），options（表属性参数）	创建一个指定表名、数据来源、表字段信息、表注释描述以及属性参数的表

（续表）

方 法 名	方法参数	说　　明
dropTempView	viewName（视图名称）	删除当前Spark会话中的临时视图
dropGlobalTempView	viewName（视图名称）	删除当前Spark会话中的临时全局视图
isCached	tableName（表名称）	判断当前Spark会话中的指定表是否被缓存在内存中
cacheTable	tableName（表名称）	将当前Spark会话中指定的表缓存到内存中
cacheTable	tableName（表名称），storageLevel（缓存存储的级别）	将当前Spark会话中指定的表缓存起来，可以指定缓存的级别，包括是否使用磁盘、内存、堆外内存、反序列化、副本存储，需要注意的是堆外内存不支持反序列化操作
uncacheTable	tableName（表名称）	将当前Spark会话中指定的表从缓存中移除
clearCache	无参数	清空当前Spark会话中的所有缓存
refreshTable	tableName（表名称）	刷新当前Spark会话中的指定表
refreshByPath	Path（指定的数据源路径）	刷新当前Spark会话中指定数据源路径下的数据

自Spark 3.0版本起，引入了Catalog Plugin，虽然org.apache.spark.sql.catalog.Catalog提供了一些常见的元数据查询和操作方法，但是并不够全面、强大和灵活，比如无法支持多个Catalog等，所以Catalog Plugin是Spark为了解决这些问题应运而生的。

Spark源码中提供了使用Java语言定义的Catalog Plugin接口，代码如下：

```
/*
 * Licensed to the Apache Software Foundation (ASF) under one or more
 * contributor license agreements.  See the NOTICE file distributed with
 * this work for additional information regarding copyright ownership.
 * The ASF licenses this file to You under the Apache License, Version 2.0
 * (the "License"); you may not use this file except in compliance with
 * the License.  You may obtain a copy of the License at
 *
 *    http://www.apache.org/licenses/LICENSE-2.0
 *
 * Unless required by applicable law or agreed to in writing, software
 * distributed under the License is distributed on an "AS IS" BASIS,
 * WITHOUT WARRANTIES OR CONDITIONS OF ANY KIND, either express or implied.
 * See the License for the specific language governing permissions and
 * limitations under the License
 */

package org.apache.spark.sql.connector.catalog;

import org.apache.spark.annotation.Evolving;
import org.apache.spark.sql.internal.SQLConf;
import org.apache.spark.sql.util.CaseInsensitiveStringMap;

/**
 * A marker interface to provide a catalog implementation for Spark.
 * <p>
 * Implementations can provide catalog functions by implementing additional
```

```
interfaces for tables,
    * views, and functions.
    * <p>
    * Catalog implementations must implement this marker interface to be loaded by
    * {@link Catalogs#load(String, SQLConf)}. The loader will instantiate catalog
classes using the
    * required public no-arg constructor. After creating an instance, it will be
configured by calling
    * {@link #initialize(String, CaseInsensitiveStringMap)}.
    * <p>
    * Catalog implementations are registered to a name by adding a configuration option
to Spark:
    * {@code spark.sql.catalog.catalog-name=com.example.YourCatalogClass}. All
configuration properties
    * in the Spark configuration that share the catalog name prefix,
    * {@code spark.sql.catalog.catalog-name.(key)=(value)} will be passed in the case
insensitive
    * string map of options in initialization with the prefix removed.
    * {@code name}, is also passed and is the catalog's name; in this case, "catalog-name"
    *
    * @since 3.0.0
    */
    @Evolving
    public interface CatalogPlugin {
      /**
       * Called to initialize configuration.
       * <p>
       * This method is called once, just after the provider is instantiated.
       *
       * @param name the name used to identify and load this catalog
       * @param options a case-insensitive string map of configuration
       */
      void initialize(String name, CaseInsensitiveStringMap options);

      /**
       * Called to get this catalog's name.
       * <p>
       * This method is only called after {@link #initialize(String,
CaseInsensitiveStringMap)} is
       * called to pass the catalog's name
       */
      String name();

      /**
       * Return a default namespace for the catalog.
       * <p>
       * When this catalog is set as the current catalog, the namespace returned by this
method will be
       * set as the current namespace.
       * <p>
       * The namespace returned by this method is not required to exist.
       *
```

```
 * @return a multi-part namespace
 */
default String[] defaultNamespace() {
  return new String[0];
 }
}
```

在该接口的源码中定义了以下3个方法。

- initialize：配置初始化，该方法只执行一次。
- name：获取Catalog的名字。
- defaultNamespace：获取Catalog默认的命名空间。

Catalog Plugin在源码中的位置如图2-9所示，CatalogPlugin接口位于Spark源码的spark-catalyst子工程下。

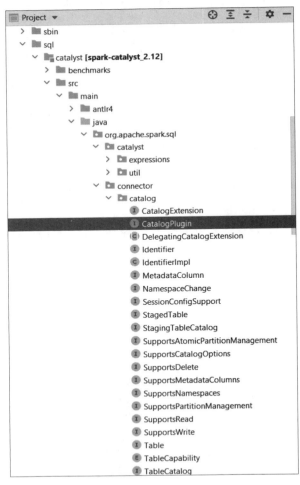

图 2-9

如图2-10所示为CatalogPlugin接口在Spark源码中的代码实现类图，从中可以看到CatalogPlugin是如何对外暴露给用户进行调用的。

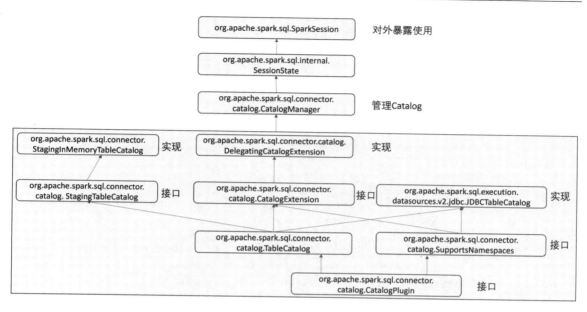

图 2-10

若需自定义一个Catalog，则可以直接或间接实现org.apache.spark.sql.connector.catalog.
CatalogPlugin接口。间接实现指的是，也可以选择实现CatalogPlugin的扩展接口，例如
TableCatalog。自定义Catalog实现完成后，在运行Spark任务时，需要添加以下配置：

```
spark.sql.catalog.catalog_name=com.example.YourCatalogClass（自定义的
package.Catalog类名）
```

Spark还提供org.apache.spark.sql.catalyst.catalog.ExternalCatalog接口来扩展支持外部数据
源 的 元 数 据 操 作， 比 如 Spark 对 Hive 的 操 作 就 是 通 过 org.apache.spark.sql.hive.
HiveExternalCatalog这个接口来实现的。相关的核心类图如图2-11所示。

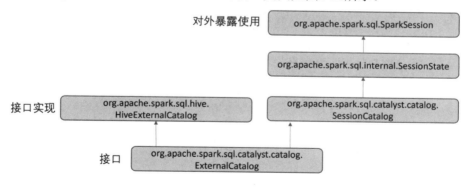

图 2-11

可以看到，org.apache.spark.sql.hive.HiveExternalCatalog实现了ExternalCatalog接口来提供
对Hive的Catalog操作。

通过Spark Catalog获取元数据的代码如下：

```
import org.apache.spark.sql.SparkSession
import org.apache.spark.sql.catalyst.TableIdentifier
```

```scala
import java.util
object MetaProcessorExample {
  def main(args: Array[String]): Unit = {

    // Create Spark SparkSession
    val spark = SparkSession
      .builder()
      .appName("MetaProcessorExample")
      .enableHiveSupport()
      .getOrCreate()
    //遍历所有的数据库
    spark.catalog.listDatabases().toLocalIterator().forEachRemaining(db => {
      println("数据库名: " + db.name)
      println("数据库注释描述: " + db.description)
      val properties: util.Map[String, String] = new util.HashMap[String, String]()
      println("locationUri:" + db.locationUri)
      //遍历每个数据库下的所有表
      spark.catalog.listTables(db.name).toLocalIterator().
forEachRemaining(table => {
        println("表名: " + table.name)
        println("表描述: " + table.description)
        println("表类型: " + table.tableType)
        println("是否为临时表: " + table.isTemporary)
        spark.sessionState.catalog.setCurrentDatabase(db.name)
        val propertiesTable: util.Map[String, String] = new util.HashMap[String,
String]()
        println("createTime: " + String.valueOf(spark.sessionState.catalog.
getTableMetadata(TableIdentifier.apply(table.name)).createTime))
        println("owner: " + spark.sessionState.catalog.getTableMetadata
(TableIdentifier.apply(table.name)).owner)
        println("createVersion: " + spark.sessionState.catalog.getTableMetadata
(TableIdentifier.apply(table.name)).createVersion)
        println("lastAccessTime: " + String.valueOf (spark.sessionState.catalog.
getTableMetadata(TableIdentifier.apply(table.name)).lastAccessTime))
        if (!table.tableType.toLowerCase.contains("view")) {
          println("locationPath: " + spark.sessionState.catalog.getTableMetadata
(TableIdentifier.apply(table.name)).location.getPath)
          println("rawUserInfo: " + String.valueOf (spark.sessionState.catalog.
getTableMetadata(TableIdentifier.apply(table.name)).location.getRawUserInfo))
        }
        else {
          println("locationPath: " + "")
          println("rawUserInfo: " + "")
        }
        //遍历每张表，获取每张表下面的字段以及分区和分桶
        spark.catalog.listColumns(db.name, table.name).toLocalIterator().
forEachRemaining(column => {
          println("字段名: " + column.name)
          println("字段注释描述" + column.description)
          println("字段类型" + column.dataType)
          if (column.isPartition) {
```

```
            println("分区字段名: " + column.name)
            println("分区字段类型: " + column.dataType)
        }
        if (column.isBucket) {
            println("分桶字段名: " + column.name)
            println("分桶字段类型: " + column.dataType)
        }
    })
    })
    })
    }
}
```

上述代码中需要通过Maven引入Spark的相关依赖包:

```
<dependency>
  <groupId>org.apache.spark</groupId>
  <artifactId>spark-core_2.12</artifactId>
  <scope>provided</scope>
</dependency>
<dependency>
  <groupId>org.apache.spark</groupId>
  <artifactId>spark-sql_2.12</artifactId>
  <scope>provided</scope>
</dependency>
```

然后,在Spark集群中以Spark Job的方式运行上述代码,就可以获取到相关的元数据信息。

2.2　Delta Lake 中的元数据采集

提到Delta Lake,就不得不提数据湖这个概念了,因为Delta Lake实质上是数据湖的一种实现。数据湖是相对于数据仓库提出来的集中式存储概念,和数据仓库中主要存储结构化的数据不同,数据湖中可以存储结构化数据(一般指以行和列来呈现的数据)、半结构化数据(如日志、XML、JSON等)、非结构化数据(如Word文档、PDF等)和二进制数据(如视频、音频、图片等)。通常来说,数据湖中以存储原始数据为主,而数据仓库中以存储原始数据处理后的结构化数据为主。

Delta Lake是一个基于数据湖的开源项目,它能够在数据湖上构建湖仓一体的数据架构。该项目提供了对ACID数据事务的支持、可扩展的元数据处理能力,并在底层兼容Spark,以支持流批一体的数据计算处理。

Delta Lake的主要特征如下:

- 基于Spark的ACID数据事务功能,提供可序列化的事务隔离级别,确保数据读写操作的一致性。
- 利用Spark的分布式和可扩展处理能力,能够处理和存储PB级以上的数据。
- 数据支持版本管控,包括支持数据回滚以及完整的历史版本审计跟踪。

- 支持高性能的数据行级的Merge、Insert、Update、Delete操作，这一点是Hive不具备的。
- 以Parquet文件作为数据存储格式，同时由Transaction Log文件记录数据的变更过程，日志格式为JSON，如图2-12所示。

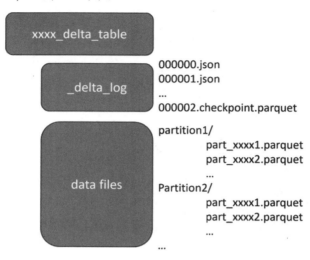

图 2-12

Delta Lake对其他大数据架构Connector 组件的支持情况如表2-2所示。

表 2-2　Delta Lake 对其他 Connector 组件的支持情况

Connector技术组件名称	说　　明
Apache Spark	这是Delta Lake支持得最好的Connector，也是Delta Lake官方推荐的。支持对Delta Lake的读写操作。 参考网址为https://docs.delta.io/latest/quick-start.html#set-up-apache- spark-with-delta-lake
Apache Flink	支持对Delta Lake的写入操作。参考网址为https://github.com/delta-io/delta/tree/master/connectors/flink
Apache Hive	支持对 Delta Lake的读取操作。参考网址为 https://docs.delta.io/latest/hive-integration.html
Presto	支持对 Delta Lake的读取操作。参考网址为 https://prestodb.io/docs/current/connector/deltalake.html
Delta Standalone	这是一个Java Library库，用于支持对Delta Lake的读取和写入操作。参考网址为https://docs.delta.io/latest/delta-standalone.html
Trino	支持对Delta Lake的读取和写入操作。参考网址为https://trino.io/docs/current/connector/delta-lake.html
Kafka	支持对Delta Lake的写入操作。参考网址为https://github.com/delta-io/kafka-delta-ingest
Apache Pulsar	支持对 Delta Lake 的写入操作。参考网址为 https://streamnative.io/blog/announcing-delta-lake-sink-connector-apache-pulsar
SQL Delta Import	支持对Delta Lake的写入操作。参考网址为https://github.com/delta-io/delta/blob/master/connectors/sql-delta-import/readme.md

Delta Lake提供的API参考网址为https://docs.delta.io/latest/delta-apidoc.html#。

2.2.1　基于 Delta Lake 自身设计来采集元数据

1. Delta Lake的元数据

Delta Lake的元数据由自己管理，通常不依赖于类似Hive Metastore这样的第三方外部元数据组件。在Delta Lake中，元数据和数据一起存放在自己的文件系统的目录下，并且所有的元数据操作都被抽象成了相应的Action操作，表的元数据是由Action子类实现的。Delta Lake中源码的结构（源码GitHub地址：https://github.com/delta-io/delta），如图2-13所示。

图 2-13

在Metadata.java这个实现类中提供了元数据的方法调用，说明如下。

- getId：获取数据表的唯一标志ID。
- getName：获取数据表的名称。
- getDescription：获取数据表的描述。
- getFormat：获取数据表的格式。
- getPartitionColumns：获取数据表的分区字段列表。
- getConfiguration：获取数据表的属性配置信息。
- getCreatedTime：获取数据表的创建时间。
- getSchema：获取数据表的schema信息。

源码中元数据的相关操作的核心类图如图2-14所示。

图 2-14

2. 获取表级元数据的方式

Delta Lake可以通过如下几种方式来获取表级元数据。

（1）SQL：DESCRIBE DETAIL Table_Name或者数据表所有的数据文件路径，比如DESCRIBE DETAIL eventsTable或者DESCRIBE DETAIL '/data/events/'。

（2）Python SDK，示例代码如下：

```
from delta.tables import *
deltaTable = DeltaTable.forPath(spark, pathToTable)
detailDF = deltaTable.detail()
```

（3）Java SDK，示例代码如下：

```
import io.delta.tables.*;
DeltaTable deltaTable = DeltaTable.forPath(spark, pathToTable);
DataFrame detailDF = deltaTable.detail();
```

（4）Scala SDK，示例代码如下：

```
import io.delta.tables._
val deltaTable = DeltaTable.forPath(spark, pathToTable)
val detailDF = deltaTable.detail()
```

通过以上方式可以获取到的表级元数据详情如表2-3所示。

表 2-3　表级元数据详情

字段名称	字段类型	说　明
format	string	表的数据格式，比如Delta、CSV等
id	string	表的唯一ID标志
name	string	表的名称
description	string	表的描述
location	string	表的存储路径
createdAt	timestamp	创建时间
lastModified	timestamp	修改时间
partitionColumns	array of strings	分区字段
numFiles	long	表当前总共的数据文件数量
sizeInBytes	int	表当前的数据存储大小（单位为字节）
properties	string-string map	表的属性配置
minReaderVersion	int	表的最小读取版本号
minWriterVersion	int	表的最小写入版本号

2.2.2　基于 Spark Catalog 来采集元数据

由于Delta Lake支持使用Spark来读取和写入数据，因此在Delta Lake的源码中实现了Spark提供的CatalogPlugin接口，相关的核心类图如图2-15所示。

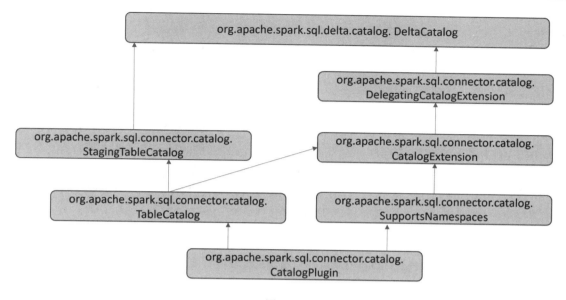

图 2-15

　　由于Delta Lake实现了Spark提供的CatalogPlugin接口，因此采用2.1.3节介绍的基于Spark Catalog的方式，也可以直接获取到Delta Lake的元数据信息，但是需要在Spark采集Job的代码中加入如下Spark Config的配置：

```
import org.apache.spark.sql.SparkSession

val spark = SparkSession
  .builder()
  .appName("xxx")
  .master("xxxx")
  .config("spark.sql.extensions", "io.delta.sql.DeltaSparkSessionExtension")
  .config("spark.sql.catalog.spark_catalog",
"org.apache.spark.sql.delta.catalog.DeltaCatalog")
  .getOrCreate()
```

其中，spark.sql.extensions是Delta Lake对Spark SQL支持Delta Lake SQL解析的扩展。在Delta Lake源码中，io.delta.sql.parser这个package下的DeltaSqlParser.scala，实现了Spark SQL对Delta Lake SQL Command的解析支持，相关的核心类图如图2-16所示。

其中，org.apache.spark.sql.catalyst.parser.ParserInterface是Spark提供的、最底层的SQL解析抽象接口。

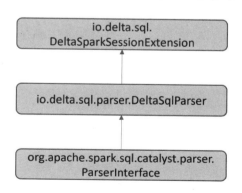

图 2-16

2.3 MySQL 中的元数据采集

MySQL 是 被 广 泛 使 用 的 一 款 关 系 数 据 库 。 在 MySQL 数 据 库 系 统 中 自 带 了 information_schema这个库来提供MySQL元数据的访问，INFORMATION_SCHEMA是每个 MySQL实例中的一个自有数据库，存储着MySQL服务器维护的所有其他数据库的相关信息。 INFORMATION_SCHEMA中的表其实都是只读的视图，而不是真正的基表，不能执行INSERT、 UPDATE、DELETE操作，因此没有与INFORMATION_SCHEMA相关联的数据文件，也没有 具有该名称的数据库目录，并且不能设置触发器。

INFORMATION_SCHEMA库中与元数据相关的重点表说明如下。

（1）Tables表：提供了数据库中的表、视图等信息，详细描述如表2-4所示。

表 2-4 Tables 表字段

字 段	说 明
TABLE_CATALOG	数据表目录，默认值为def
TABLE_SCHEMA	数据表所属的数据库名
TABLE_NAME	数据表名称
TABLE_TYPE	数据表类型，类型包括BASE TABLE（代表表）、SYSTEM VIEW（代表 INFORMATION_SCHEMA表）、VIEW（代表视图）
ENGINE	数据库使用的数据存储引擎，包括InnoDB、CSV、MyISAM、Memory、Archive、 Blackhole、Merge、Federated等，对于分区表，ENGINE显示所有分区使用的存 储引擎的名称。详情可以参考 https://dev.mysql.com/doc/refman/5.7/en/storage-engines.html和https://dev.mysql.com/doc/refman/5.7/en/innodb-storage-engine.html
VERSION	版本号，默认为10
ROW_FORMAT	数据行的存储格式，包括Dynamic（动态）、Fixed（固定）、Compressed（压缩）、 Redundant（冗余）、Compact（紧凑）等
TABLE_ROWS	数据表当前存储的数据记录数量。 （1）对于MyISAM存储引擎，存储的是精确的结果。 （2）对于InnoDB等其他存储引擎，此值是近似值，与实际值的差异高达40%～50%。在这种情况下，可使用SELECT COUNT(*) 来获得准确的计数。 （3）对于INFORMATION_SCHEMA表，TABLE_ROWS为NULL
AVG_ROW_LENGTH	数据行的平均长度
DATA_LENGTH	数据的存储大小，单位为字节。 （1）对于MyISAM，DATA_LENGTH是数据文件的长度 （2）对于InnoDB，DATA_LENGTH是为聚集索引分配的大致存储空间量，计算方式为以页面为单位的聚集索引大小乘以InnoDB页面大小

（续表）

字　　段	说　　明
MAX_DATA_LENGTH	数据的最大长度，对于MyISAM，MAX_DATA_LENGTH是数据文件的最大长度。InnoDB存储引擎未使用此字段
INDEX_LENGTH	索引的存储大小，单位为字节，对于InnoDB，INDEX_LENGTH是为非聚集索引分配的大致存储空间量
DATA_FREE	已分配但未使用的存储字节数。 （1）对于InnoDB存储引擎的表，表示所属的表空间的可用空间。 （2）对于共享表空间中的表，这是共享表空间的可用空间。 （3）如果使用多个表空间，并且该表有自己的表空间，则可用空间仅用于该表。 （4）可用空间是指完全可用数据块中的字节数减去安全阈值。即使可用空间显示为0，只要不需要分配新的扩展数据块，也可以插入行。 （5）对于NDB类型的MySQL集群，DATA_FREE表示为磁盘上的磁盘数据表或片段分配但未被其使用的空间
AUTO_INCREMENT	自增主键的自动增量的当前值
CREATE_TIME	数据表的创建时间
UPDATE_TIME	数据表的数据文件的最后更新时间，对于某些存储引擎，此值为NULL
CHECK_TIME	数据表最后的检查时间
TABLE_COLLATION	表默认的排序规则。不会展示默认字符集，但排序规则名称以字符集名称开头
CHECKSUM	数据表的校验值
CREATE_OPTIONS	数据表的创建选项，比如表有分区，则CREATE_OPTIONS显示已分区
TABLE_COMMENT	数据的注释或者描述

（2）Columns表：提供了数据库中表字段的相关信息，详细描述如表2-5所示。

表 2-5　Columns 表字段

字　　段	说　　明
TABLE_CATALOG	数据表目录，默认值为def
TABLE_SCHEMA	数据表所属的数据库名
TABLE_NAME	数据表名称
COLUMN_NAME	数据表字段的名称
ORDINAL_POSITION	数据表字段在表中的位置
COLUMN_DEFAULT	数据表字段的默认值，如果列的默认值为NULL，或者建表时字段定义中不包含default子句，则此值为NULL
IS_NULLABLE	数据表字段是否允许为NULL，如果NULL值可以存储在列中，则该值为YES，如果不能，则为NO
DATA_TYPE	数据表字段的数据类型
CHARACTER_MAXIMUM_LENGTH	数据表字段为字符型时的字符串最大长度
CHARACTER_OCTET_LENGTH	数据表字段为字符型时的最大字节长度

（续表）

字　段	说　明
NUMERIC_PRECISION	数据表字段为数值型时的数据精度
NUMERIC_SCALE	数据表字段为数值型时的小数位数
DATETIME_PRECISION	数据表字段为时间型时的时间精度
CHARACTER_SET_NAME	数据表字段为字符型时的字符集名称
COLLATION_NAME	数据表字段为字符型时的排序规则
COLUMN_TYPE	数据表字段的类型
COLUMN_KEY	数据表字段是否被索引。 （1）如果COLUMN_KEY为空，则该列未被索引，或者仅作为多列非唯一索引中的辅助列编入索引（比如联合索引）。 （2）如果COLUMN_KEY是PRI，则该列是PRIMARY索引或多列PRIMARY索引。 （3）如果COLUMN_KEY是UNI，则该列是UNIQUE索引的第一列（UNIQUE索引允许多个NULL值，但可以通过检查NULL列来判断该列是否允许NULL）。 （4）如果COLUMN_KEY是MUL，则该列是非唯一索引的第一列，其允许在该列中多次出现相同值。 （5）如果多个COLUMN_KEY值应用于表的给定列，则COLUMN_KEY将按PRI、UNI、MUL的顺序展示优先级最高的列。 （6）如果UNIQUE索引不能包含NULL值并且表中没有PRIMARY KEY，则该索引可能显示为PRI，如果多列形成一个复合UNIQUE索引，则UNIQUE可能显示为MUL，尽管列的组合是唯一的，但每个列仍然可以包含相同值的多次出现
EXTRA	数据表字段的附加信息，在以下情况下，该值为非空： （1）具有auto_increment属性的列的auto_increment。 （2）具有CURRENT_TIMESTAMP属性的TIMESTAMP或DATETIME列的CURRENT_IMESTAMP
PRIVILEGES	数据表字段的权限
COLUMN_COMMENT	数据表字段的注释
GENERATION_EXPRESSION	对于generated列，展示用于计算列值的表达式。对于nongenerated列，展示为空，更多详情可以参考https://dev.mysql.com/doc/refman/5.7/en/create-table-generated-columns.html
SRS_ID	通常用于空间列，其包含列的SRID值，该值表示存储在该列中的值的空间参照系，更多详情可以参考https://dev.mysql.com/doc/refman/8.0/en/spatial-reference-systems.html

（3）Views表：提供了数据库中视图的相关信息，详细描述如表2-6所示。

表 2-6　Views 表字段

字　段	说　明
TABLE_CATALOG	数据表目录，默认值为def
TABLE_SCHEMA	数据表所属的数据库名
TABLE_NAME	数据视图名称
VIEW_DEFINITION	视图对应的SQL查询语句
CHECK_OPTION	视图的检查选项，一般包括NONE、CASCADE、LOCAL三种
IS_UPDATABLE	是否支持更新，MySQL在CREAT EVIEW时设置了一个标志，称为视图可更新性标志，如果UPDATE和DELETE（以及类似的操作）对于视图是合法的，则标志设置为yes，否则设置为no
DEFINER	视图的定义者，格式为user_name'@'host_name'
SECURITY_TYPE	安全类型，包括DEFINER和INVOKER两种
CHARACTER_SET_CLIENT	创建视图时设置的字符集格式
COLLATION_CONNECTION	字符集校验

（4）Partitions表：提供了数据库中数据表的分区信息，详细描述如表2-7所示。

表 2-7　Partitions 表字段

字　段	说　明
TABLE_CATALOG	数据表目录，默认值为def
TABLE_SCHEMA	数据表所属的数据库名
TABLE_NAME	数据表名称
PARTITION_NAME	表分区名称
SUBPARTITION_NAME	表子分区的名称
PARTITION_ORDINAL_POSITION	分区的位置标识符，在MySQL中，所有的分区都按照定义的顺序进行索引，索引可以随着分区的添加、删除和重新组织而更改，PARTITION_ORDINAL_POSITION就是在这个索引中的顺序号
SUBPARTITION_ORDINAL_POSITION	子分区的位置标识符，指定分区中的子分区以与表中分区索引相同的方式进行索引，SUBPARTITION_ORDINAL_POSITION就是这个索引中的顺序号
PARTITION_METHOD	分区方法类型，支持RANGE、LIST、HASH、LINERAL HASH、KEY、LINERAL KEY等。详情可以参考https://dev.mysql.com/doc/refman/5.7/en/partitioning-types.html
SUBPARTITION_METHOD	子分区的方法类型，支持HASH、LINEAR HASH、KEY、LINEAR KEY等。详情可以参考https://dev.mysql.com/doc/refman/5.7/en/partitioning-subpartitions.html

字　　段	说　　明

PARTITION_EXPRESSION	建表语句中分区函数的表达式，例如建表语句：
	
	``
	CREATE TABLE tp (
	column1 INT,
	    column2 INT,
	    column3 VARCHAR(25)
	)
	PARTITION BY HASH(c1 + c2)
	``
	
	PARTITION中的HASH(c1 + c2)就是分区函数的表达式

SUBPARTITION_EXPRESSION	建表语句中子分区函数的表达式，与PARTITION_EXPRESSION类似
PARTITION_DESCRIPTION	此列用于PARTITION_METHOD为RANGE和LIST类型的分区，对于PARTITION_METHOD不是RANGE或LIST的分区，PARTITION_DESCRIPTION值始终为NULL。 （1）RANGE分区：包含分区的VALUES LESS THAN子句中设置的值，该值可以是整数或MAXVALUE。 （2）LIST分区：包含分区的values in子句中定义的值，该子句是逗号分隔的整数值列表
TABLE_ROWS	分区中的表数据记录行数，对于分区的InnoDB引擎表，TABLE_ROWS中给出的行数只是SQL优化中使用的估计值，可能并不总是非常精确。 对于NDB引擎的表，还可以使用MySQL的NDB_desc实用程序获取此信息
AVG_ROW_LENGTH	分区或子分区中的行的平均长度，以字节为单位，计算方式为DATA_LENGTH的值除以TABLE_ROWS的值。同理，对于NDB引擎的表，还可以使用MySQL的NDB_desc实用程序获取此信息
DATA_LENGTH	分区或子分区中的所有行的总长度，以字节为单位，即存储在分区或子分区中的总字节数。同理，对于NDB引擎的表，还可以使用MySQL的NDB_desc实用程序获取此信息
MAX_DATA_LENGTH	支持存储在分区或子分区中的最大字节数。同理，对于NDB引擎的表，还可以使用MySQL的NDB_desc实用程序获取此信息
INDEX_LENGTH	分区或子分区的索引文件的长度，以字节为单位，对于NDB表的分区，无论表使用隐式分区还是显式分区，INDEX_LENGTH列的值始终为0
DATA_FREE	分配给分区或子分区但未使用的字节数。同理，对于NDB引擎的表，还可以使用MySQL的NDB_desc实用程序获取此信息
CREATE_TIME	分区的创建时间
UPDATE_TIME	分区的更新时间
CHECK_TIME	最后一次检查此分区或子分区所属的数据表的时间，对于分区的InnoDB引擎表，该值始终为NULL

（续表）

字　段	说　明
CHECKSUM	校验值
PARTITION_COMMENT	如果分区有注释的话，则为分区的注释，否则此值为空。分区注释的最大长度定义为1024个字符，partition_comment列的显示宽度也是1024个字符，以匹配此限制
NODEGROUP	这是分区所属的节点组
TABLESPACE_NAME	分区所属的表空间的名称。除非表使用NDB存储引擎，否则该值始终为DEFAULT

（5）Files表：提供了有关存储MySQL表空间数据文件的信息，详细描述如表2-8所示。

表 2-8　Files 表字段

字　段	说　明
FILE_ID	（1）InnoDB存储引擎：表空间ID，也称为space_ID或fil_space_t::ID。 （2）NDB引擎：文件标识符，FILE_ID列值是自动生成的
FILE_NAME	（1）InnoDB存储引擎：数据文件的名称，每个表的数据文件和常规表空间的文件扩展名为.ibd，Undo表空间的前缀是Undo，系统表空间的前缀是ibdata，全局临时表空间的前缀是ibtmp，文件名里面包括文件的路径，路径为MySQL数据目录的相对路径（datadir系统变量的值） （2）NDB存储引擎：是CREATE LOGFILE GROUP或ALTER LOGFILE GROUP创建的undo log文件的名称，或者是CREATE TABLESPACE或ALTER TABLESPACE创建的数据文件的名称。在NDB 8.0中，文件名展示为相对路径，对于undo log文件，文件路径是DataDir/ndb_NodeId_fs/LG 的相对路径。比如使用 ALTER TABLESPACE ts ADD DATAFILE "data_2.dat" INITIAL SIZE 256M创建的数据文件的名称会展示为/data_2.dat
FILE_TYPE	（1）InnoDB存储引擎：表空间文件类型，InnoDB有三种可能的文件类型。 ◆ TABLESPACE：是任何系统、每个常规表的文件的文件类型，表空间文件会保存表、索引或其他形式的用户数据。 ◆ TEMPORARY：临时表空间的文件类型。 ◆ UNDO LOG：包含undo记录的undo表空间的文件类型。 （2）NDB存储引擎：展示UNDO LOG或DATAFILE值之一
TABLESPACE_NAME	与文件关联的表空间的名称，对于InnoDB存储引擎，表空间名称是在创建时指定的，每个表的文件表空间名称展示格式为：schema_name/table_name，InnoDB系统表空间名称为InnoDB_system，全局临时表空间名称为innodb_temporary，默认的undo表空间名称是innodb_undo_001和innodb_endo_002
TABLE_CATALOG	数据表目录，总是展示为空
TABLE_SCHEMA	数据表所属的数据库名，总是展示为空
TABLE_NAME	数据表的名称，总是展示为空

字　　段	说　　明
LOGFILE_GROUP_NAME	日志文件组的名称，对于InnoDB展示为空，对于NDB展示为日志文件或数据文件所属的日志文件组的名称
LOGFILE_GROUP_NUMBER	（1）InnoDB存储引擎：总是展示为空。 （2）NDB存储引擎：对于磁盘数据undo日志文件，展示为日志文件所属的日志文件组自动生成的ID号。这与undo日志文件的ndbinfo.dict_obj_info表中的id列以及ndbinfo.logspaces和ndbinfo.logspaces表中的log_id列显示的值相同
ENGINE	对于InnoDB总是展示为InnoDB，对于NDB总是展示为ndbcluster
FULLTEXT_KEYS	全文索引，总是展示为空
DELETED_ROWS	删除的行数，总是展示为空
UPDATE_COUNT	更新的行数，总是展示为空
FREE_EXTENTS	对于InnoDB展示为当前数据文件中完全空闲的扩展数据块的数量，对于NDB展示为文件尚未使用的扩展数据块的数量
TOTAL_EXTENTS	对于InnoDB展示为当前数据文件中使用的完整扩展数据块的数量，注意文件末尾的任何部分数据块都不计算在内。对于NDB展示为分配给文件的扩展数据块总数
EXTENT_SIZE	（1）InnoDB：对于页面大小为4KB、8KB或16KB的文件，EXTENT_SIZE展示为1 048 576（1MB），对于页面大小为32KB的文件，EXTENT_SIZE展示为2 097 152字节（2MB），对于页面大小为64KB的文件，EXTENT_SIZE展示为4 194 304字节（4MB）。 （2）NDB：展示为文件的数据块大小（以字节为单位）
INITIAL_SIZE	（1）InnoDB：文件的初始大小（以字节为单位）。 （2）NDB：文件的大小（以字节为单位），该值与用于创建文件的CREATE LOGFILE GROUP、ALTER LOGFILE GROUP或CREATE TABLESPACE语句的INITIAL_SIZE子句中使用的值相同
MAXIMUM_SIZE	（1）InnoDB：文件中允许的最大字节数。除预定义的系统表空间数据文件外，所有数据文件的值都为NULL。最大系统表空间文件大小由innodb_data_file_path定义，全局临时表空间文件的最大大小由innodb_temp_data_file_path定义，如果为NULL，表示没有明确定义文件大小限制。 （2）NDB：该值始终与INITIAL_SIZE值相同
AUTOEXTEND_SIZE	表空间的自动扩展大小，如果是NDB存储引擎，AUTOEXTEND_SIZE始终为NULL
CREATION_TIME	始终展示为空
LAST_UPDATE_TIME	始终展示为空
LAST_ACCESS_TIME	始终展示为空
RECOVER_TIME	始终展示为空
TRANSACTION_COUNTER	始终展示为空

（续表）

字　　段	说　　明
VERSION	对于InnoDB，始终展示为空；对于NDB，展示为文件的版本号
ROW_FORMAT	对于InnoDB，始终展示为空；对于NDB，展示为FIXED（固定）或者DYNAMIC（动态）
TABLE_ROWS	始终展示为空
AVG_ROW_LENGTH	始终展示为空
DATA_LENGTH	始终展示为空
MAX_DATA_LENGTH	始终展示为空
INDEX_LENGTH	始终展示为空
DATA_FREE	（1）InnoDB：整个表空间的可用空间总量（以字节为单位），注意对于预定义的系统表空间，包括系统表空间和临时表空间，可以有一个或多个数据文件。 （2）NDB：始终展示为空
CREATE_TIME	始终展示为空
UPDATE_TIME	始终展示为空
CHECK_TIME	始终展示为空
CHECKSUM	始终展示为空
STATUS	（1）InnoDB：默认情况下，展示为NORMAL，每个表的InnoDB文件表空间可能会展示IMPORTING，这表明表空间还不可用。 （2）NDB：对于NDB群集磁盘数据文件，此值始终为NORMAL
EXTRA	（1）InnoDB：始终展示为空。 （2）NDB：对于undo日志文件，此列显示undo日志缓冲区大小；对于数据文件，始终展示为空

2.4　Apache Hudi 中的元数据采集

Apache Hudi 和 Delta Lake 一样，是一款基于数据湖的开源项目，也能够在数据湖上构建湖仓一体的数据架构。通过访问网址 https://hudi.apache.org/ 即可进入 Hudi 的官方首页，如图 2-17 所示。

图 2-17

Apache Hudi（简称Hudi）的主要特征如下：

- 支持表、事务，以及快速进行Insert、Update、Delete等操作。
- 支持索引，数据存储压缩比高，并且支持常见的开源文件存储格式。
- 支持基于Spark、Flink的分布式流式数据处理。
- 支持Apache Spark、Flink、Presto、Trino、Hive等SQL查询引擎。

2.4.1 基于 Spark Catalog 采集元数据

由于Hudi支持使用Spark来读取和写入数据，因此在Hudi的源码中实现了Spark提供的CatalogPlugin接口，相关的核心类图如图2-18所示。

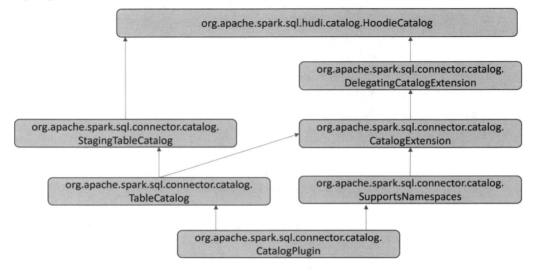

图 2-18

由于Hudi和Delta Lake一样，也实现了Spark提供的CatalogPlugin接口，因此采用2.1.3节中基于Spark Catalog的方式，也可以直接获取Hudi的元数据信息，但是需要在Spark采集Job的代码中加入如下Spark Config的配置信息：

```
import org.apache.spark.sql.SparkSession

val spark = SparkSession
  .builder()
  .appName("xxx")
  .master("xxxx")
  .config("spark.sql.extensions","org.apache.spark.sql.hudi.HoodieSparkSessionExtension")
  .config("spark.sql.catalog.spark_catalog",
"org.apache.spark.sql.hudi.catalog.HoodieCatalog")
  .getOrCreate()
```

其中，spark.sql.extensions和Delta Lake的设置一样，Hudi也对Spark SQL做了SQL解析扩展。在Hudi的源码中，org.apache.spark.sql.parser这个package下的HoodieCommonSqlParser.scala代码实现了

Spark SQL对Hudi SQL Command的解析支持,相关的核心类图如图2-19所示。

从这里可以看到,Hudi底层对Spark SQL支持的实现方式和Delta Lake对Spark SQL支持的实现方式非常类似,都需要用代码实现Spark提供的、最底层的org.apache.spark.sql.catalyst.parser. ParserInterface这个SQL解析接口类,从而达到支持Hudi的目的。

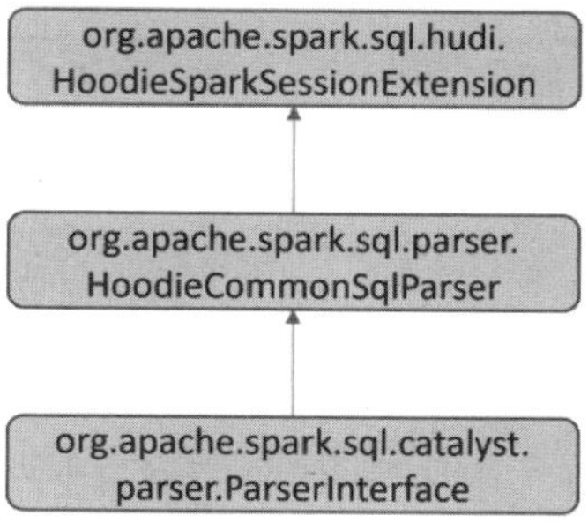

图 2-19

2.4.2　Hudi Timeline Meta Server

通常情况下,是通过追踪数据湖中的数据文件的方式来管理元数据的,无论是Delta Lake还是Hudi,底层均通过跟踪文件操作的方式来提取元数据。

1. Hudi中常见的Action操作

在Hudi中,对元数据的操作和Delta Lake的实现很类似,底层都是抽象成了相应的Action操作,只是Action操作的类型略微有些不同。Hudi中常见的Action操作说明如下。

- COMMITS:*以原子提交的方式批量提交数据记录写入数据表中。*
- CLEANS:*在后台以异步的方式删除已经过时的旧的数据文件。*
- DELTA_COMMIT:*以原子提交的方式将数据记录写入Hudi中的MergeOnRead类型表,部分数据或者全部数据会以delta日志的方式直接写入。*
- COMPACTION:*在后台以异步的方式合并Hudi数据结构差异,比如将日志文件合并到数据文件中。*
- ROLLBACK:*回滚操作,同时删除已经生成的数据文件。*
- SAVEPOINT:*将数据文件组标记为已保存,这样CLEANS 操作就不会删除这些文件,在需要恢复数据时,可以将数据恢复到某个历史时间点。*

2. Timeline Meta Server

数据湖之所以不能直接用Hive Meta Store来管理元数据,是因为Hive Meta Store的元数据管理没有办法实现数据湖特有的数据跟踪能力。数据湖管理文件的管理粒度非常细,需要记录和跟踪哪些文件是新增操作,哪些文件是失效操作,哪些数据是新增的,哪些数据是更新的,而且还需要具备原子的事务性、支持回滚等操作。Hudi为了管理好元数据,记录数据的变更过程,设计了Timeline Meta Server,Timeline记录了在不同时刻对表执行所有操作的日志,有助于提供表的即时视图,同时也有效地支持按到达的先后时间顺序来检索数据和回滚数据。

(1)在Timeline中,抽象了三个概念,如表2-9所示。

表 2-9　Timeline 中抽象的三个概念

概　　念	说　　明
Instant action	对表执行的操作类型
Instant time	通常是一个时间戳(例如20190117010349),它按动作开始时间的顺序单调增加

（续表）

概　　念	说　　明
state	当前时间下的瞬时状态，状态包括如下三种。 ◆ REQUESTED：表示操作指令已下发，但尚未启动。 ◆ INFLIGHT：表示当前正在执行操作。 ◆ COMPLETED：表示在timeline上完成了一项操作

（2）图2-20展示了Hudi数据表在10:00～10:20发生的Upsert和Insert操作，大概每5分钟发生一次数据提交，并且同时在Hudi的Timeline上留下了元数据提交、Hudi后台数据清理和压缩的动作痕迹。当数据存在延迟时，Upsert操作会把新数据直接加入过去时间段的文件夹和桶中。这样，在Timeline的协助下，当查询10:00后新的增量数据时，能够非常有效地直接读取更改后的文件，而无须扫描7:00后的所有时间段的数据，从而加快数据查询操作。

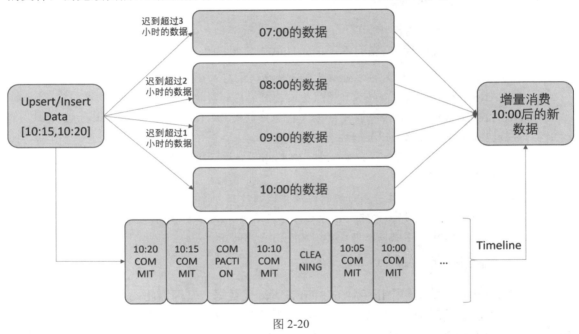

图 2-20

Timeline分为Active Timeline（活动的Timeline）和Archived Timeline（已经归档的Timeline）。Hudi会在后台异步地不断将Active Timeline归档到Archived Timeline中。

（3）Hudi Timeline Meta Server总体架构设计如图2-21所示。

（4）在Hudi的GitHub源码（GitHub地址：https://github.com/apache/hudi/tree/master/hudi-timeline-service）中，有一个专门的hudi-timeline-service子工程，这个子工程代码实现的就是Timeline Server的功能。

（5）Timeline Server的相关启动配置信息如表2-10所示。

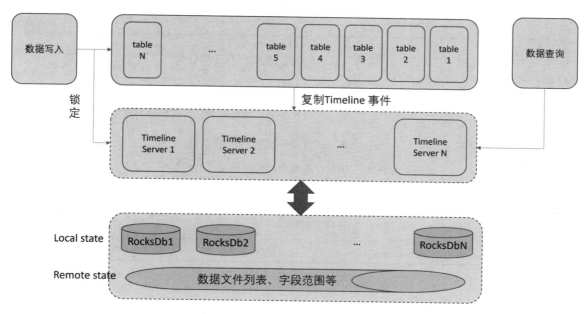

图 2-21

表 2-10　Timeline Server 的相关启动配置信息

配 置 项	说　明
server-port	Server端口号，默认端口号为26 754
view-storage	用于存储文件系统视图的存储类型，支持 MEMORY、SPILLABLE_DISK、EMBEDDED_KV_STORE、REMOTE_ONLY、REMOTE_FIRST
max-view-mem-per-table	当view-storage类型为SPILLABLE_DISK时，用于设置最大视图的内存大小，默认大小为2048MB
mem-overhead-fraction-pending-compaction	当view-storage类型为SPILLABLE_DISK时，用于设置被用于compaction的内存百分比，默认为0.001
base-store-path	当view-storage类型为SPILLABLE_DISK时，用于设置超出内存大小的数据存储在磁盘中的路径
rocksdb-path	设置rocksdb的存储路径
threads	Server启动的用于处理的线程数，默认值为250
async	是否启用异步处理，默认为false
compress	是否使用gzip进行压缩，默认为true
enable-marker-requests	是否启用请求处理标记，默认为false
enable-instant-state-requests	是否启用即时状态请求的处理，默认为false
marker-batch-threads	用于批处理标记创建请求的线程数，默认为20
marker-batch-interval-ms	标记创建请求的两次批处理之间的时长间隔（以ms为单位），默认为50ms
marker-parallelism	用于设置读取和删除标记文件的并行度，默认为100

配　置　项	说　明
early-conflict-detection-strategy	冲突检测策略，默认为org.apache.hudi.timeline.service. handlers.marker.AsyncTimelineServerBasedDetectionStrategy
early-conflict-detection-check-commit-conflict	用于设置在冲突检测时是否开启提交冲突检查，默认为false
early-conflict-detection-enable	用于设置是否开启冲突检测，默认为false
async-conflict-detector-initial-delay-ms	用于设置异步冲突检测延迟的时长（单位为ms），默认为0
async-conflict-detector-period-ms	设置异步冲突检测的周期时长（单位为ms），默认为30 000
early-conflict-detection-max-heartbeat-interval-ms	设置冲突检测的最大心跳时长（单位为ms），默认为120 000
instant-state-force-refresh-request-number	用于设置强制触发即时状态刷新的请求数，默认为100

3. Marker

在Hudi中抽象出了一个Marker（标记）的概念，翻译过来就是标记的意思。数据的写入操作可能在完成之前出现写入失败的情况，从而在存储中留下部分损坏的数据文件，而标记则用于跟踪和清除失败的写入操作。写入操作开始时会创建一个标记，表示正在进行文件写入。写入提交成功后，标记将被删除。如果写入操作中途失败，则会留下一个标记，表示这个写入的文件不完整。使用标记主要有如下两个目的。

- 正在删除重复/部分数据文件：标记有助于有效地识别写入的部分数据文件，与稍后成功写入的数据文件对比，这些文件包含重复的数据，并且在提交完成时会清除这些重复的数据文件。
- 回滚失败的提交：如果写入操作失败，则下一个写入请求将会在继续进行新的写入之前，先回滚该失败的提交。回滚是在标记的帮助下完成的，标记用于识别整体失败但已经提交的一部分写入的数据文件。

加入标记来跟踪每次提交的数据文件，那么Hudi将不得不列出文件系统中的所有文件，将其与Timeline中看到的文件关联起来做对比，然后删除部分写入失败的文件，这在一个像Hudi这样庞大的分布式系统中，性能的开销将会非常大。

如图2-22所示，标记创建请求都会基于Timeline Server先在队列中排队，等待接受线程池中工作线程的异步处理，对于每个批处理的间隔时长，Timeline服务会从队列中获取标记创建请求，循环写入下一个文件中，并且确保一致性和正确性。批处理间隔和批处理并发都可以通过表2-10所示的配置项进行配置。

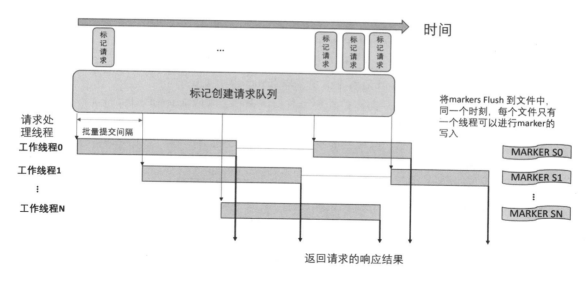

图 2-22

2.4.3　基于 Hive Meta DB 采集元数据

虽然Hudi元数据存储是通过Timeline来管理的，但是Hudi在设计时就考虑将自身元数据同步到Hive Meta Store中，如图2-23所示，其实就是将Hudi的Timeline中的元数据异步更新到Hive Meta Store中存储。

图 2-23

1. HoodieMetaSyncOperations接口定义的方法

在Hudi的源码中定义了org.apache.hudi.sync.common.HoodieMetaSyncOperations.java这个接口抽象，用来作为元数据同步到类似Hive Meta DB这样的第三方外部元数据存储库。该接口定义的方法如下。

- createTable：在第三方外部元数据库上创建表。
- tableExists：判断第三方外部元数据库上是否有指定的表。
- dropTable：删除第三方外部元数据库上指定的表。
- addPartitionsToTable：给第三方外部元数据库上指定表添加分区数据信息。
- updatePartitionsToTable：更新第三方外部元数据库上指定表的分区数据信息。
- dropPartitions：删除第三方外部元数据库上指定表的分区数据信息。
- getAllPartitions：获取第三方外部元数据库上指定表的分区数据信息。
- getPartitionsByFilter：通过指定的过滤条件获取第三方外部元数据库上指定表的分区数据信息。

- databaseExists：判断第三方外部元数据存储中是否有指定的数据库。
- createDatabase：在第三方外部元数据存储中创建指定的数据库。
- getMetastoreSchema：获取第三方外部元数据库上指定表的Schema信息。
- getStorageSchema：从Hudi的表存储中获取Schema信息。
- updateTableSchema：更新第三方外部元数据库上指定表的Schema信息。
- getMetastoreFieldSchemas：从第三方外部元数据库上获取指定表的列信息。
- getStorageFieldSchemas：从Hudi的字段存储中获取列信息。
- updateTableComments：更新第三方外部元数据库上指定表的注释描述信息。
- getLastCommitTimeSynced：获取最后一次同步提交的时间戳。
- getLastCommitCompletionTimeSynced：获取最后一次同步提交处理完成的时间戳。
- updateLastCommitTimeSynced：更新最后一次同步提交的时间戳。
- updateTableProperties：更新第三方外部元数据库上指定表的属性配置信息。
- updateSerdeProperties：更新第三方外部元数据库上指定表的SerDe属性配置信息。
- getLastReplicatedTime：获取指定表最后一次复制的时间戳。
- updateLastReplicatedTimeStamp：更新指定表最后一次复制的时间戳。
- deleteLastReplicatedTimeStamp：删除指定表最后一次复制的时间戳。

org.apache.hudi.sync.common.HoodieMetaSyncOperations.java这个接口的上层实现类图如图2-24所示，从图中可以看到Hudi在源码中实现了将自身元数据同步到Hive、Datahub、AWS等第三方外部元数据存储。如果需要支持自定义的外部元数据存储同步，也可以自己实现org.apache.hudi.sync.common.HoodieSyncClient.java这个类。

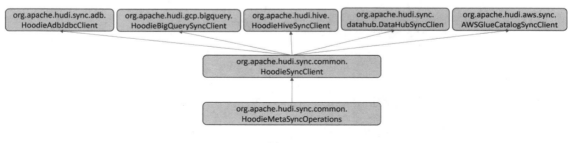

图 2-24

2. 部署Hudi使用的配置项

Hudi在部署时提供了如下配置项，用于将自身的元数据同步到Hive Meta Store DB。

- hoodie.datasource.meta.sync.enable：默认值为false。设置为true时，表示启用将Hudi中的数据表同步到外部元数据存储中。
- hoodie.datasource.hive_sync.mode：无默认值。元数据同步模式，支持HMS、JDBC、HiveSQL三种模式。
- hoodie.datasource.hive_sync.enable：默认值为false。设置为true时，表示启用将Hudi元数据同步到Hive Meta Store中。
- hoodie.datasource.hive_sync.jdbcurl：默认值为jdbc:hive2://localhost:10000。指Hive Metastore的JDBC地址。

- hoodie.datasource.hive_sync.metastore.uris：默认值为thrift://localhost:9083。指Hive Meta Store 的Thrift协议的URL地址。

将Hudi的元数据同步到Hive Meta Store中后，我们就可以通过2.1.1节中的基于Hive Meta DB采集的方式采集到Hudi中的元数据。

2.5　Apache Iceberg 中的元数据采集

Apache Iceberg 是一款开源的数据湖项目，Iceberg 的出现进一步推动了数据湖和湖仓一体架构的发展，并且让数据湖技术变得更加丰富。通过访问网址 https://iceberg.incubator.apache.org/，可进入其官方首页，如图 2-25 所示。

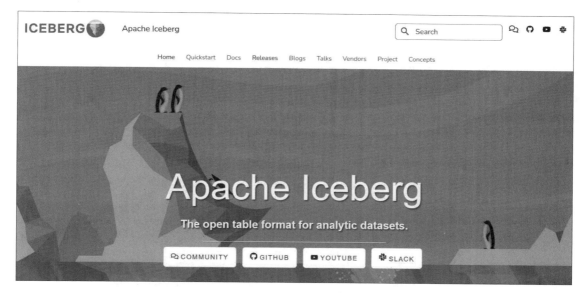

图 2-25

Iceberg的主要特点如下：

- 支持Apache Spark、Flink、Presto、Trino、Hive、Impala等众多的SQL查询引擎。
- 支持更加灵活的SQL语句对数据湖中的数据进行Merge、Update、Delete操作。
- 可以很好地支持对数据Schema的变更，比如添加新的列、重命名列等。
- 支持快速的数据查询。在数据查询时，可以快速跳过不必要的分区和文件，以快速查找到符合指定条件的数据。在Iceberg中，单个表可以支持PB级别数据的快速查询。
- 数据存储支持按照时间序列的版本控制以及回滚。可以按照时间序列或者版本来查询数据的快照。
- 数据在存储时，压缩支持开箱即用。可以有效地节省数据存储的成本。

2.5.1 Iceberg 的元数据设计

由于Hive数据仓库中表的状态是直接通过列出底层的数据文件来查看的,表的数据修改无法做到原子性,无法支持事务以及回滚,其一旦写入出错,可能就会产生不准确的结果。因此,Iceberg在底层通过架构设计时增加了元数据层这一设计, 以规避Hive数据仓库的不足, 如图2-26所示。从图中可以看到,Iceberg使用了两层设计来持久化数据:一层是元数据层,另一层是数据层。在数据层中存储的是Apache Parquet、Avro或 ORC等格式的实际数据,在元数据层中可以有效地跟踪在进行数据操作时删除了哪些文件和文件夹,然后在扫描数据文件统计数据时就可以确定在进行特定查询时是否需要读取该文件以便提高查询速度。元数据层通常包括如下内容。

- 元数据文件:元数据文件通常存储表的Schema、分区信息和表快照的详细信息等数据信息。
- 清单列表文件:将所有清单文件信息存储为快照中清单文件的索引,并且通常会包含一些其他详细信息, 如添加、删除了多少数据文件以及分区的边界情况等。
- 清单文件:存储数据文件列表(比如以Parquet/ORC/AVRO格式存储的数据), 以及用于文件被修改后的列级度量和统计数据。

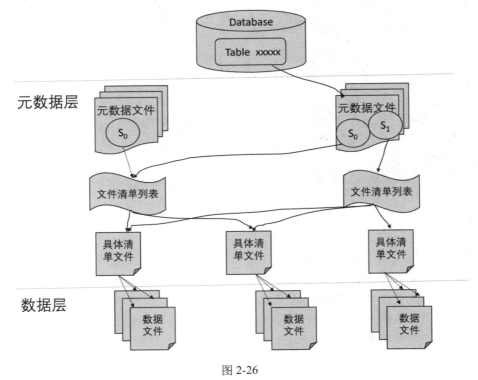

图 2-26

在Iceberg的元数据层有一个树状结构,用于存储Iceberg表上每个DML/DDL操作创建的数据快照,如图2-27所示。从图中可以看到, 这个元数据文件夹中已经有多个metadata.json文件来存储元数据。 每当元数据发生变更时, metadata.json会按照版本号重新生成一个最新的metadata.json文件(例如v1.metadata.json、v2.metada.json), 通过版本号的递增来识别最新的元数据文件。当然也可以通过打开version-hint.text文件来查看最新的metadata.json文件的名字。

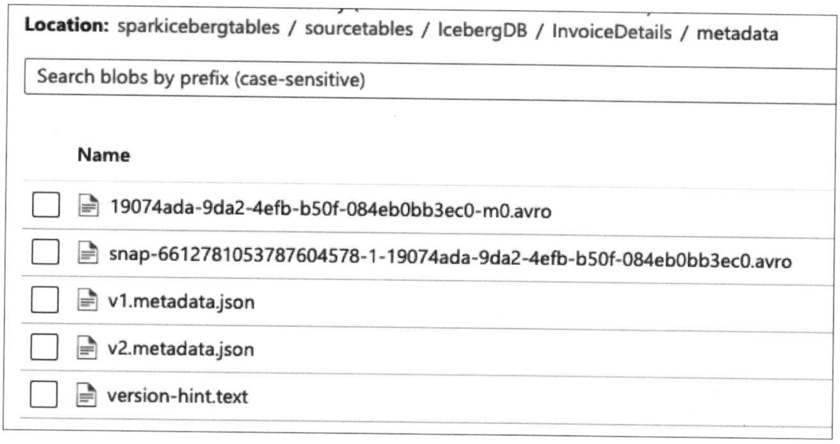

Location: sparkicebergtables / sourcetables / IcebergDB / InvoiceDetails / metadata

Search blobs by prefix (case-sensitive)

Name

☐ 📄 19074ada-9da2-4efb-b50f-084eb0bb3ec0-m0.avro

☐ 📄 snap-6612781053787604578-1-19074ada-9da2-4efb-b50f-084eb0bb3ec0.avro

☐ 📄 v1.metadata.json

☐ 📄 v2.metadata.json

☐ 📄 version-hint.text

图 2-27

一个metada.json文件示例如下：

```
{
  "format-version": 1,
  "table-uuid": "xxxxx-xxx-xxx-xxxxxxxxx",
  "localtion": "xxxxxxxxxxxxxxxxxxxx",
  "last-updated-ms": "1674608983369",
  "last-column-id": 13,
  "schema": {
    "type": "struct",
    "schema-id": 0,
    "fields": [
      {
        "id": 1,
        "name": "xxxxxxx",
        "required": false,
        "type": "long"
      },
        ...
      ]
  },
  "current-schema-id": 0,
  "schemas": {
    "type": "struct",
    "schema-id": 0,
    "fields": [
      {
        "id": 1,
        "name": "xxxxxxx",
        "required": false,
        "type": "long"
      },
        ...
```

```
    ],
    "partition-spec": [
      {
        "name": "xxxxxxxxxxx",
        "transform": "month",
        "source-id": 13,
        "field-id": 1000
      },
          ...
    ],
    "default-spec-id": 0,
    "partition-specs": [
      {
        "spec-id": 0,
        "fields": [
          {
            "name": "xxxxxxxxxxx",
            "transform": "month",
            "source-id": 13,
            "field-id": 1000
          },
                ...
        ]
      }
    ],
    "last-parttion-id": 1000,
    "properties": {
      "owner": "root"
    },
    "current-snapshot-id": "xxxxxxxxxxxxxxxx",
    "refs": {
      "main": {
        "snapshot-id": "xxxxxxxxxxxxxxx",
        "type": "branch"
      }
    },
    "snapshots": [
      {
        "snapshot-id": "xxxxxxxxxxxxxxx",
        "timestamp-ms": 1674608983369,
        "summary": {
          "operation": "append",
          "added-data-files": "1",
          "added-records": "3",
          "added-files-size": "4096",
          "changed-parttion-count": "1",
          "total-records": "1",
          "total-files-size": "4096",
          "total-data-files": "1",
          "total-delete-files": "1",
          "total-parttion-deletes": "1"
```

```
      },
      "manifest-list": "xxxxxxxxxxxxxxxxxxxxxxxxxx",
      "schema-id": 0
    },
      ...
  ],
  "snapshot-log": [
    {
      "timestamp-ms": 1674608983369,
      "snapshot-id": "xxxxxxxxxx"
    },
    ...
  ],
  "metadata-log": [
    {
      "timestamp-ms": 1674608983369,
      "metadata-file": "xxxxxxxxxxxxxxx"
    },
      ...
    ]
  }
}
```

metada.json文件中包括的核心内容如图2-28所示。

```
{
    "format-version": 1,
    "table-uuid": "xxxxx-xxx-xxx-xxxxxxxxx",
    "localtion": "xxxxxxxxxxxxxxxxxxxx",   →存储路径
    "last-updated-ms": "1674608983369",  →最后一次修改的UNIX时间戳
    "last-column-id": 13,
  "schema": ....... →表的Schema 信息
  "current-schema-id": 0,
  "schemas":{          →表的Schema 信息详情
      "type": "struct",
      "schema-id": 0,
      "fields": ...... , →表的字段信息详情
      "partition-spec":......, →表的分区信息
      "default-spec-id": 0,
      "partition-specs":......, →表的分区信息详情
      "last-parttion-id": 1000,
      "properties":......, →表的属性信息详情
      "current-snapshot-id": "xxxxxxxxxxxxxxx",
      "refs":......,
      "snapshots":......, →表的快照信息
      "snapshot-log":......, →表的快照日志
      "metadata-log":......... →表的元数据日志
    }
  }
```

图 2-28

从图中可以看到，元数据文件中包含一张数据表的版本号、存储路径、修改时间、表的Schema信息、字段信息、分区信息、属性信息、快照信息等，详细说明如下：

- format-version：以整型数字表示的当前数据表的版本号，当前Iceberg支持的格式版本只有1或者2。如果数据表的版本高于支持的版本，则会抛出异常。
- location：数据表的存储位置。在数据写入时，通过location来确定数据文件、清单文件和表元数据文件的具体存储位置。
- schema：表示表的当前schema。在未来新版本的Iceberg中将会弃用该字段，后续新版本的Iceberg会通过schemas来代替。
- schemas：schema的列表。用于记录schema的变更记录，通过current-schema-id能够查询到最新的schema是哪一个。
- properties：数据表的属性描述。比如commit.retry.num-retries这个属性配置用于控制数据写入时提交重试的次数。
- partition-specs：数据表的分区规范列表的描述，通常会存储为完整的分区规范对象。
- partition-spec：表的当前分区规范，仅存储为字段。该字段不推荐使用，而推荐使用partition-specs这个字段来查看分区的信息。
- snapshots：数据表的有效快照列表。有效快照是数据文件系统中存储所有数据文件的快照，在最后一个列出数据文件的快照被垃圾回收之前，通常不能从数据文件系统中删除该数据文件。

2.5.2　Iceberg 元数据的采集

1. 通过Spark Catalog来采集元数据

与Hudi和Delta Lake一样，由于Iceberg也支持使用Spark来读取和写入数据，因此在Iceberg的底层设计时也实现了Spark提供的CatalogPlugin接口，通过Spark Catalog的方式即可直接获取Iceberg的元数据信息。通过Spark的方式获取Iceberg的元数据信息时，需要添加如下Spark Config的配置：

```
import org.apache.spark.sql.SparkSession
val spark = SparkSession
  .builder()
  .appName("xxx")
  .master("xxxx")
  .config("spark.sql.extensions","org.apache.iceberg.spark.extensions.IcebergSparkSessionExtensions")
  .config("spark.sql.catalog.spark_catalog",
"org.apache.iceberg.spark.SparkCatalog")
  .getOrCreate()
```

上述代码中需要通过Maven引入Spark的相关依赖包：

```
<dependency>
  <groupId>org.apache.spark</groupId>
  <artifactId>spark-core_2.12</artifactId>
  <scope>provided</scope>
```

```
</dependency>
<dependency>
  <groupId>org.apache.spark</groupId>
  <artifactId>spark-sql_2.12</artifactId>
  <scope>provided</scope>
</dependency>
<dependency>
  <groupId>org.apache.iceberg</groupId>
  <artifactId>iceberg-core</artifactId>
  <scope>runtime</scope>
</dependency>
<dependency>
  <groupId>org.apache.iceberg</groupId>
  <artifactId>iceberg-spark3</artifactId>
</dependency>
```

2. 通过Iceberg Java API来获取元数据

在 Iceberg 中提供了 Java API 来获取表的元数据，通过访问官方网址 https://iceberg.incubator.apache.org/docs/nightly/api/#tables，即可获取 Java API 的详细介绍，如图 2-29 所示。

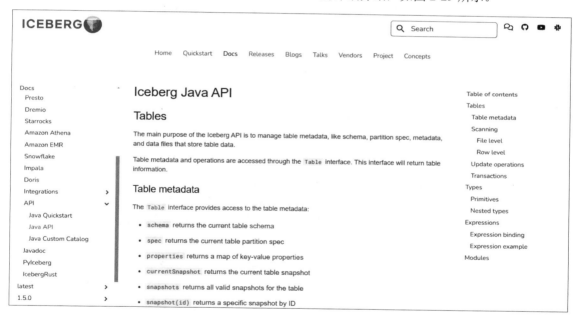

图 2-29

从图中可以看到，通过Java API可以获取到Iceberg数据表的schema、spec、属性、当前快照、快照等众多元数据信息。在实际使用Java API做开发时，可以通过如下Maven的方式来引入其Java API的JAR包。

```
<dependency>
  <groupId>org.apache.iceberg</groupId>
  <artifactId>iceberg-api</artifactId>
</dependency>
```

2.6 元数据的存储模型设计

2.6.1 如何对元数据进行整合

由于数据的存储可能会分布在不同的数据库或者数据湖中，不同类型的数据库或者数据湖获取到的元数据肯定会存在差异，主要表现在：

- 数据类型的差异：比如Hive的数据类型与Hudi和MySQL的数据类型肯定不会完全一样。
- 数据类型长度的差异：比如不同的数据库可能对BIGINT定义的长度范围不一致。
- 采集到的数据信息种类的差异：因为部分数据信息只在特定的数据库或者数据湖中才有，比如数据表的序列化信息在MySQL数据库中就没有。

因此，我们需要对采集到的元数据进行整合，确保采集到的不同类型库表的元数据都能存储到一套公共的元数据存储模型中。元数据通常包含如下基础信息。

- 数据库信息：包含数据库的名称、描述、存储大小、存储路径等信息。
- 数据表信息：包含数据表的类型、名称、描述、存储大小、存储路径、存储引擎、序列化、创建时间、修改时间等信息。
- 数据表字段（列）信息：包含字段的名称、字段的类型，字段的长度、字段的注释或者描述、字段的默认值等信息。
- 数据表的分区信息：包含分区字段的名称、分区字段的类型、分区字段的长度、分区字段的注释或者描述等信息。
- 数据表的Bucket（桶）信息：包含Bucket的名称、注释或者描述等信息。

元数据作为数据资产的基础，其最大的特点就是方便用户查找，因为在设计元数据的存储模型时，需要考虑怎么便捷地让用户快速查找到自己需要的数据。

元数据采集和处理的一般过程如图2-30所示，可以通过定时任务的方式定时采集和处理元数据，然后对元数据进行统一存储。

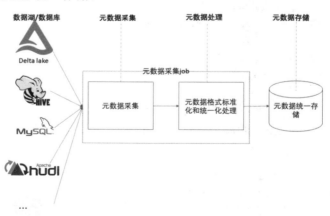

图 2-30

2.6.2　元数据的存储模型设计

从架构设计的角度来看，元数据存储需要注意如下几点。

- 可扩展性：支持对源端数据库或者数据湖的扩展，比如当前只需要支持Hudi、MySQL、Hive、Delta Lake的元数据的采集和存储，但是未来可能会新增其他类型的数据源。如果出现新的数据源类型，要做到对现有的设计不进行改动便可支持。
- 可跟踪性：需要记录元数据的变更记录，方便将来进行追踪，比如源端数据库中的某张表或者某个字段变更，需要将其变更的过程记录下来，而不是在元数据更改后，直接替换现有的已经采集入库的元数据。
- 可维护性：支持手动维护，比如出现脏数据或者需要人工干预的情况时，可以让系统管理员进行快捷的操作。

基于上述设计原则，我们设计了如图2-31所示的元数据存储模型供参考，其中在每张表中列出了元数据存储设计的核心字段。

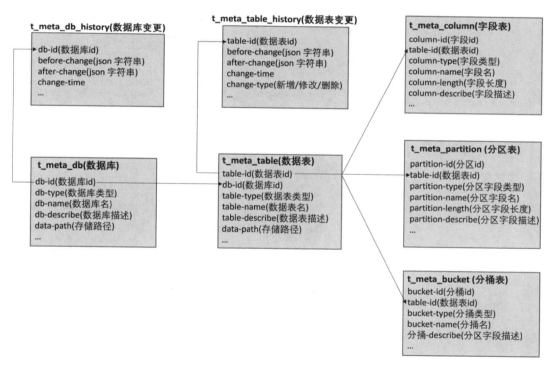

图 2-31

需要注意，在t_meta_table_history表中的before-change和after-change这两个字段，它们以JSON的形式记录了表中字段、分区、分桶等变更情况，格式大致如下：

```
{
    "t_meta_column": [...],
    "t_meta_partition": [...],
    "t_meta_bucket": [...]
}
```

在t_meta_db_history表中的before-change和after-change这两个字段，同样以JSON的形式记录了数据库的变更情况。

基于以上元数据存储模型，我们设计了如图2-32所示的元数据采集任务流程图供参考。

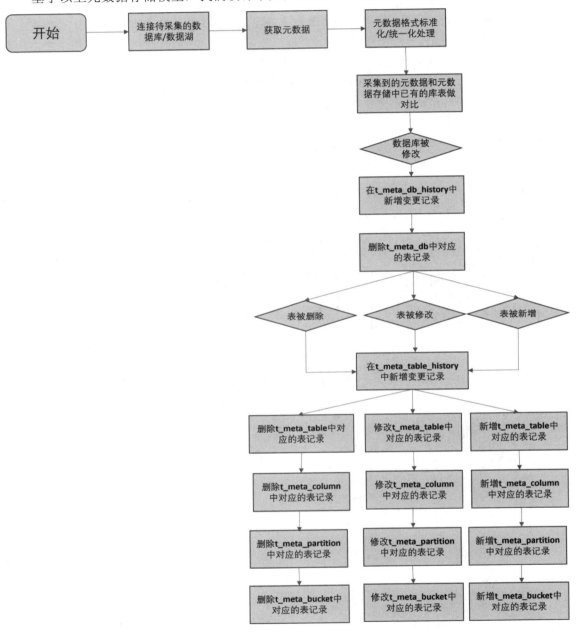

图 2-32

这里还需要注意，每个元数据采集任务对应的数据库ID必须是唯一的。在获取到各个不同数据源的元数据后，只是完成了元数据的采集，但是还不知道这些数据之间的联系。

第 **3** 章

数 据 血 缘

在从数据库或者数据湖中获取到元数据后，只是知道了现在数据资产中拥有了哪些数据，从而让用户能够快速地检索和查找。但是，此时每个库表之间的数据都还是孤立的，并不知道数据与数据之间的联系。而且在大数据中，经常存在数据模型的分层设计，数据模型的分层设计可以减少重复开发，从而可以节省资源，统一数据指标的计算口径、提高数据的可复用性，隔离原始数据，进而保证数据的脱敏性和安全性等。数据模型分层设计如图3-1所示。

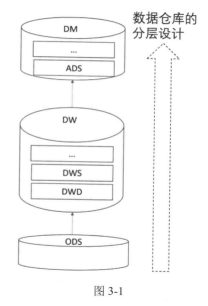

图 3-1

但是用户在使用这些设计好的各层数据模型时，并不知道数据之间的联系，比如DWS中的表数据通过DWD中的哪些表进行轻度汇总的，通过哪些字段进行计算的，用户在实际使用时都是不清楚的。而且大数据开发工程师在后期修改和维护这些数据模型时，如果修改了某个数据表的结构，很难快速地判断对上下游哪些相关表会造成影响，或者数据指标出现错误时，不知道怎么快速排查问题。

无论是要解决库表之间的数据孤立问题，解决数据模型中用户使用不方便的问题，还是解决模型维护困难的问题，都需要知道数据与数据之间的联系，数据之间的联系其实就是数据血缘。

有了数据血缘后，就可以跟踪数据的处理过程，从而知道数据出错时会对哪些数据产生影响。

3.1 获取数据血缘的技术实现

通常来说，数据血缘的来源包括数据源自身、数据处理的任务、数据任务的编排系统等。

- 数据源自身：比如Hive，由于其本身就支持通过HQL进行数据处理，因此其本身就可以通过数据处理的过程来分析从而获取血缘。

- 数据处理的任务：这点很容易理解，因为无论是实时任务还是离线任务，都涉及数据逻辑的处理。从数据任务的底层实现技术上来说，无论是Hadoop的Map-Reduce任务、Spark任务还是Flink任务，本质都是在进行数据的转换处理。有数据的转换，就可能存在数据血缘的变化。

- 数据任务的编排系统：这点也很容易理解，如图3-2所示，在任务编排时，可能会将很多不同的任务节点按照依赖顺序串联起来。前一个任务节点的数据输出会是下一个任务节点的数据输入，所以肯定会产生数据的转换，也就肯定存在血缘关系。

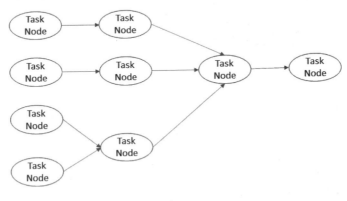

图 3-2

3.1.1 如何从 Hive 中获取数据血缘

Hive是典型的数据仓库的代表，也是大数据中离线数据分层模型设计的代表，并且支持HQL语句进行数据处理和计算，所以为了方便用户进行数据跟踪，在底层设计时，Hive就考虑到了数据血缘跟踪这个问题。Hive自身的血缘在其源码中主要通过org.apache.hadoop.hive.ql.hooks.LineageLogger.java来输出。

1. LineageLogger

org.apache.hadoop.hive.ql.hooks.LineageLogger.java代码中主要处理的过程如图3-3所示，血缘主要通过Edge（DAG图的流向）和Vertex（Vertex的复数形式，DAG的节点）来进行输出。

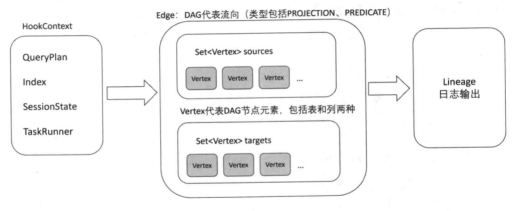

图 3-3

在org.apache.hadoop.hive.ql.hooks.LineageLogger.java的源码中定义了其支持的4种SQL操作类型，分别为QUERY（查询）、CREATETABLE_AS_SELECT（将SELECT查询结果创建为一张表）、ALTERVIEW_AS（修改视图）和CREATEVIEW（创建视图），如图3-4所示。

```java
/**
 * Implementation of a post execute hook that logs lineage info to a log file.
 */
public class LineageLogger implements ExecuteWithHookContext {

  private static final Logger LOG = LoggerFactory.getLogger(LineageLogger.class);

  private static final HashSet<String> OPERATION_NAMES = new HashSet<String>();

  static {
    OPERATION_NAMES.add(HiveOperation.QUERY.getOperationName());
    OPERATION_NAMES.add(HiveOperation.CREATETABLE_AS_SELECT.getOperationName());
    OPERATION_NAMES.add(HiveOperation.ALTERVIEW_AS.getOperationName());
    OPERATION_NAMES.add(HiveOperation.CREATEVIEW.getOperationName());
  }

  private static final String FORMAT_VERSION = "1.0";
```

图 3-4

org.apache.hadoop.hive.ql.hooks.LineageLogger.java在解析和生成Edges（DAG图的流向）和Vertices（DAG图的节点）信息时，会判断QueryPlan（查询计划）的类型是否为其所支持的4种SQL操作类型中的一种，如果不是，就不会解析和生成Edges和Vertices。

org.apache.hadoop.hive.ql.hooks.LineageLogger.java 的底层实现类图如图 3-5 所示，可以看到实现了 org.apache.hadoop.hive.ql.hooks.ExecuteWithHookContext.java这个接口，而ExecuteWithHookContext.java又继承了 org.apache.hadoop.hive.ql.hooks.Hook.java接口。

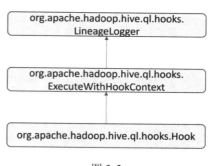

图 3-5

2. Hive中常见的钩子

org.apache.hadoop.hive.ql.hooks.Hook.java是 Hive 提供的Hook（钩子）功能，用于在Hive任务执行前或者执行后注入自定义的操作代码。Hive中提供的常见钩子介绍如下，每个钩子都有对应的触发执行方法。

（1）org.apache.hadoop.hive.ql.HiveDriverRunHook：HiveDriverRunHook允许通过自定义代码的方式扩展HiveCommand的逻辑，它提供了如下两个方法。

- preDriverRun(HiveDriverRunHookContext hookContext)：Hive开始对驱动程序中的命令进行任何处理之前调用该方法。
- postDriverRun(HiveDriverRunHookContext hookContext)：在配置单元执行任何命令处理完成后调用该方法，刚好在将响应结果返回给调用驱动程序的实体操作时。

（2）org.apache.hadoop.hive.ql.parse.HiveSemanticAnalyzerHook：HiveSemanticAnalyzerHook允许使用自定义代码扩展HQL语句的语义分析逻辑，其提供了如下两个方法。

- preAnalyze(HiveSemanticAnalyzerHookContext context,ASTNode ast)：在Hive自身执行语义分析之前调用。
- postAnalyze(HiveSemanticAnalyzerHookContext context,List<Task<?>> rootTasks)：在Hive自身执行语义分析之后调用。

（3）org.apache.hadoop.hive.ql.parse.AbstractSemanticAnalyzerHook：AbstractSemantic-AnalyzerHook是HiveSemanticAnalyzerHook的抽象类实现。

（4）org.apache.hadoop.hive.ql.hooks.AccurateEstimatesCheckerHook：AccurateEstimates-CheckerHook是AbstractSemanticAnalyzerHook的实现类之一，为HQL的解释分析查询进行误差检查。

（5）org.apache.hadoop.hive.ql.hooks.ScheduledQueryCreationRegistryHook：ScheduledQuery-CreationRegistryHook 是 AbstractSemanticAnalyzerHook 的 实 现 类 之 一 ， ScheduledQuery-CreationRegistryHook用于定时查询计划的注册。

（6）org.apache.hadoop.hive.ql.hooks.QueryLifeTimeHook：在查询编译之前和查询执行之后触发，提供了如下4个方法。

- beforeCompile(QueryLifeTimeHookContext ctx)：在查询进入编译阶段之前调用。
- afterCompile(QueryLifeTimeHookContext ctx, boolean hasError)：在查询进入编译阶段之后调用。如果hasError设置为true，则查询不会进入接下来的执行阶段。
- beforeExecution(QueryLifeTimeHookContext ctx)：在查询进入执行阶段之前调用。
- afterExecution(QueryLifeTimeHookContext ctx, boolean hasError)：在查询完成执行后调用，hasError表示查询执行过程中是否发生错误。

（7）org.apache.hadoop.hive.ql.hooks.MetricsQueryLifeTimeHook：MetricsQueryLifeTimeHook是QueryLifeTimeHook的具体实现，用于收集HQL执行生命周期中的相关指标信息。

（8）org.apache.hive.service.cli.session.HiveSessionHook：提供run(HiveSessionHookContext-sessionHookContext)方法，HiveServer2会话级Hook接口，执行run方法时会话管理器启动新会话。

（9）org.apache.hadoop.hive.ql.hooks.Redactor：用于HQL语法语义分析后，完成查询时敏感信息的屏蔽或者删除。

在org.apache.hadoop.hive.ql.hooks包中，LineageLogger.java实现了Hook.java这个钩子接口，所以本质上LineageLogger也是一个钩子。如果需要开启LineageLogger钩子，则需要在Hive的conf目录下的hive-site.xml文件中添加如下配置：

```
<property>
  <name> hive.exec.post.hooks</name>
  <value>org.apache.hadoop.hive.ql.hooks.LineageLogger</value>
  <description>
    LineageLogger  description
  </description>
</property>
```

由于org.apache.hadoop.hive.ql.hooks.LineageLogger.java是通过日志的方式输出血缘数据的，因此还需要在hive的conf目录下的hive-log4j.properties文件中添加如下配置：

```
log4j.logger.org.apache.hadoop.hive.ql.hooks.LineageLogger=INFO
```

输出的数据格式如下：

```json
{
  "version":"1.0",
  "user":"your hive user name",
  "timestamp":1702365381,
  "duration":81355,
  "jobIds":[
    "job_1702365381882_16713"
    ],
  "engine":"TEZ",
  "database":"example",
  "hash":"p142be91ttdb9vv5b6c910fp0byyy8t0",
  "queryText":"your query sql",
  "edges":[
    {
      "sources":[
        4
        ],
      "targets":[
        0
        ],
      "edgeType":"PROJECTION"
    },
    {
      "sources":[
        9,
        8
        ],
      "targets":[
        0,
        1,
        2,
        3,
        4
        ],
      "expression":"your query condition",
      "edgeType":"PREDICATE"
    }
  ],
  "vertices":[
    {
      "id":0,
      "vertexType":"COLUMN",
      "vertexId":"xxxxxcolumn"
    },
    {
      "id":1,
      "vertexType":"COLUMN",
      "vertexId":"xxxxxcolumn"
```

```
    },
    {
      "id":2,
      "vertexType":"COLUMN",
      "vertexId":"xxxxxcolumn"
    }
  ]
}
```

在获取到LineageLogger日志后，可以通过监听日志文件的方式将LineageLogger中输出的日志数据保存到数据库中，如图3-6所示。

图 3-6

由于LineageLogger.java实现了Hook接口，因此我们重写LineageLogger.java中的代码或者继承LineageLogger.java来实现将Lineage输出到数据库中。LineageLogger.java中输出血缘的代码如下，我们需要重写的就是这段代码：

```
public class LineageLogger implements ExecuteWithHookContext {
  ...
  @Override
  public void run(HookContext hookContext) {
    ...
    // Logger the lineage info
    String lineage = out.toString();
    if (testMode) {
      // Logger to console
      log(lineage);
    } else {
      // In non-test mode, emit to a log file,
      // which can be different from the normal hive.log.
      // For example, using NoDeleteRollingFileAppender to
      // log to some file with different rolling policy
      LOG.info(lineage);
    }
    ...
  }
  ...
}
```

同时，在hive的conf目录下的hive-site.xml文件中需要更新如下配置，将org.apache.hadoop. hive.ql.hooks.LineageLogger更换为自己的实现类或者继承类。

```
<property>
  <name> hive.exec.post.hooks</name>
  <value>org.apache.hadoop.hive.ql.hooks.LineageLogger</value>
  <description>
    LineageLogger  description
  </description>
</property>
```

通过对Hive源码的分析，一条HQL执行命令在Hive中的执行过程总结如图3-7所示。

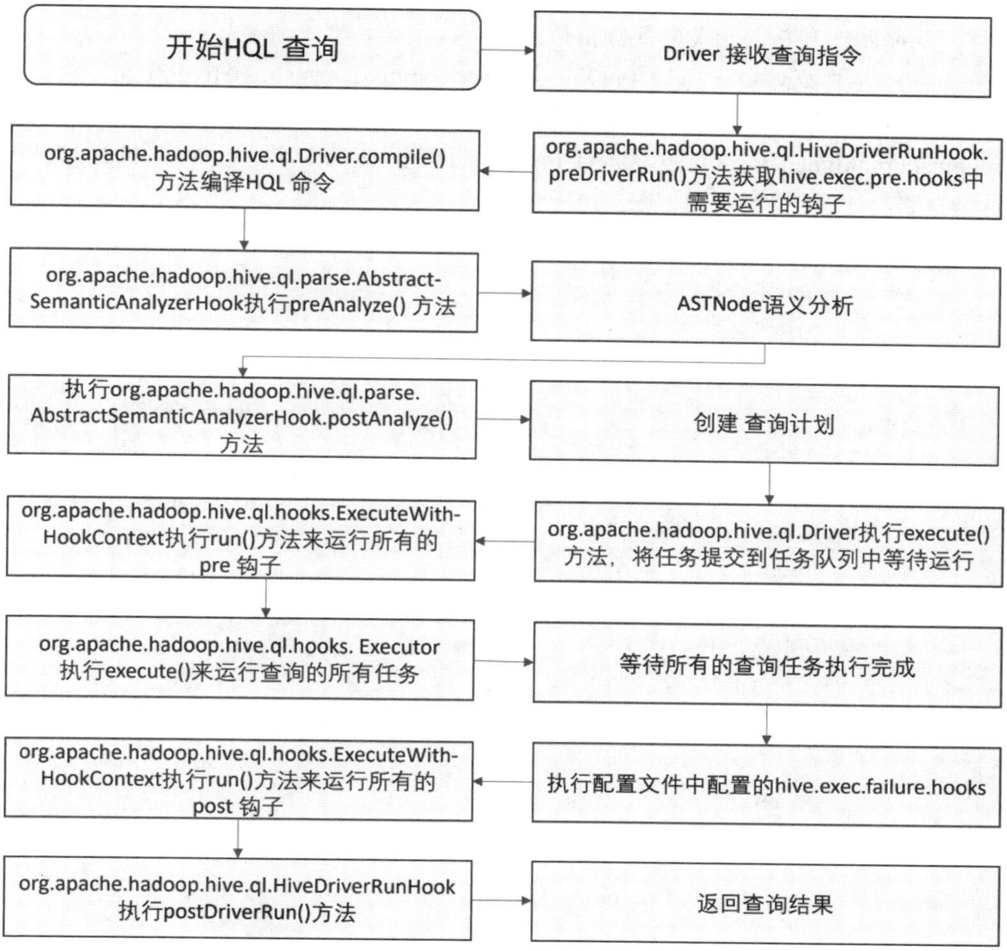

```
┌─────────────────────────┐        ┌─────────────────────────────┐
│      开始HQL 查询         │───────▶│      Driver 接收查询指令       │
└─────────────────────────┘        └─────────────────────────────┘
                                                   │
                                                   ▼
┌─────────────────────────┐        ┌─────────────────────────────┐
│ org.apache.hadoop.hive. │        │ org.apache.hadoop.hive.ql.  │
│ ql.Driver.compile()     │◀───────│ HiveDriverRunHook.          │
│ 方法编译HQL 命令          │        │ preDriverRun()方法获取hive. │
│                         │        │ exec.pre.hooks中需要运行的钩子 │
└─────────────────────────┘        └─────────────────────────────┘
            │
            ▼
┌─────────────────────────┐        ┌─────────────────────────────┐
│ org.apache.hadoop.hive. │        │                             │
│ ql.parse.Abstract-      │───────▶│      ASTNode语义分析          │
│ SemanticAnalyzerHook执行 │        │                             │
│ preAnalyze() 方法        │        └─────────────────────────────┘
└─────────────────────────┘
            │
            ▼
┌─────────────────────────┐        ┌─────────────────────────────┐
│ 执行org.apache.hadoop.  │        │                             │
│ hive.ql.parse.          │───────▶│      创建 查询计划            │
│ AbstractSemanticAnalyzer│        │                             │
│ Hook.postAnalyze()方法   │        └─────────────────────────────┘
└─────────────────────────┘                        │
                                                   ▼
┌─────────────────────────┐        ┌─────────────────────────────┐
│ org.apache.hadoop.hive. │        │ org.apache.hadoop.hive.ql.  │
│ ql.hooks.ExecuteWith-   │◀───────│ Driver执行execute()方法，将任务 │
│ HookContext执行run()方法  │        │ 提交到任务队列中等待运行        │
│ 来运行所有的pre 钩子      │        │                             │
└─────────────────────────┘        └─────────────────────────────┘
            │
            ▼
┌─────────────────────────┐        ┌─────────────────────────────┐
│ org.apache.hadoop.hive. │        │                             │
│ ql.hooks. Executor      │───────▶│   等待所有的查询任务执行完成     │
│ 执行execute()来运行查询   │        │                             │
│ 的所有任务               │        └─────────────────────────────┘
└─────────────────────────┘                        │
                                                   ▼
┌─────────────────────────┐        ┌─────────────────────────────┐
│ org.apache.hadoop.hive. │        │                             │
│ ql.hooks.ExecuteWith-   │◀───────│ 执行配置文件中配置的hive.exec. │
│ HookContext执行run()方法  │        │ failure.hooks               │
│ 来运行所有的post 钩子     │        │                             │
└─────────────────────────┘        └─────────────────────────────┘
            │
            ▼
┌─────────────────────────┐        ┌─────────────────────────────┐
│ org.apache.hadoop.hive. │        │                             │
│ ql.HiveDriverRunHook    │───────▶│        返回查询结果          │
│ 执行postDriverRun()方法   │        │                             │
└─────────────────────────┘        └─────────────────────────────┘
```

图 3-7

另外，org.apache.hadoop.hive.ql.hooks.ExecuteWithHookContext.java这个钩子除了可以用在Hive的血缘处理上，还可以用在Hive的元数据采集中。在Apache Atlas（官方网站地址：https://atlas.apache.org/#/） 这个项目中实现了通过Hive钩子的方式来采集Hive的元数据，其项目的GitHub源码就是通过实现org.apache.hadoop.hive.ql.hooks.ExecuteWithHookContext这个钩子接口来实现元数据的采集，源码地址为https://github.com/apache/atlas/blob/master/addons/hive-bridge/src/main/java/org/apache/atlas/hive/hook/HiveHook.java，源码中除了用到Hook机制外，其获取Hive的元数据主要是通过org.apache.hadoop.hive.metastore.MetaStoreEventListener这个

抽象类来实现的。这个抽象类的主要作用是监听元数据的变化事件,相关的事件主要包括库、表、字段,以及分区的创建、修改、删除等变更,其主要的类图如图3-8所示。通过Hive钩子也是采集Hive元数据的一种方式。

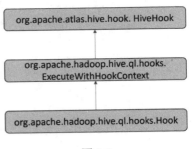

图 3-8

org.apache.hadoop.hive.metastore.MetaStoreEventListener.java中提供的主要元数据事件方法如图3-9所示,通过这个MetaStoreEventListener监听可以获取到Hive元数据的所有变化事件,从而跟踪和获取相关的元数据信息。

此外,在Hive的源码中还提供了org.apache.hadoop.hive.metastore.HiveMetaHook这个钩子来处理Metastore的变化,比如将HBase的元数据同步到Hive Metastore中,这个就是通过org.apache.hadoop.hive.metastore.HiveMetaHook来实现的。Hive支持通过外部表的方式与HBase数据库进行对接,其相关的类图如图3-10所示。

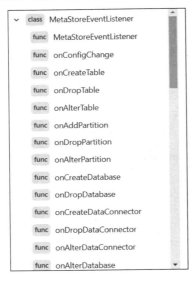

图 3-9

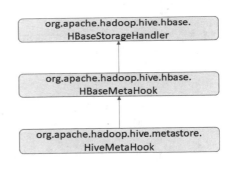

图 3-10

在Hive中,钩子是一个很重要的组件设计,既可以解决数据血缘的采集问题,也可以解决元数据采集的问题。

3.1.2 从 Spark 执行计划中获取数据血缘

因为数据处理任务涉及数据的转换和处理,所以从数据任务中解析血缘也是获取数据血缘的渠道之一。Spark是大数据处理中最常用的一个技术组件,既可以进行实时任务的处理,也可以进行离线任务的处理。Spark在执行每一条SQL语句的时候,都会生成一个执行计划,这一点和很多数据库的做法类似,都是SQL语句在执行时,先生成执行计划。如图3-11所示,在Spark的官方文档(地址为https://spark.apache.org/docs/latest/sql-ref-syntax-qry-explain.html#content)中明确提到,可以根据EXPLAIN关键字来获取执行计划,这和很多数据库查看执行计划的方式类似。

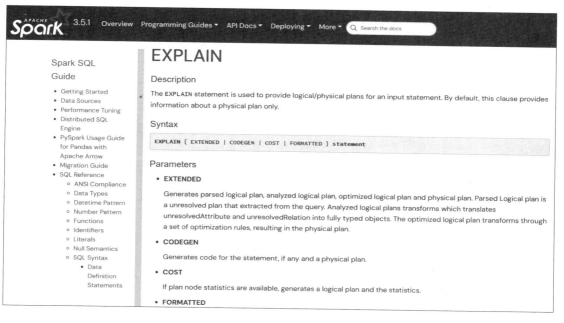

图 3-11

1. Spark的执行计划

Spark底层生成执行计划以及处理执行计划的过程如图3-12所示。

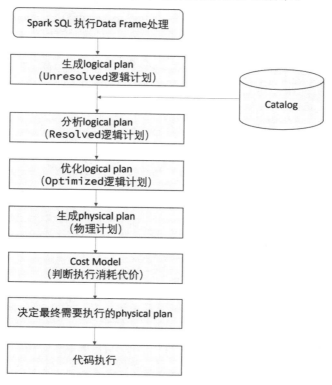

图 3-12

从中可以看到：

（1）执行SQL语句或者Data Frame时，会先生成一个Unresolved Logical Plan，就是没有进行过任何处理和分析的逻辑执行计划，只会从SQL语法的角度进行一些基础性的校验。

（2）之后通过获取Catalog的数据对需要执行的SQL语句进行表名、列名的进一步分析校验，从而生成一个可以直接运行的逻辑执行计划。

（3）Spark底层有一个优化器，可用来生成最优的执行策略，并据此制定出优化后的逻辑执行计划。

（4）将最终确定下来的逻辑执行计划转换为物理执行计划，并转换为最终代码来执行。

Spark的执行计划其实就是数据处理的过程计划，会对SQL语句或者DataFrame进行解析，并且结合Catalog一起，生成最终数据转换和处理的代码。所以可以从Spark的执行计划中获取到数据的转换逻辑，从而解析出数据的血缘。但是，Spark的执行计划都是在Spark底层内部自动处理的，如何获取每次Spark任务的执行计划的信息呢？其实在Spark底层有一套Listener的架构设计，可以通过Spark Listener来获取Spark底层很多执行计划的数据信息。

在Spark源码中，以Scala的形式提供了一个org.apache.spark.sql.util.QueryExecutionListener trait（类似于Java语言的接口）来作为Spark SQL等任务执行的监听器。在org.apache.spark.sql.util. QueryExecutionListener中提供了如下两个方法。

- def onSuccess(funcName: String, qe: QueryExecution, durationNs: Long): Unit。执行成功时调用的方法，其中包括执行计划参数，这里的执行计划可以是逻辑计划或者物理计划。
- def onFailure(funcName: String, qe: QueryExecution, exception: Exception): Unit。执行失败时调用的方法，其中同样包括执行计划参数，这里的执行计划可以是逻辑计划或者物理计划。

因此，可以借用QueryExecutionListener来主动让Spark在执行任务时将执行计划信息推送到自己的系统或者数据库中，然后进行进一步的解析，如图3-13所示。

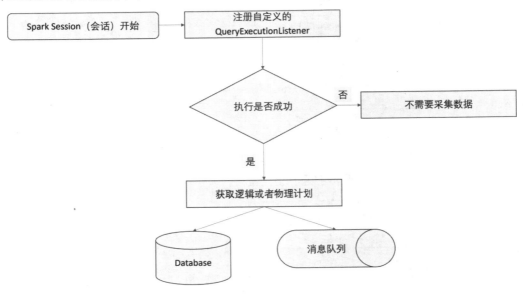

图 3-13

相关的示例代码如下：

```
import org.apache.spark.internal.Logging
import org.apache.spark.sql.SparkSession
import org.apache.spark.sql.execution.QueryExecution
import org.apache.spark.sql.util.QueryExecutionListener
case class PlanExecutionListener(sparkSession: SparkSession) extends
QueryExecutionListener with Logging{

    override def onSuccess(funcName: String, qe: QueryExecution, durationNs: Long):
Unit = withErrorHandling(qe) {
      // 执行成功时，调用解析执行计划的方法
      planParser(qe)
    }

    override def onFailure(funcName: String, qe: QueryExecution, exception:
Exception): Unit = withErrorHandling(qe) {

    }

    private def withErrorHandling(qe: QueryExecution)(body: => Unit): Unit = {
      try
        body
      catch {
      case NonFatal(e) =>
        val ctx = qe.sparkSession.sparkContext
        logError(s"Unexpected error occurred during lineage processing for
application: ${ctx.appName} #${ctx.applicationId}", e)
      }
    }

    def planParser(qe: QueryExecution): Unit = {
      logInfo("---------- start to get spark  analyzed LogicPlan--------")
       //解析执行计划，并且将执行计划的数据发送到自有的系统或者数据库中
       ...
    }
}
```

上面代码实现了QueryExecutionListener这个trait中的onSuccess和onFailure两个方法，只有在onSuccess时才需要获取执行计划的数据，这是因为只有onSuccess时的血缘才是有效的。

实现了自定义的QueryExecutionListener后，可以通过sparkSession.listenerManager.register来将自己实现的PlanExecutionListener注册到Spark会话中，listenerManager是Spark中Listener的管理器。

在获取到执行计划后，需要结合Catalog一起来进一步解析血缘的数据，如图3-14所示。

2. Spark中常见的执行计划实现类

Spark中常见的执行计划实现类如下，在获取数据血缘时，需要从以下执行计划中解析血缘关系。

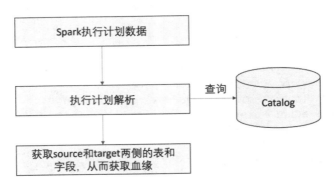

图 3-14

- org.apache.spark.sql.execution.datasources.LogicalRelation：一般用于解析字段级的关联关系。
- org.apache.spark.sql.catalyst.catalog.HiveTableRelation：Hive表关联关系的执行计划，一般用于SQL执行时，存在关联查询的情况时会出现该执行计划。
- org.apache.spark.sql.hive.execution.InsertIntoHiveTable：一般在执行insert into的SQL语句时才会产生该执行计划，例如insert into xxx_table(colum1,column2) values("4","zhangsan")。
- org.apache.spark.sql.execution.datasources.InsertIntoHadoopFsRelationCommand：一般用于执行sparkSession.read、sparkSession.table("xx_source_table ")、sparkSession.limit(10)、sparkSession.write、sparkSession.mode(SaveMode.Append)、sparkSession.insertInto("xx_target_table")产生的执行计划。
- org.apache.spark.sql.hive.execution.CreateHiveTableAsSelectCommand：一般在执行create table xxx_table as的SQL语句时才会产生该执行计划，例如create table xx_target_table as select * from xx_source_table。
- org.apache.spark.sql.execution.command.CreateDataSourceTableAsSelectCommand：一般用于执行类似sparkSession.read、sparkSession.table("xx_source_table")、sparkSession.limit(10)、sparkSession.write 、 sparkSession.mode(SaveMode.Append) 、 sparkSession.saveAsTable("xx_target_table")产生的执行计划。
- org.apache.spark.sql.execution.datasources.InsertIntoDataSourceCommand：一般用于将SQL查询结果写入一张表中，比如insert into xxx_target_table select * from xxx_source_table。

3. InsertIntoHadoopFsRelationCommand实现的执行计划

以 org.apache.spark.sql.execution.datasources.InsertIntoHadoopFsRelationCommand 为例，其Spark执行计划的数据如下，此处已经将原始的执行计划转换为JSON格式的数据，以方便展示。

```
[{
    "class": "org.apache.spark.sql.execution.datasources.
InsertIntoHadoopFsRelationCommand",
    "num-children": 1,
    "outputPath": null,
    "staticPartitions": null,
    "ifPartitionNotExists": false,
    "partitionColumns": [],
    "fileFormat": null,
    "options": null,
    "query": 0,
```

```
        "mode": null,
        "catalogTable": {
            "product-class": "org.apache.spark.sql.catalyst.catalog.CatalogTable",
            "identifier": {
                "product-class": "org.apache.spark.sql.catalyst.TableIdentifier",
                "table": "temp_xxxx_table",
                "database": "temp"
            },
            "tableType": {
                "product-class": "org.apache.spark.sql.catalyst.catalog.
CatalogTableType",
                "name": "MANAGED"
            },
            "storage": {
                "product-class": "org.apache.spark.sql.catalyst.catalog.
CatalogStorageFormat",
                "locationUri": null,
                "inputFormat": "org.apache.hadoop.hive.ql.io.parquet.
MapredParquetInputFormat",
                "outputFormat": "org.apache.hadoop.hive.ql.io.parquet.
MapredParquetOutputFormat",
                "serde": "org.apache.hadoop.hive.ql.io.parquet.
serde.ParquetHiveSerDe",
                "compressed": false,
                "properties": null
            },
            "schema": {
                "type": "struct",
                "fields": [{
                    "name": "event_id",
                    "type": "string",
                    "nullable": true,
                    "metadata": {}
                }, {
                    "name": "first_time",
                    "type": "string",
                    "nullable": true,
                    "metadata": {}
                }, {
                    "name": "last_time",
                    "type": "string",
                    "nullable": true,
                    "metadata": {}
                }, {
                    "name": "descr",
                    "type": "string",
                    "nullable": true,
                    "metadata": {}
                }]
            },
            "provider": "parquet",
            "partitionColumnNames": [],
            "owner": "root",
```

```
            "createTime": 1647419916000,
            "lastAccessTime": 0,
            "createVersion": "3.0.1",
            "properties": null,
            "unsupportedFeatures": [],
            "tracksPartitionsInCatalog": false,
            "schemaPreservesCase": true,
            "ignoredProperties": null
        },
        "fileIndex": null,
        "outputColumnNames": "[event_id, first_time, last_time, descr]"
    }, {
        "class": "org.apache.spark.sql.catalyst.plans.logical.Project",
        "num-children": 1,
        "projectList": [
            [{
                "class": "org.apache.spark.sql.catalyst.expressions.Alias",
                "num-children": 1,
                "child": 0,
                "name": "event_id",
                "exprId": {
                    "product-class": "org.apache.spark.sql.catalyst.expressions.
ExprId",
                    "id": 144,
                    "jvmId": "630a51f2-c1b1-4545-87d1-211a533b1d2d"
                },
                "qualifier": [],
                "explicitMetadata": {}
            }, {
                "class": "org.apache.spark.sql.catalyst.expressions.AnsiCast",
                "num-children": 1,
                "child": 0,
                "dataType": "string",
                "timeZoneId": "Etc/UTC"
            }, {
                "class": "org.apache.spark.sql.catalyst.expressions.
AttributeReference",
                "num-children": 0,
                "name": "event_id_id",
                "dataType": "string",
                "nullable": true,
                "metadata": {},
                "exprId": {
                    "product-class": "org.apache.spark.sql.catalyst.expressions.
ExprId",
                    "id": 12,
                    "jvmId": "630a51f2-c1b1-4545-87d1-211a533b1d2d"
                },
                "qualifier": []
            }],
            [{
                "class": "org.apache.spark.sql.catalyst.expressions.Alias",
                "num-children": 1,
```

```
            "child": 0,
            "name": "first_time",
            "exprId": {
                "product-class": "org.apache.spark.sql.catalyst.expressions.
ExprId",
                "id": 145,
                "jvmId": "630a51f2-c1b1-4545-87d1-211a533b1d2d"
            },
            "qualifier": [],
            "explicitMetadata": {}
        }, {
            "class": "org.apache.spark.sql.catalyst.expressions.AnsiCast",
            "num-children": 1,
            "child": 0,
            "dataType": "string",
            "timeZoneId": "Etc/UTC"
        }, {
            "class": "org.apache.spark.sql.catalyst.expressions.
AttributeReference",
            "num-children": 0,
            "name": "first_time_time",
            "dataType": "string",
            "nullable": true,
            "metadata": {},
            "exprId": {
                "product-class": "org.apache.spark.sql.catalyst.
expressions.ExprId",
                "id": 13,
                "jvmId": "630a51f2-c1b1-4545-87d1-211a533b1d2d"
            },
            "qualifier": []
        }],
        [{
            "class": "org.apache.spark.sql.catalyst.expressions.Alias",
            "num-children": 1,
            "child": 0,
            "name": "last_time",
            "exprId": {
                "product-class": "org.apache.spark.sql.catalyst.expressions.
ExprId",
                "id": 146,
                "jvmId": "630a51f2-c1b1-4545-87d1-211a533b1d2d"
            },
            "qualifier": [],
            "explicitMetadata": {}
        }, {
            "class": "org.apache.spark.sql.catalyst.expressions.AnsiCast",
            "num-children": 1,
            "child": 0,
            "dataType": "string",
            "timeZoneId": "Etc/UTC"
        }, {
```

```
                "class": "org.apache.spark.sql.catalyst.expressions.
AttributeReference",
                "num-children": 0,
                "name": "last_time_time",
                "dataType": "string",
                "nullable": true,
                "metadata": {},
                "exprId": {
                    "product-class": "org.apache.spark.sql.catalyst.expressions.
ExprId",
                    "id": 14,
                    "jvmId": "630a51f2-c1b1-4545-87d1-211a533b1d2d"
                },
                "qualifier": []
            }],
            [{
                "class": "org.apache.spark.sql.catalyst.expressions.
AttributeReference",
                "num-children": 0,
                "name": "descr",
                "dataType": "string",
                "nullable": false,
                "metadata": {},
                "exprId": {
                    "product-class": "org.apache.spark.sql.catalyst.expressions.
ExprId",
                    "id": 15,
                    "jvmId": "630a51f2-c1b1-4545-87d1-211a533b1d2d"
                },
                "qualifier": []
            }]
        ],
        "child": 0
    }, {
        "class": "org.apache.spark.sql.catalyst.plans.logical.Project",
        "num-children": 1,
        "projectList": [
            [{
                "class": "org.apache.spark.sql.catalyst.expressions.Alias",
                "num-children": 1,
                "child": 0,
                "name": "event_id_id",
                "exprId": {
                    "product-class": "org.apache.spark.sql.catalyst.expressions.
ExprId",
                    "id": 12,
                    "jvmId": "630a51f2-c1b1-4545-87d1-211a533b1d2d"
                },
                "qualifier": [],
                "explicitMetadata": {}
            }, {
                "class": "org.apache.spark.sql.catalyst.expressions.
AttributeReference",
```

```
                "num-children": 0,
                "name": "event_id",
                "dataType": "string",
                "nullable": true,
                "metadata": {},
                "exprId": {
                    "product-class": "org.apache.spark.sql.catalyst.
expressions.ExprId",
                    "id": 73,
                    "jvmId": "630a51f2-c1b1-4545-87d1-211a533b1d2d"
                },
                "qualifier": "[spark_catalog, xxx_database, xxxx_table]"
            }],
            [{
                "class": "org.apache.spark.sql.catalyst.expressions.Alias",
                "num-children": 1,
                "child": 0,
                "name": "first_time_time",
                "exprId": {
                    "product-class": "org.apache.spark.sql.catalyst.expressions.
ExprId",
                    "id": 13,
                    "jvmId": "630a51f2-c1b1-4545-87d1-211a533b1d2d"
                },
                "qualifier": [],
                "explicitMetadata": {}
            }, {
                "class": "org.apache.spark.sql.catalyst.expressions.
AttributeReference",
                "num-children": 0,
                "name": "first_time",
                "dataType": "string",
                "nullable": true,
                "metadata": {},
                "exprId": {
                    "product-class": "org.apache.spark.sql.catalyst.expressions.
ExprId",
                    "id": 74,
                    "jvmId": "630a51f2-c1b1-4545-87d1-211a533b1d2d"
                },
                "qualifier": "[spark_catalog, xxx_database, xxxx_table]"
            }],
            [{
                "class": "org.apache.spark.sql.catalyst.expressions.Alias",
                "num-children": 1,
                "child": 0,
                "name": "last_time_time",
                "exprId": {
                    "product-class": "org.apache.spark.sql.catalyst.expressions.
ExprId",
                    "id": 14,
                    "jvmId": "630a51f2-c1b1-4545-87d1-211a533b1d2d"
                },
```

```
                    "qualifier": [],
                    "explicitMetadata": {}
            }, {
                    "class": "org.apache.spark.sql.catalyst.expressions.
AttributeReference",
                    "num-children": 0,
                    "name": "last_time",
                    "dataType": "string",
                    "nullable": true,
                    "metadata": {},
                    "exprId": {
                        "product-class": "org.apache.spark.sql.catalyst.
expressions.ExprId",
                        "id": 75,
                        "jvmId": "630a51f2-c1b1-4545-87d1-211a533b1d2d"
                    },
                    "qualifier": "[spark_catalog, xxx_database, xxxx_table]"
            }],
            [{
                    "class": "org.apache.spark.sql.catalyst.expressions.Alias",
                    "num-children": 1,
                    "child": 0,
                    "name": "descr",
                    "exprId": {
                        "product-class": "org.apache.spark.sql.catalyst.expressions.
ExprId",
                        "id": 15,
                        "jvmId": "630a51f2-c1b1-4545-87d1-211a533b1d2d"
                    },
                    "qualifier": [],
                    "explicitMetadata": {}
            }, {
                    "class": "org.apache.spark.sql.catalyst.expressions.Literal",
                    "num-children": 0,
                    "value": "1",
                    "dataType": "string"
            }]
        ],
        "child": 0
    }, {
        "class": "org.apache.spark.sql.catalyst.plans.logical.SubqueryAlias",
        "num-children": 1,
        "identifier": {
            "product-class": "org.apache.spark.sql.catalyst.AliasIdentifier",
            "name": "xxxx_table",
            "qualifier": "[spark_catalog, xxx_database]"
        },
        "child": 0
    }, {
        "class": "org.apache.spark.sql.execution.datasources.LogicalRelation",
        "num-children": 0,
        "relation": null,
        "output": [
```

```
        [{
                "class": "org.apache.spark.sql.catalyst.expressions.
AttributeReference",
                "num-children": 0,
                "name": "event_id",
                "dataType": "string",
                "nullable": true,
                "metadata": {},
                "exprId": {
                    "product-class": "org.apache.spark.sql.catalyst.expressions.
ExprId",
                    "id": 73,
                    "jvmId": "630a51f2-c1b1-4545-87d1-211a533b1d2d"
                },
                "qualifier": []
        }],
        [{
                "class": "org.apache.spark.sql.catalyst.expressions.
AttributeReference",
                "num-children": 0,
                "name": "first_time",
                "dataType": "string",
                "nullable": true,
                "metadata": {},
                "exprId": {
                    "product-class": "org.apache.spark.sql.catalyst.expressions.
ExprId",
                    "id": 74,
                    "jvmId": "630a51f2-c1b1-4545-87d1-211a533b1d2d"
                },
                "qualifier": []
        }],
        [{
                "class": "org.apache.spark.sql.catalyst.expressions.
AttributeReference",
                "num-children": 0,
                "name": "last_time",
                "dataType": "string",
                "nullable": true,
                "metadata": {},
                "exprId": {
                    "product-class": "org.apache.spark.sql.catalyst.expressions.
ExprId",
                    "id": 75,
                    "jvmId": "630a51f2-c1b1-4545-87d1-211a533b1d2d"
                },
                "qualifier": []
        }]
    ],
    "catalogTable": {
        "product-class": "org.apache.spark.sql.catalyst.catalog.CatalogTable",
        "identifier": {
            "product-class": "org.apache.spark.sql.catalyst.TableIdentifier",
```

```
                    "table": "xxxx_table",
                    "database": "xxx_database"
                },
                "tableType": {
                    "product-class": "org.apache.spark.sql.catalyst.catalog.
CatalogTableType",
                    "name": "EXTERNAL"
                },
                "storage": {
                    "product-class": "org.apache.spark.sql.catalyst.catalog.
CatalogStorageFormat",
                    "locationUri": null,
                    "inputFormat": "org.apache.hadoop.mapred.SequenceFileInputFormat",
                    "outputFormat": "org.apache.hadoop.hive.ql.io.
HiveSequenceFileOutputFormat",
                    "serde": "org.apache.hadoop.hive.serde2.lazy.LazySimpleSerDe",
                    "compressed": false,
                    "properties": null
                },
                "schema": {
                    "type": "struct",
                    "fields": [{
                        "name": "event_id",
                        "type": "string",
                        "nullable": true,
                        "metadata": {}
                    }, {
                        "name": "first_time",
                        "type": "string",
                        "nullable": true,
                        "metadata": {}
                    }, {
                        "name": "last_time",
                        "type": "string",
                        "nullable": true,
                        "metadata": {}
                    }]
                },
                "provider": "delta",
                "partitionColumnNames": [],
                "owner": "root",
                "createTime": 1645751708000,
                "lastAccessTime": 0,
                "createVersion": "3.1.0",
                "properties": null,
                "unsupportedFeatures": [],
                "tracksPartitionsInCatalog": true,
                "schemaPreservesCase": true,
                "ignoredProperties": null
            },
        "isStreaming": false
    }]
```

从上面的示例数据中分析出InsertIntoHadoopFsRelationCommand命令的执行计划顺序如图3-15所示，从中可以看到总共分为5个步骤来执行。

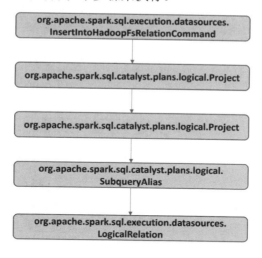

图 3-15

步骤 01 org.apache.spark.sql.execution.datasources.InsertIntoHadoopFsRelationCommand的执行计划结构如图3-16所示。

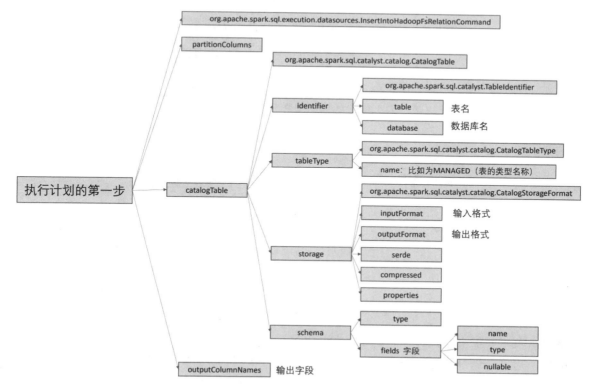

图 3-16

步骤 02 org.apache.spark.sql.catalyst.plans.logical.Project的执行计划结构如图3-17所示。

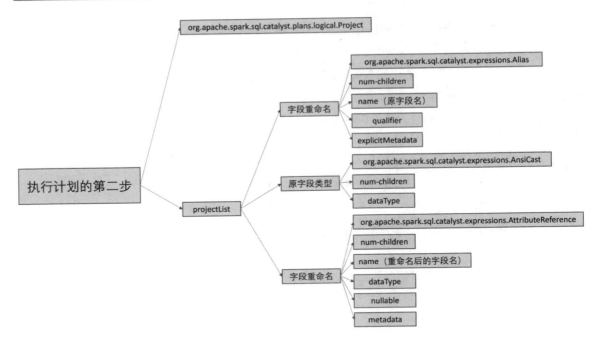

图 3-17

步骤 03 org.apache.spark.sql.catalyst.plans.logical.Project的执行计划结构如图3-18所示。

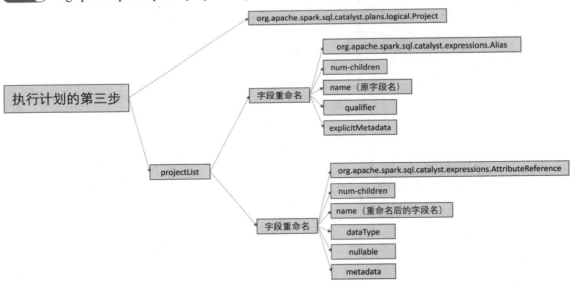

图 3-18

步骤 04 org.apache.spark.sql.catalyst.plans.logical.SubqueryAlias的执行计划结构如图3-19所示。

步骤 05 org.apache.spark.sql.execution.datasources.LogicalRelation的执行计划结构如图3-20所示。

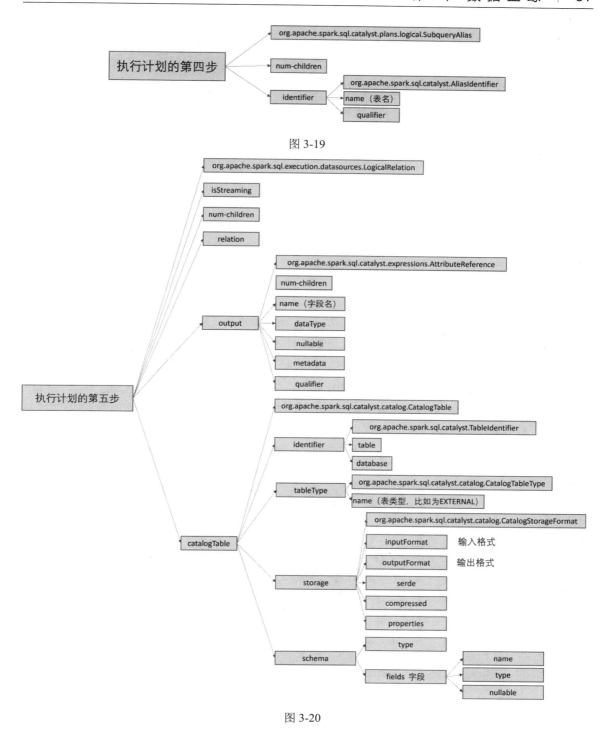

图 3-19

图 3-20

在以上执行计划中，都涉及输入和输出表的字段等相关信息，通过解析执行计划中的数据，便可以获取到数据在处理过程中的血缘关系。

3.1.3 从 Spark SQL 语句中获取数据血缘

在Spark任务处理中，通过SQL语句来实现离线的ETL（Extract，Transform，Load）数据处理是其在大数据中最常见的应用方式，如图3-21所示。针对这种应用场景，我们可以直接获取Spark中运行的SQL语句，然后解析SQL语句，并且结合Catalog，分析出SQL语句中包含的输入表和输出表的数据血缘关系。

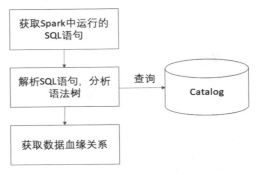

图 3-21

有了通过SQL语句来解析血缘的思路，需要解决的问题就是怎么自动抓取到Spark中运行的SQL语句。在前面的章节中，提到过Spark有Listener的机制，org.apache.spark.sql.util. QueryExecutionListener只是Listener中的一种，可以通过Listener的方式自动获取Spark的相关执行信息。在Spark中提供了org.apache.spark.scheduler.SparkListener这个底层抽象类来供上层代码监听Spark在整个生命执行周期中的相关事件消息，如图3-22所示。

图 3-22

其相关的类图如图3-23所示。

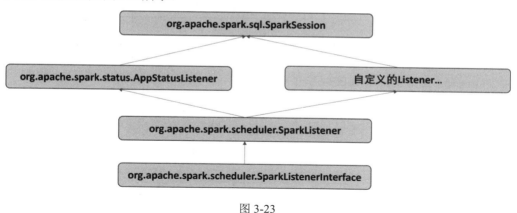

图 3-23

org.apache.spark.scheduler.SparkListener只能提供Event的监听，但是Spark底层并没有将执行的SQL语句推送到监听的Event中，在Spark中提供了org.apache.spark.scheduler.LiveListenerBus来推送Event到监听事件队列中。LiveListenerBus提供的可以调用的方法如图3-24所示。

图 3-24

相关的核心方法介绍如表3-1所示。

表 3-1　LiveListenerBus 的核心方法

方　　法	描　　述
def post(event: SparkListenerEvent)	将Event发送到所有的队列
def addToSharedQueue(listener: SparkListenerInterface)	将Listener添加到由所有非内部Listener共享的队列中
def addToManagementQueue(listener: SparkListenerInterface)	将Listener添加到执行器管理队列
def addToStatusQueue(listener: SparkListenerInterface)	将Listener添加到应用程序状态队列
def addToEventLogQueue(listener: SparkListenerInterface)	将Listener添加到事件日志队列
def removeListener(listener: SparkListenerInterface)	从添加到的所有队列中删除Listener，并停止已经变为空的队列
def start(sc: SparkContext, metricsSystem: MetricsSystem)	开始向连接的Listener发送事件，将先发送在Listener总线启动之前发布的所有缓冲事件，再发送Listener总线仍在运行时异步侦听的其他事件。这个方法一般只会运行一次
def waitUntilEmpty(timeoutMillis: Long)	用于测试，等待直到队列中不再有事件，或者直到指定时间已经过去
def stop()	停止Listener总线。它将等待队列中的事件得到处理，但会丢弃停止后的新事件

解决了推送Event到监听事件队列的问题，还需要解决怎么抓取Spark中正在执行的SQL语句的问题。Spark定义了名为org.apache.spark.sql.catalyst.parser.ParserInterface的trait来抽象定义SQL语句的解析过程，所有待执行的SQL语句都必须经过解析，而在解析过程开始之前，我们就能够获取这些即将执行的SQL语句。ParserInterface的方法如图3-25所示。

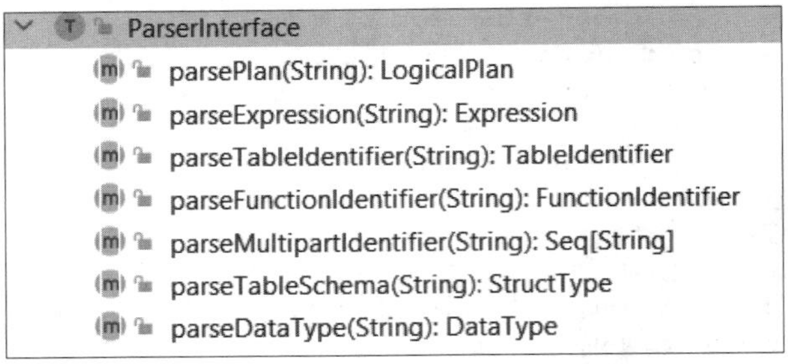

图 3-25

org.apache.spark.sql.catalyst.parser.ParserInterface提供的方法描述如表3-2所示。

表 3-2　ParserInterface 提供的方法

方　　法	描　　述
def parsePlan(sqlText: String)	该方法用于解析指定SQL语句的执行计划，sqlText参数为待解析执行计划的SQL语句
def parseExpression(sqlText: String)	该方法用于解析指定SQL语句的表达式

（续表）

方　法	描　述
def parseTableIdentifier(sqlText: String)	该方法用于解析指定SQL语句的表标识符
def parseFunctionIdentifier(sqlText: String)	该方法用于解析指定SQL语句的函数标识符
def parseMultipartIdentifier(sqlText: String)	该方法用于解析指定SQL语句的多部分标识符
def parseTableSchema(sqlText: String)	该方法用于将SQL语句解析为表的Schema
def parseDataType(sqlText: String)	该方法用于解析指定SQL语句的数据类型

通过以下示例代码可以实现一个自定义的SqlParser。需要注意，该ExampleSqlParser类需要放到org.apache.spark.sql.execution这个package下，否则sparkSession.sparkContext.listenerBus.post是无法被调用的，因为该方法的作用范围必须在org.apache.spark.sqlpackage或者其子package下。

```scala
package org.apache.spark.sql.execution
import org.apache.spark.internal.Logging
import org.apache.spark.sql.SparkSession
import org.apache.spark.sql.catalyst.expressions.Expression
import org.apache.spark.sql.catalyst.plans.logical.LogicalPlan
import org.apache.spark.sql.catalyst.{FunctionIdentifier, TableIdentifier}
import org.apache.spark.sql.types.{DataType, StructType}

class ExampleSqlParser(sparkSession: SparkSession, val delegate :
org.apache.spark.sql.catalyst.parser.ParserInterface) extends scala.AnyRef with
org.apache.spark.sql.catalyst.parser.ParserInterface with Logging{
    override def parsePlan(sqlText: String): LogicalPlan = {
      logInfo("start to send SqlEvent by listenerBus,sqlText:"+sqlText)
      sparkSession.sparkContext.listenerBus.post(
SqlEvent(sqlText,sparkSession))
        //调用父方法
        delegate.parsePlan(sqlText)
    }

    override def parseExpression(sqlText: String): Expression = {
      //调用父方法
      delegate.parseExpression(sqlText)
    }

    override def parseTableIdentifier(sqlText: String): TableIdentifier = {
      //调用父方法
      delegate.parseTableIdentifier(sqlText)

    }

    override def parseFunctionIdentifier(sqlText: String): FunctionIdentifier = {
      //调用父方法
      delegate.parseFunctionIdentifier(sqlText)

    }

    override def parseTableSchema(sqlText: String): StructType = {
      //调用父方法
      delegate.parseTableSchema(sqlText)
```

```
    }
    override def parseDataType(sqlText: String): DataType = {
      //调用父方法
      delegate.parseDataType(sqlText)
    }
  }
}
package org.apache.spark.sql.execution
case class SqlEvent(sqlText: String, sparkSession: SparkSession) extends
org.apache.spark.scheduler.SparkListenerEvent with Logging
```

- 在上述代码中重写了父方法后，在parsePlan方法中通过sparkSession.sparkContext.listenerBus. post将SQL语句作为Event发送到Listener消息队列中。重写后的子类方法需要显式地调用父 方法。
- SqlEvent是自定义的Spark Listener Event，用于将抓取到的SQL语句包装成Event，然后才能 发送到Listener消息队列中。

在完成自定义的SqlParser后，需要将其加载到Spark中才能生效，可以通过Spark提供的 Extension机制来将自定义的SqlParser集成进去。以下示例代码用来定义一个自定义的Extension， 名叫 ExampleSparkSessionExtension ，其继承自 org.apache.spark.sql.SparkSessionExtensions. SparkSessionExtensions这个类，通过调用injectParser方法来将自定义的SqlParser注入Spark的执 行过程中。

```
package org.apache.spark.sql.execution
import org.apache.spark.sql.SparkSessionExtensions
class ExampleSparkSessionExtension extends ((SparkSessionExtensions) => Unit) {
  override def apply(extensions: SparkSessionExtensions): Unit = {
    extensions.injectParser { (session, parser) =>
      new ExampleSqlParser(session, parser)
    }
  }
}
```

在Spark任务代码中，在创建SparkSession时，需要通过如下示例代码来指定自定义的 extension，这样Spark在执行任务时就可以加载自定义的extension代码了。

```
import org.apache.spark.sql.SparkSession
val spark = SparkSession
  .builder()
  .appName("xxx")
  .master("xxxx")
  .config("spark.sql.extensions","org.apache.spark.sql.execution .ExampleSparkS
essionExtension")
  .getOrCreate()
```

另外，在SparkSessionExtensions中还提供了其他的注入方法，如图3-26所示。

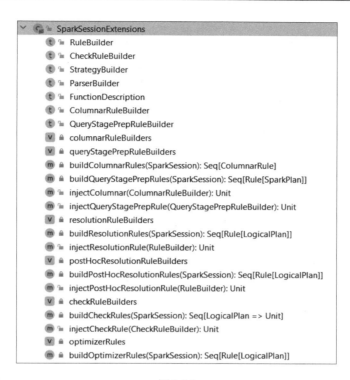

图 3-26

SparkSessionExtensions的核心方法说明如表3-3所示。

表 3-3 SparkSessionExtensions 的核心方法

方　法	描　述
injectParser(builder: ParserBuilder)	将自定义SQL解析器注入SparkSession中，另外，如果注入了多个解析器，那么解析器会存在彼此重叠的情况
injectFunction(functionDescription: FunctionDescription)	将自定义函数注入 org.apache.spark.sqlcatalyst.analysis. FunctionRegistry中
injectPlannerStrategy (builder: StrategyBuilder)	将自定义的策略注入SparkSession中，注入的策略用于将LogicalPlan转换为org.apache.spark.sql.expension.SparkPlan
injectPreCBORule(builder: RuleBuilder)	注入一个优化器的规则生成器，该生成器将逻辑计划重写到SparkSession中，注入的规则将在优化批处理处理后执行一次
injectOptimizerRule(builder: RuleBuilder)	将优化器的规则生成器注入SparkSession中，优化器规则用于改进经过分析的逻辑计划的质量，但是这些规则不应该修改逻辑计划的结果
injectCheckRule(builder: CheckRuleBuilder)	将检查分析规则生成器注入SparkSession中，注入的规则将在分析阶段之后执行，检查分析规则主要用于检查LogicalPlan，并应对其可能产生的异常
injectPostHocResolutionRule(builder: RuleBuilder)	将分析器规则生成器注入SparkSession中。这些分析规则将在Resolution后执行

方　　法	描　　述
injectResolutionRule(builder: RuleBuilder)	将解析规则生成器注入SparkSession中，这些规则将在解析阶段作为分析过程的一部分被执行
injectQueryStagePrepRule(builder: QueryStagePrepRuleBuilder)	注入一个可以覆盖自适应查询的查询阶段和准备阶段的执行规则
injectColumnar(builder: ColumnarRuleBuilder)	注入一个规则，该规则可以覆盖执行器的列式执行

　　SQL语句通过Event的方式发送到Spark Listener队列中后，可以通过自定义的Listener来获取SQL语句的Event，示例代码如下：

```
import org.apache.spark.internal.Logging
import org.apache.spark.scheduler.SparkListener
import org.apache.spark.sql.SparkSession
import org.apache.spark.sql.execution.SqlEvent
import org.apache.spark.sql.execution.ui.{SparkListenerSQLExecutionEnd,
SparkListenerSQLExecutionStart}
case class ExampleSqlListener(sparkSession: SparkSession) extends SparkListener
with Logging {
    //通过onOtherEvent来获取自定义的Event消息
    override def onOtherEvent(event: org.apache.spark.scheduler.SparkListenerEvent):
Unit = {
      event match {
        //匹配自定义的SqlEvent消息
        case event: SqlEvent => {
          //获取SQL语句
          logInfo("SQL:" + event.sqlText)
        }
        case SparkListenerSQLExecutionStart(executionId, description, details,
physicalPlanDescription, sparkPlanInfo, time) => {
          logInfo("sql Execution start,executionId:" + executionId)
        }
        case event: SparkListenerSQLExecutionEnd => {
          logInfo("sql Execution End,executionId:" + event.executionId)
        }
        case _ => {
        }
      }
    }
}
```

　　从代码中可以看到，自定义的ExampleSqlListener重写了org.apache.spark.scheduler.SparkListener抽象类的onOtherEvent方法，通过onOtherEvent来获取自定义的Event消息。

　　获取Spark执行的SQL语句的整体流程总结如图3-27所示。

　　在获取到SQL语句后，还需要解析SQL语句。解析SQL语句可以通过antlr4来实现，因为Spark底层也是通过antlr4来解析SQL语句的，所以和Spark源码保持一致就不会出现解析错误或者不兼容的情况。我们可以通过Maven的方式引入antlr4工具的JAR包，示例代码如下：

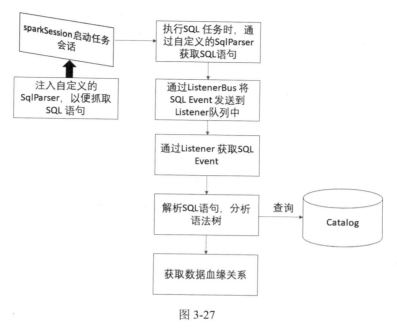

图 3-27

```
<dependency>
  <groupId>org.antlr</groupId>
  <artifactId>antlr4-runtime</artifactId>
</dependency>
```

核心示例代码如下，其中定义了一个ExampleSqlBaseBaseListener用来获取SQL中表的处理和操作。

```
import org.antlr.v4.runtime.tree.ParseTreeWalker;
import org.apache.spark.sql.catalyst.parser.SqlBaseBaseListener;
import org.apache.spark.sql.catalyst.parser.SqlBaseParser;
import java.util.HashMap;
import java.util.HashSet;
import java.util.Map;
import java.util.Set;

public class ExampleSqlBaseBaseListener extends SqlBaseBaseListener {
  //存储表的操作
  private Map<String, Set<String>> tableNameAndOper = new HashMap<>();

  public Map<String, Set<String>> gettableNameAndOper() {
    return tableNameAndOper;
  }
  public void enterQuerySpecification(SqlBaseParser.QuerySpecificationContext ctx) {
    final SqlBaseParser.QuerySpecificationContext baseCtx = ctx;
    ParseTreeWalker queryWalker = new ParseTreeWalker();
    queryWalker.walk(new SqlBaseBaseListener() {
      public void enterTableIdentifier(SqlBaseParser.TableIdentifierContext ctx) {
        if(null != ctx.table) {
          String table = ctx.getText().toLowerCase();
          Set<String> operator;
```

```
          if (tableNameAndOper.containsKey(table)) {
            operator = tableNameAndOper.get(table);
          } else {
            operator = new HashSet<>();
          }
          operator.add("SELECT");
          tableNameAndOper.put(table, operator);
        }
      }
    }, ctx);
  }
  public void enterInsertInto(SqlBaseParser.InsertIntoContext ctx){
    final SqlBaseParser.InsertIntoContext baseCtx = ctx;
    ParseTreeWalker queryWalker = new ParseTreeWalker();
    final Set<String> simpleTables = new HashSet<String>();
    queryWalker.walk(new SqlBaseBaseListener() {
      public void enterTableIdentifier(SqlBaseParser.TableIdentifierContext ctx) {
        if(ctx.table!=null) {
          String table = ctx.getText().toLowerCase();
          Set<String> operator;
          if (tableNameAndOper.containsKey(table)) {
            operator = tableNameAndOper.get(table);
          } else {
            operator = new HashSet<>();
          }
          operator.add("INSERT");
          tableNameAndOper.put(table, operator);
        }
      }
    }, ctx);
  }
}
```

使用静态工具类获取SQL中涉及的表的相关操作信息，示例代码如下：

```
import org.antlr.v4.runtime.CommonTokenStream;
import org.antlr.v4.runtime.tree.ParseTreeWalker;
import com.luckincoffee.datas.spark.sql.catalyst.parser.*;

import java.util.Map;
import java.util.Set;

public class ExampleSparkSqlUtil {
  public static Map<String, Set<String>> gettableNameAndOper(String sqlText){
    SqlBaseLexer sqlBaseLexer = new SqlBaseLexer(new
ANTLRNoCaseStringStream(sqlText));

    CommonTokenStream tokenStream = new CommonTokenStream(sqlBaseLexer);
    SqlBaseParser parser = new SqlBaseParser(tokenStream);
    ParseTreeWalker walker = new ParseTreeWalker();
    ExampleSqlBaseBaseListener exampleSqlBaseBaseListener = new
ExampleSqlBaseBaseListener();

    walker.walk(exampleSqlBaseBaseListener, parser.statement());
```

```
    return exampleSqlBaseBaseListener.gettableNameAndOper();
  }
}

import org.antlr.v4.runtime.ANTLRInputStream;
import org.antlr.v4.runtime.IntStream;

public class ANTLRNoCaseStringStream extends ANTLRInputStream {
  public ANTLRNoCaseStringStream(String inputStr){
    super(inputStr);
  }

  @Override
  public int LA(int i){
    int la = super.LA(i);
    if (la == 0 || la == IntStream.EOF){
      return la;
    } else {
      return Character.toUpperCase(la);
    }
  }
}
```

示例代码中相关的类图总结如图3-28所示。

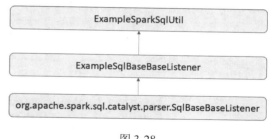

图 3-28

3.1.4 从 Flink 中获取数据血缘

Flink 是 Apache 软件基金会旗下的开源流式数据处理框架，也是在国内大数据实时流计算任务中用得最多的流式计算框架。Flink 为了使开发者更加方便地使用，以及降低学习和维护的成本，在发展到后期的时候推出了 Flink SQL 来简化开发，使开发者可以写更少的代码，并使得只懂 SQL 语法的传统数据分析人员也可以使用 Flink 来完成大数据开发。

Flink SQL 的底层执行过程，如图 3-29 所示。

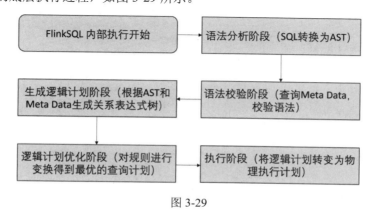

图 3-29

从中可以看到，Flink SQL在底层执行时大概包含以下5个步骤，其底层执行过程和Spark SQL非常类似。

步骤 01 对即将执行的SQL语句进行语法分析，此时会通过Apache Calcite 将SQL语句直接转换为AST（Abstract Syntax Tree，抽象语法树），也就是Calcite 中的SqlNode节点树。Calcite是一个开源的SQL解析工具，Flink在底层技术实现时集成了Calcite作为其底层的SQL语句解析器，Calcite的GitHub地址为https://github.com/apache/calcite/，相关的更多介绍可以参考官方文档，网址为https://calcite.apache.org/docs/。

步骤 02 根据查询到的元数据对SQL语句中的语法进行校验，通过 **步骤 01** 中获取到的SqlNode节点树中的信息，来获取SQL语句中包含的表、字段、函数等信息，然后通过和元数据进行对比来判断SQL语句中包含的表、字段等信息在元数据中是否存在。

步骤 03 通过结合元数据信息对SqlNode节点树的进一步解析，得到关系表达式树，生成初步的逻辑执行计划。

步骤 04 对 **步骤 03** 生成的逻辑执行计划进行进一步优化，得到最优的逻辑执行计划，这一步得到的结果还是关系表达式树。

步骤 05 将逻辑执行计划转变为物理执行计划，提交给Flink集群进行执行。

通过对Flink SQL执行过程的分析，可以看到其底层的执行过程和Spark SQL类似，在3.1.2节中提到对Spark SQL的执行计划进行分析，从而提取血缘关系，由此可以联想到从Flink SQL的执行计划中也可以提取其血缘关系。如图3-30所示，在执行到第四步时，就可以在最终的逻辑执行计划的关系表达式树中，通过解析关系树来获取血缘关系。

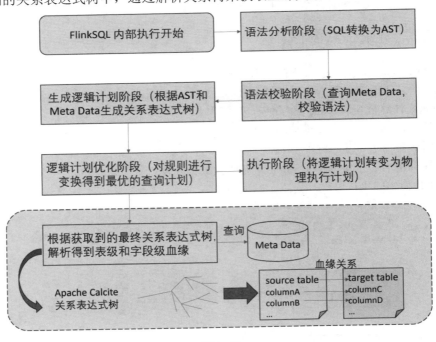

图 3-30

3.1.5 从数据任务的编排系统中获取数据血缘

数据任务的编排系统通常是对不同的数据节点类型的任务进行前后运行顺序以及依赖关系的编排，如图3-31所示。

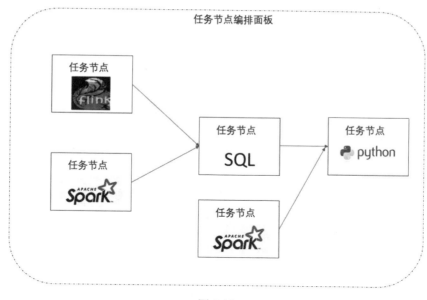

图 3-31

在大数据中常见的数据任务节点类型说明如下。

- Spark任务：通常运行的是Spark/Spark SQL任务，这里的血缘数据可以直接通过Spark的执行计划或者通过解析Spark SQL中的SQL语句来获取。
- Flink任务：通常运行的是Flink/Flink SQL任务，这里的血缘数据可以通过参考3.1.4节中介绍的内容来获取。
- SQL脚本任务：通常运行的是纯SQL语句，这里的血缘数据可以通过从任务编排系统的日志中获取运行的SQL语句，然后通过对SQL语句进行解析，以及结合SQL中涉及的元数据信息来获取，如图3-32所示。

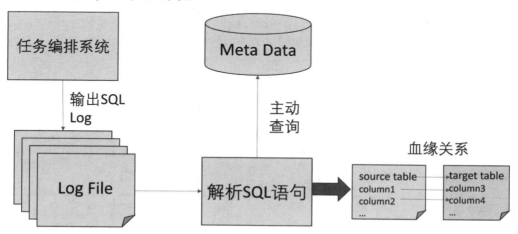

图 3-32

- Python等其他的脚本任务：由于是纯脚本语言编写的，如果中间涉及数据的转换处理等，是难以解析数据的血缘关系的，针对这种类型的任务，通常建议在日志中直接由脚本任务的开发者手工输出血缘的日志，然后直接从任务编排系统的日志中来获取血缘数据。

3.2 数据血缘的存储模型与展示设计

从架构设计的角度来看，血缘数据存储需要注意如下几点。

- 可扩展性：支持对数据血缘的源端进行扩展，比如当前只需要支持Hive、Spark执行计划、Spark SQL等，但是未来可能会新增其他数据血缘来源。如果出现新的数据血缘来源，要做到对现有的设计不进行改动便可支持。
- 可跟踪性：需要记录数据血缘的变更记录，方便将来进行追踪，比如数据血缘出现变更时，需要将其变更的过程记录下来，而不是在数据血缘发生变化后，直接替换现有的已经采集入库的数据血缘关系。
- 可维护性：支持手动维护，比如支持人工维护数据血缘，或者数据血缘采集错误时，支持人工修改。

数据血缘的采集和处理的过程通常如图3-33所示，实时获取原始数据，并发送到类似Kafka这样的消息队列中，然后对原始数据进行解析，生成血缘数据，最后入库保存。

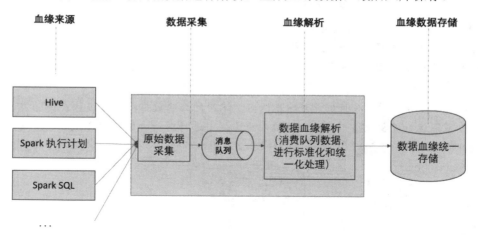

图 3-33

为了系统有更好的可扩展性和兼容性，消息队列中的消息建议以JSON形式进行发送，建议包括表3-4中的字段。

表 3-4　建议包括的字段

JSON 字段	描　　述
source	数据血缘的来源，比如Spark SQL、Hive等
version	消息的版本，方便进行可扩展性和兼容性处理
timeStamp	数据采集的时间戳，建议使用yyyy-MM-dd HH:mm:ss.SSS这种格式
remark	备注信息
body	采集到的原始数据信息

消息示例如下：

```
[{
    "source": "Hive",
    "version": "1.0.0",
    "timeStamp": "2023-01-04 16:00:00.000",
    "remark": "",
    "body": []
}]
```

基于上述设计原则，设计了如图3-34所示的数据血缘存储模型供参考，其中在每张表中列出了数据血缘存储模型的核心字段。

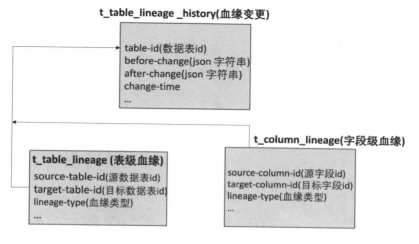

图 3-34

需要注意的是，在t_db_lineage_history表中的before-change和after-change这两个字段以JSON的形式记录了表中血缘的变更情况，格式大致如下：

```
[{
    "table-id": "",
    "table-lineage ": [{
      "source-table-id": "",
      "target-table-id": ""
    },...],
    "column-lineage ": [{
      "source-column-id": "",
      "target-column-id": ""
    },...]
}]
```

基于以上血缘数据存储模型，设计了如图3-35所示的血缘数据处理流程图供参考。

上述设计都是基于关系数据库进行的，数据血缘的存储还可以选用图数据库来进行存储，因为图数据库在设计时天生就是由节点和关系来组成的，常见的图数据库有Neo4j、JanusGraph等类型。

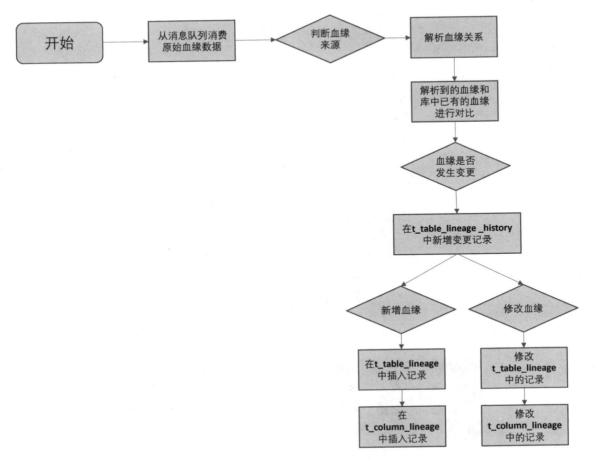

图 3-35

- 关于Neo4j的介绍，可以参考https://neo4j.com/。
- 关于JanusGraph的介绍，可以参考https://docs.janusgraph.org/。

在血缘数据解析入库后，就可以对数据血缘进行展示了，关于数据血缘的展示设计，一般需要注意如下几点：

- 支持表级血缘，默认展示表级血缘关系，选择单个表时，还可以单击查看该表的上游血缘或者下游血缘。
- 详情中支持字段级血缘展示，单击图中表的字段详情时，可以继续展开显示字段级的血缘关系。
- 在血缘关系中，支持单击查看血缘的解析来源，比如SparkSQL语句、Spark执行计划等。

从图3-36中可以看到表与表之间以及字段与字段之间的血缘关系。当某一张表发生变更时，很容易就知道对下游或者上游的哪些表和字段产生影响，从而可以加快很多问题的处理和定位。在使用某张表的数据时，也能追溯到该表的原始数据表以及经过了哪些中间表的处理，数据的链路变得非常清晰，为数据的使用者带来了极大的帮助。

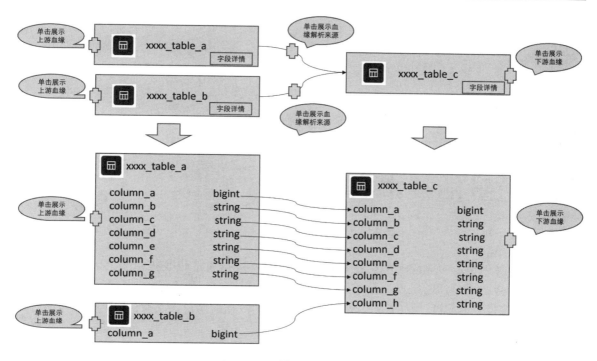

图 3-36

第 **4** 章

数据质量的技术实现

在数据资产管理中，除了元数据和数据血缘外，数据质量也是很重要的一个环节，如图4-1所示。数据质量通常是指在数据处理的整个生命周期中，能否始终保持数据的完整性、一致性、准确性、可靠性、及时性等，我们只有知道了数据的质量，才能在数据质量差的时候改进数据。

数据生命周期

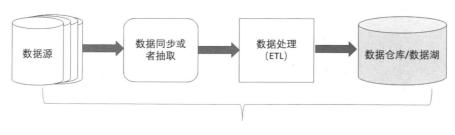

图 4-1

- 完整性：数据是否有丢失，比如数据字段、数据量是否有丢失。
- 一致性：数据值是否完全一致，比如小数数据的精度是否出现丢失。
- 准确性：数据含义是否准确，比如数据字段注释是否准确。
- 可靠性：比如数据存储是否可靠、是否做了数据灾备等。
- 及时性：数据是否出现延迟或者堵塞，导致没有及时写入数据仓库或数据湖。

正是因为数据质量的重要性，所以在国际上专门对数据质量进行了国际标准定义，比如ISO 8000数据质量系列国际标准中就详细地描述了数据质量如何衡量以及如何进行认证等，包括数据质量的特性、特征以及如何进行数据质量的管理、评估等。在ISO 8000中共发布了21个标准，在网址https://std.samr.gov.cn/gj/std?op=ISO中可以查询ISO 8000质量标准，如图4-2所示。

图 4-2

和数据质量相关的主要内容如下。

- ISO 8000-1:2022 Data quality-Part 1：Overview。
- ISO 8000-2:2022 Data quality-Part 2：Vocabulary。
- ISO 8000-8:2015 Data quality-Part 8：Information and data quality: Concepts and measuring。
- ISO/TS 8000-60:2017 Data quality-Part 60：Data quality management: Overview。
- ISO 8000-61:2016 Data quality-Part 61：Data quality management: Process reference model。
- ISO 8000-62:2018 Data quality-Part 62：Data quality management: Organizational process maturity assessment: Application of standards relating to process assessment。
- ISO 8000-63:2019 Data quality-Part 63：Data quality management: Process measurement。
- ISO 8000-64:2022 Data quality-Part 64：Data quality management: Organizational process maturity assessment: Application of the Test Process Improvement method。
- ISO 8000-65:2020 Data quality -Part 65：Data quality management: Process measurement questionnaire。
- ISO 8000-66:2021 Data quality-Part 66：Data quality management: Assessment indicators for data processing in manufacturing operations。
- ISO/TS 8000-81:2021 Data quality-Part 81：Data quality assessment: Profiling。
- ISO/TS8000-82：2022 Data quality-Part 82：Data quality assessment: Creating data rules。
- ISO 8000-100:2016 Data quality-Part 100：Master data: Exchange of characteristic data: Overview。
- ISO 8000-110:2021 Data quality-Part 110：Master data: Exchange of characteristic data: Syntax, semantic encoding, and conformance to data specification。

- ISO 8000-115:2018 Data quality-Part 115：Master data: Exchange of quality identifiers: Syntactic, semantic and resolution requirements。
- ISO 8000-116:2019 Data quality-Part 116：Master data: Exchange of quality identifiers: Application of ISO 8000-115 to authoritative legal entity identifiers。
- ISO 8000-120:2016 Data quality -Part 120：Master data: Exchange of characteristic data: Provenance。
- ISO 8000-130:2016 Data quality-Part 130：Master data: Exchange of characteristic data: Accuracy。
- ISO 8000-140:2016 Data quality- Part 140：Master data: Exchange of characteristic data: Completeness。
- ISO 8000-150:2022 Data quality -Part 150：Data quality management: Roles and responsibilities。
- ISO/TS 8000-311:2012 Data quality-Part 311：Guidance for the application of product data quality for shape (PDQ-S)。

4.1 质量数据采集的技术实现

4.1.1 定义数据采集的规则

无论是在数据仓库还是数据湖中，一开始我们都不知道数据的质量情况，需要通过一定的规则，定期到数据湖或者数据仓库中采集数据的质量，这个规则允许用户自己进行配置，通常流程如图4-3所示。

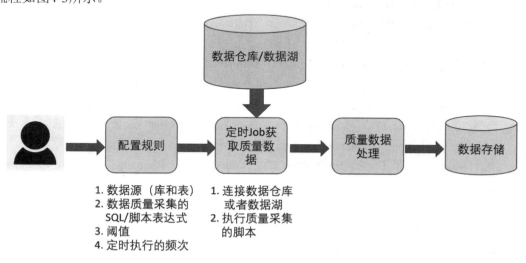

图 4-3

1. 通用规则

对于一些通用规则，可以做成规则模板，这样用户可以直接选择某个规则进行质量数据采集。常见的通用规则如表4-1所示。

表 4-1　采集数据的通用规则

规　　则	描　　述
表字段的空值率	采集指定表的指定字段为空的比率
表字段的异常率	采集指定表的指定字段值的异常率，比如性别字段，只可能为男或者女，对于别的值就是异常值，我们可以根据规则统计出异常值的比率，以及哪些值是异常值，当然也需要支持自定义维护
表字段数据格式异常率	采集指定表的指定字段值的数据格式的异常率，比如时间格式或者手机号格式不符合指定规则的就是异常数据，我们可以计算出这些格式异常的比率
表字段数据的重复率	采集指定表的指定字段值的重复率，比如某些字段的值是不允许重复的，出现重复时就是异常
表字段的缺失率	采集指定表的字段数量是否和预期的字段数量一致，如果不一致，就是出现了字段缺失，可以统计出字段的缺失率
表数据入库的及时率	采集指定表的数据的入库时间和当前系统时间的差异，然后计算出数据的及时性和及时率
表记录的丢失率	（1）采集指定表的数据的记录数，然后和预期的数据量或者源表中的数据量进行比较，计算出数据记录的丢失率 （2）采集指定表的数据的记录数，然后和周或者月平均值进行比较，判断数据记录数是否低于正常标准，从而判断是否存在丢失

2. 自定义的规则

除了通用规则外，还需要支持自定义的规则。自定义的规则允许用户自己编写SQL脚本、Python脚本或者Scala脚本。

1）SQL 脚本

一般通过JDBC的方式直接提交和运行SQL脚本，从而获取数据质量结果。常见的关系数据库，如MySQL、SQL Server等都支持JDBC，并且Hive也支持JDBC连接。另外，还可以通过Spark SQL Job的方式来运行SQL脚本，如图4-4所示。

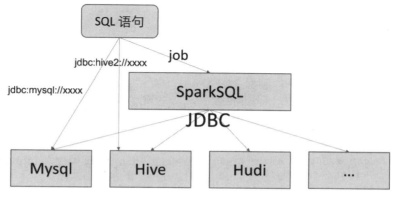

图 4-4

总结下来就是：如果数据库或者数据仓库本身支持JDBC协议，那么可以直接通过JDBC协议运行SQL语句。如果不支持，那么可以通过Spark SQL Job的方式进行过渡，Spark SQL本身支持连接到Hive、Hudi等数据仓库或者数据湖，也支持通过JDBC的方式连接到其他数据库。有关 JDBC 连 接 其 他 数 据 库 ， 在官方网站地址 https://spark.apache.org/docs/latest/sql-data-sources-jdbc.html中有详细的介绍信息，如图4-5所示。

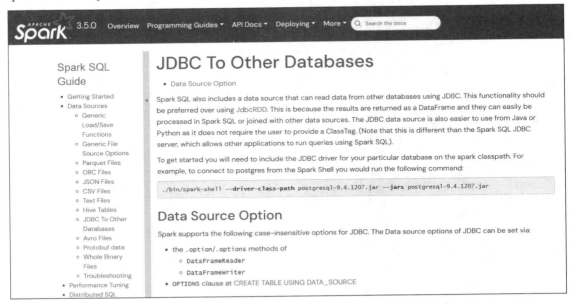

图 4-5

2）Python 脚本

Python是一种常用的脚本语言，由于SQL脚本只支持一些直接用SQL语句就可以查询到的数据结果，因此，对于一些复杂的场景或者SQL语句无法支持的场景，可以使用Python脚本，并且Spark也是支持Python语言的，如图4-6所示。

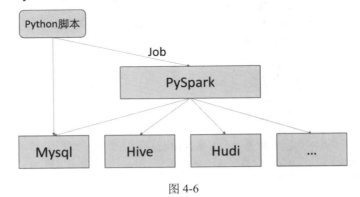

图 4-6

PySpark的相关介绍可以参考网址https://spark.apache.org/docs/latest/api/python/index.html，页面如图4-7所示。

3）Scala 脚本

Spark底层本身主要通过Scala语言编写的代码实现，很多大数据开发者都很热衷于使用Scala语言，所以使用Spark Job采集质量数据时，也可以通过编写Scala脚本实现，如图4-8所示。

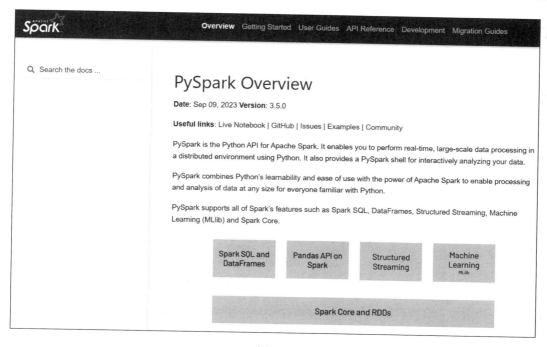

图 4-7

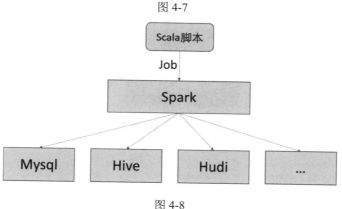

图 4-8

4.1.2　定时 Job 的技术选型

1. Apache DolphinSchedur

对于采集质量数据时定时Job的技术选型，这里推荐Apache DolphinSchedur这个大数据任务调度平台。Apache DolphinSchedur是一个分布式、易于扩展的可视化工作流任务调度开源平台，解决了复杂的大数据任务依赖关系，并支持在各种大数据应用程序的DataOPS中任意编排任务节点之间的关联关系。它以有向无环图（Directed Acyclic Graph，DAG）流模式组装任务，能够实时监控任务的执行状态，并提供如任务重试、从指定节点恢复失败、暂停、恢复和终止等操作功能。其官方网址为https://dolphinscheduler.apache.org/en-us，如图4-9所示。

Apache DolphinSchedur 支 持 二 次 开 发 ， 其 GitHub 地 址 为 https://github.com/apache/dolphinscheduler。

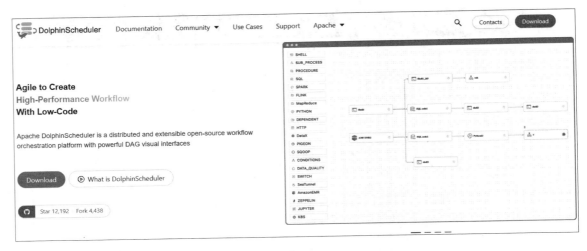

图 4-9

相关部署文档的地址为https://dolphinscheduler.apache.org/en-us/docs/3.2.0/installation_menu。

如图4-10所示为官方在网址https://dolphinscheduler.apache.org/en-us/docs/3.2.0/architecture/design中提供的技术实现架构图。

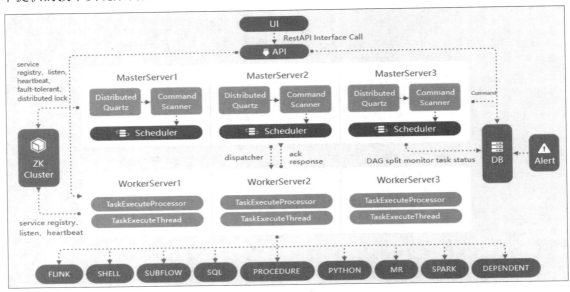

图 4-10

从中可以看到，Apache DolphinSchedur支持SQL、Python、Spark等任务节点，正好是我们所需要的，而且该平台支持分布式部署和调度，所以不存在任何性能瓶颈，因为分布式系统支持横向或者纵向的扩展。

Apache DolphinSchedur还提供了API方式进行访问，官方API文档地址为https://dolphinscheduler.apache.org/en-us/docs/3.2.0/guide/api/open-api。

最终采集质量数据的技术实现架构图如图4-11所示。

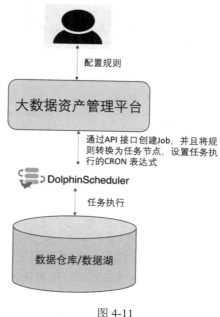

图 4-11

2. Apache Spark

当然，除了借助Apache DolphinSchedur外，我们也可以自己实现定时任务运行，相关的技术架构图如图4-12所示。

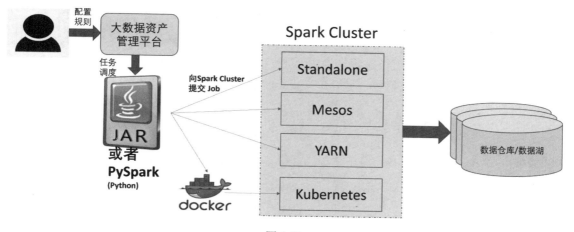

图 4-12

由于无论是数据湖还是数据仓库，都支持Spark对其进行数据读取和数据处理，所以对数据湖和数据仓库的质量数据采集都可以通过在Spark集群中执行Spark任务的方式来获取数据。Spark集群的部署支持Standalone、Mesos、YARN、Kubernetes四种方式，可以参考Spark官方网址：https://spark.apache.org/docs/latest/cluster-overview.html#cluster-manager-types，如图4-13所示，可以根据实际使用的数据湖或者数据仓库的部署模式来选择相应的Spark集群的部署模式，比如你的数据仓库Hive是通过Hadoop的方式部署的，那么Spark集群的部署方式选择Hadoop YARN的部署模式更加合适。

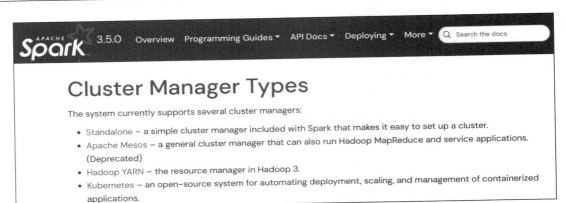

图 4-13

设计一个Spark集群上可以执行的JAR包或者PySpark脚本，该JAR包或者PySpark脚本用于提交任务到Spark集群中运行，运行时，读取配置好的质量规则，任务执行完毕后，将采集到的质量结果数据入库。关于如何向Spark集群提交JAR包或者PySpark脚本任务，可以参考官方网站网址：https://spark.apache.org/docs/latest/submitting-applications.html，如图4-14所示。

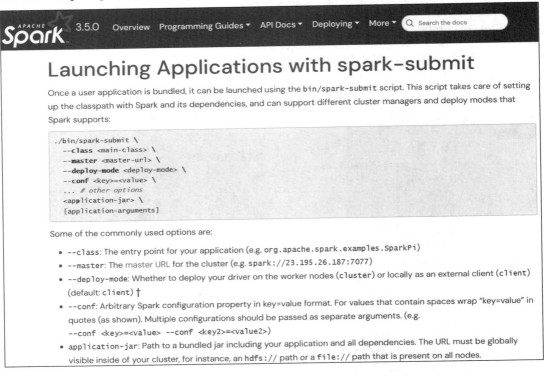

图 4-14

JAR包或者PySpark脚本中可以执行Spark SQL语句，也可以执行Scala脚本或者Python脚本。

如果Spark集群是通过Kubernetes部署的，那么需要先将JAR包或者PySpark脚本做成Docker镜像，然后通过镜像的方式将JAR包或者PySpark脚本运行到Spark集群中，如图4-15所示。Kubernetes相关的知识可以参考https://kubernetes.io/zh-cn/docs/home/。

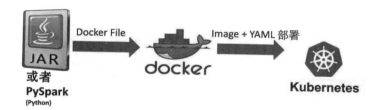

图 4-15

　　JAR包或者Python脚本需要做成通用的，而不是执行每一个质量规则时都需要创建一个JAR包或者Python脚本，当然也支持用户自定义JAR包或者Python脚本进行扩展，但是一定要定义JAR包或者Python脚本的抽象接口，如图4-16所示。

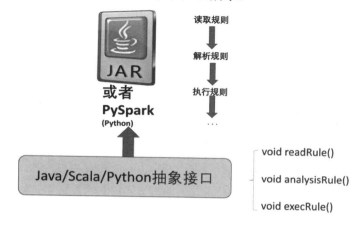

图 4-16

　　从中可以看到，我们至少可以在抽象接口中预定义读取规则、解析规则以及执行规则等。使用Java开发语言定义的抽象接口参考代码如下：

```java
public interface Example {

  void readRule(String rule);

  void analysisRule(String rule);

  void execRule(String data);
}
```

　　根据上面描述的数据质量规则配置，并结合数据质量规则的定时采集执行需求，可以大致设计如图4-17所示的表结构模型供参考。

　　1）t_quality_rule_template

　　数据质量规则模板表，可以将一些通用的规则做成模板，供规则的配置者直接使用或者基于选择的规则模板再进行少量的二次修改。

　　2）t_quality_rule

　　数据质量规则配置表，表中存储了实际的数据质量采集规则、该规则对应的数据表id以及定时采集的cron表达式，比如0 */30 * * * ?，就是每隔30分钟执行一次。

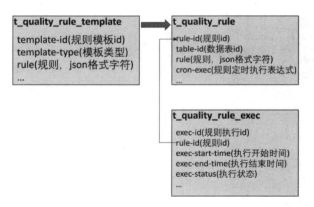

图 4-17

cron表达式是一个字符串，该字符串通常是由7个域组成的，每个域之间以空格隔开，每个域代表一个特定的时间含义，如下所示。

- 秒：取值范围为0～59。
- 分：取值范围为0～59。
- 时：取值范围为0～23。
- 日：取值范围为1～31。
- 月：取值范围为1～12或JAN～DEC。
- 周：取值范围为1～7或SUN～SAT。
- 年：取值范围为1970－2099。

3）t_quality_rule_exec

数据质量规则执行表，表中存储了每次定时采集任务的执行记录。定时采集任务执行时，其状态的变化过程大致如图4-18所示，为了方便定位问题，任务执行过程中的状态变化都需要更新到表t_quality_rule_exec中。

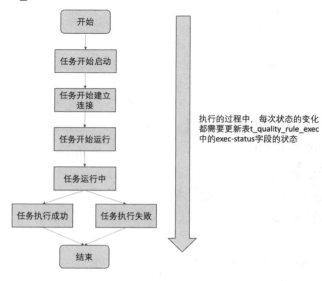

图 4-18

4.2 如何处理采集到的质量数据

质量数据采集到的是原始数据，由于数据质量规则众多，每一种规则采集到的原始数据可能都不一样，因此还需要对原始数据进行归一化处理，然后才能进行入库存储，如图4-19所示。

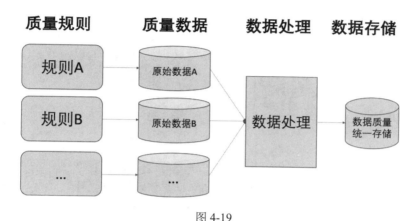

图 4-19

虽然每个质量规则采集到的原始数据可能都是不一样的，但是我们还是需要设计一个统一的原始数据消息格式以方便进行数据的统一处理，参考代码如下：

```
[{
    "execId": "",
    "ruleId": "",
    "returnType": "",
    "returnData": [],
    "startExecTime": "",
    "endExecTime": ""
}]
```

消息字段的相关说明如下。

- 执行ID（execId）：定时Job的执行ID，在每次执行质量数据采集时，会生成一个唯一的ID。
- 规则ID（ruleId）：对应数据质量规则表中的规则ID，每个规则ID就代表一个质量规则。
- 返回值类型（returnType）：采集的质量数据的返回类型一般包括：

  - int：整型，比如采集到某张表的统计结果值，那么返回的就是一个整型数据。
  - long：长整型，比如采集到某张表的最大值，那么返回的就是一个长整型数据。
  - double：浮点型，比如采集到某张表的数据的平均值，那么返回的就是一个浮点型数据。
  - string：字符型，比如自定义的数据质量规则中需要返回一个字符型的结果，那么可以将返回值类型设置为string。
  - list：列表型，比如抽样采集某张表的前10条记录，那么返回的就是一个列表型数据。

◆ boolean：布尔型，比如采集某张表的某个字段是否存在，那么返回的就是一个布尔型
数据。

● 返回值结果（returnData）：具体返回的结果值。
● 执行开始时间（startExecTime）：定时Job执行的开始时间。
● 执行结束时间（endExecTime）：定时Job执行的结束时间。

在定义了原始质量数据的消息格式后，就可以对这些原始质量数据进行处理了，相关的
处理流程逻辑如图4-20所示，针对不同的返回值类型，在代码中将其转换为对应的数据类型，
然后才能入库存储。在入库时还需要记录质量数据的采集开始时间（也就是Job的执行开始时
间）、采集结束时间（也就是Job的执行结束时间）、数据的处理时间以及数据的入库时间等。

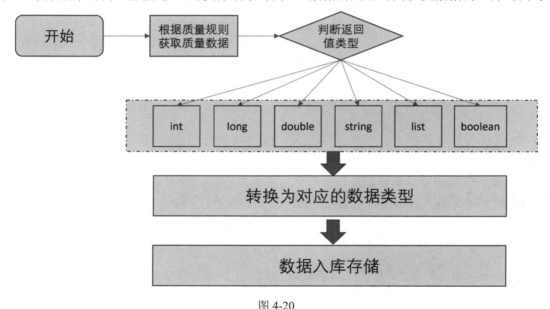

图 4-20

4.3　质量数据的存储模型设计

从架构设计的角度来看，数据质量的存储需要注意如下几点。

● 可扩展性：支持对多种不同质量规则采集到的质量数据的存储，比如不能出现扩展了质量
规则或者用户自定义的质量规则的结果数据无法存储，从而需要修改数据存储模型的情况。
● 可跟踪性：需要记录质量数据的变更记录，方便将来进行质量数据变化的跟踪和审查。
● 可维护性：支持手工运维，比如出现脏数据或者需要人工干预的情况时，可以让系统管理
员进行相关的历史数据或者脏数据的清理等常规运维操作。

基于上述设计原则，设计了如图4-21所示的数据质量存储模型供参考，其中在每张表中列
出了数据质量存储模型的核心字段。

如果需要查询某张表的质量数据，可以根据如图4-22所示的关联关系来获取数据。

质量规则　　　　　　　　　　　质量数据

t_quality_rule_template(模板表)　➡　**t_quality_rule(规则表)**

template-id(规则模板id)
template-type(模板类型)
rule(规则，json格式字符)
...

rule-id(规则id)
table-id(数据表id)
rule(规则，json格式字符)
cron-exec(规则定时执行表达式)
...

t_quality_rule_exec(规则执行表)　　　　**t_quality_rule_data(质量数据表)**

exec-id(规则执行id)
rule-id(规则id)
exec-start-time(执行开始时间)
exec-end-time(执行结束时间)
exec-status(执行状态)
...

➤exec-id(规则执行id)
result-data(结果数据)
result-data-type(结果数据类型)
update-time(更新时间)
...

图 4-21

t_meta_db(数据库)　　　**t_meta_table(数据表)**　　　**t_quality_rule(规则表)**

db-id(数据库id)

table-id(数据表id)
db-id(数据库id)

➤rule-id(规则id)
➤table-id(数据表id)

t_quality_rule_exec(规则执行表)　　　**t_quality_rule_data(质量数据表)**

exec-id(规则执行id)
rule-id(规则id)

➤exec-id(规则执行id)

图 4-22

质量数据其实和常用的监控数据很类似，也可以考虑用时序数据库来进行存储，因为质量数据都是按照时间来进行时序采集的，并且数据也是时序变化的，所以使用时序数据库来存储是非常合适的。常见的时序数据库对比介绍如表4-2所示，可以根据实际的场景来选择。

表 4-2　常见的时序数据库对比

数据库类型	InfluxDB	Prometheus	OpenTSDB
描述	用于存储时间序列、事件和度量的开源时序数据库	开源时序数据库，一般多用于监控系统	基于HBase的可扩展的时间序列开源数据库
官方网址	https://www.influxdata.com/products/influxdb/	https://prometheus.io/	http://opentsdb.net/
文档介绍	https://docs.influxdata.com/influxdb	https://prometheus.io/docs	http://opentsdb.net/docs/build/html/index.html
底层实现的开发语言	Go	Go	Java
支持的数据类型	数字和字符串	只支持数字	指标支持数字，标签支持字符串
是否支持SQL语言	支持类SQL查询（和SQL语法类似）	不支持	不支持
API类型	HTTP API	RESTful HTTP/JSON API	HTTP API

4.4　常见的开源数据质量管理平台

4.4.1　Apache Griffin

Apache Griffin 是一个开源的大数据质量管理系统，底层是基于Hadoop和Spark实现的，支持批处理和流处理两种数据质量检测方式，官方网址为https://griffin.apache.org/，Apache Griffin 官方地址https://griffin.apache.org/docs/quickstart-cn.html提供的架构图，如图4-23所示。

Apache Griffin 的源代码GitHub地址为https://github.com/apache/griffin。

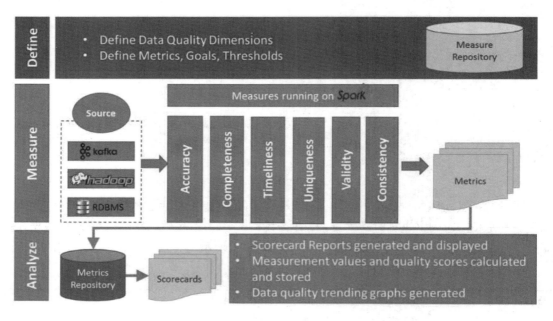

图 4-23

从架构图中可以看到：

- Apache Griffin在进行数据质量检测时，是基于Spark实现的，以Spark任务的形式对定义的待采集数据质量的数据源进行数据采集。
- 在架构图中，Define主要用于数据质量的维度定义，也就是我们说的数据质量规则的定义。
- Measure负责数据质量任务的执行以及生成数据质量的结果数据。
- Analyze主要负责结果数据的存储以及呈现。

如图4-24所示，Apache Griffin的架构图刚好可以对应到前面的数据质量采集流程。

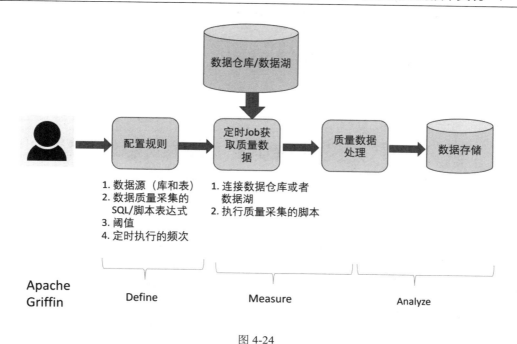

图 4-24

另外，Apache Griffin也是支持容器化部署的，相关部署介绍可参考https://github.com/apache/griffin/blob/master/griffin-doc/docker/griffin-docker-guide.md。

Apache Griffin的主要技术栈和开发语言说明如下。

- 后端：Java和Scala，其API服务主要是由Java 语言开发的，基于HTTP协议和GRPC协议进行数据通信。其任务的执行主要是基于Scala语言的，用于Spark任务的提交、运行等。
- 前端：TypeScript、HTML、CSS。

其核心技术架构如图4-25所示。

从中可以看到，其核心技术是通过Spring Boot+Spark来实现的。

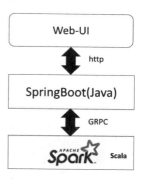

图 4-25

4.4.2 Qualitis

Qualitis是一个支持多种异构数据源的数据质量监测平台，其设计初衷是解决业务系统运行、数据中心建设及数据治理过程中遇到的各种数据质量问题。

Qualitis官方提供的架构图如图4-26所示，地址为https://github.com/WeBankFinTech/Qualitis/blob/master/docs/zh_CN/ch1/%E6%9E%B6%E6%9E%84%E8%AE%BE%E8%AE%A1%E6%96%87%E6%A1%A3.md#21-%E6%80%BB%E4%BD%93%E6%9E%B6%E6%9E%84%E8%AE%BE%E8%AE%A1。

可以看到架构图中包含质量规则配置、质量任务管理和质量数据采集、质量数据存储和分析等核心模块。

在Qualitis官方网址中提供了总体模块设计图，其模块设计图也是刚好可以对应前面的数据质量采集流程，如图4-27所示。

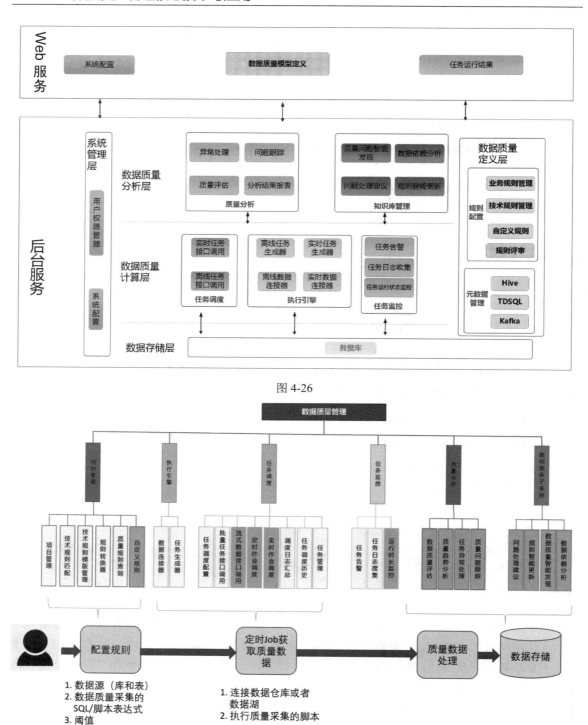

图 4-26

图 4-27

可以看到，数据质量采集的流程其实无论在哪个开源的数据质量平台中几乎都是一样的，都需要包括以下内容。

- 质量规则的配置和管理：主要是配置规则和维护规则。
- 定时Job会定时执行数据质量规则，以抓取原始的数据质量信息。
- 质量的数据处理和分析：对抓取到的原始质量数据进行处理，然后通过质量数据分析来优化质量规则的配置，形成一个闭环的链路，如图4-28所示。

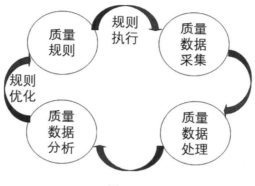

图 4-28

- 质量结果数据存储于Qualitis，其安装和部署过程可以参考如下地址中的部署说明：https://github.com/WeBankFinTech/Qualitis/blob/master/docs/zh_CN/ch1/%E5%BF%AB%E9%80%9F%E6%90%AD%E5%BB%BA%E6%89%8B%E5%86%8C%E2%80%94%E2%80%94HA%E7%89%88.md。

第 5 章

数据监控与告警

在数据资产管理中，数据监控与告警和数据质量通常是同等重要的，在采集到质量数据后，不仅需要对质量数据进行监控，当数据质量低于一定的阈值时，还需要主动告警通知对应的数据管理员进行及时处理。然而，数据监控与告警不仅体现在数据质量上，还体现在数据链路、数据任务、数据服务、数据处理资源等很多监控中。

5.1 数据监控

5.1.1 数据监控的种类

数据监控不仅能够及时告警发现问题，还可以在定位问题时通过监控数据来追踪问题。

- 数据质量：包括监控数据的准确性、完整性、一致性、可靠性等，当数据质量低于阈值时，及时触发告警。
- 数据链路：监控数据的实时链路和T+1链路，比如当数据链路出现中断时，立即触发告警，通知对应的数据开发和相关运维人员进行干预处理。
- 数据任务：数据处理的任务一般包括实时任务和离线任务两种，比如当实时任务运行停止或者报错时，或者离线任务运行失败时，发送告警通知相关的数据开发和运维人员进行问题定位处理。
- 数据服务：数据服务是提供数据使用最常见的方式之一，通过对数据服务的监控以及当数据服务出现问题时及时告警通知，可以在很大程度上提高数据服务的稳定性。
- 数据处理资源：数据任务的处理需要服务器资源、存储资源、网络资源等很多硬件资源，如果硬件资源出现瓶颈，我们自己却不知道，那么势必会影响数据处理的速度和及时性，所以需要对这些硬件资源进行监控，比如服务器的CPU、内存资源不够用时，或者数据存储资源不够时，需要及时告警通知运维人员进行扩容或者进行别的干预处理。
- 数据监控与告警的技术实现：监控与告警其实不止发生在数据资产管理中，在传统的IT运维和软件系统维护中都会存在监控与告警。监控一般是指以时序的方式轮询采集待监控目标的相关数据，然后存储在合适的介质中，通过监控系统对这些采集到的监控数据进行简单的指标处理，从监控的视角展示出来的一种方式，如图5-1所示。

告警是指在监控的基础上，通过配置阈值，当监控的数据指标满足阈值条件时，主动推送消息通知给对应的接收人员，如图5-2所示。

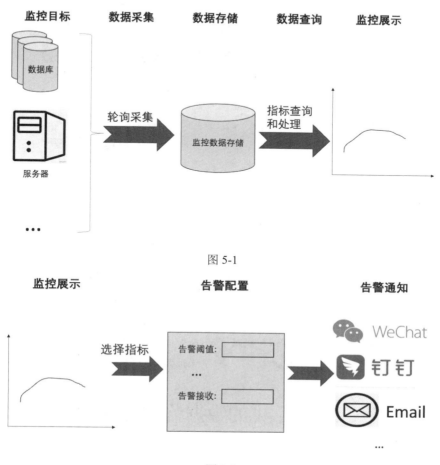

图 5-1

图 5-2

5.1.2　监控数据的特点与存储方式

监控数据一般具有如下特点：

- 数据只进行插入，基本不会存在数据的修改和更新，就像日志数据一样，因为采集到的监控数据通常是根据时序变化的，并且在某一个时刻的数据是固定不变的。
- 数据量大，因为监控数据一般都是按秒进行采集的，所以随着时间的积累，数据量会越来越大。
- 数据不需要长期存储，比如1年前的监控数据，通常已经不存在太大的价值，可以对这些历史监控数据进行归档，或者让数据自动过期删除以节省存储成本。
- 在进行数据查询时需要快速查询，并且一般是根据时间范围来进行时序查询的，通常只会进行一些简单的指标聚合操作（比如查询最新数据、平均值、最大值、最小值等），不会存在太复杂的指标运算，所以不会消耗很大的CPU计算资源。

- 写多读少，这点很容易理解，因为监控数据只是在监控时查询使用，并不会存在大量的查询场景和大量的并发查询，在采集时需要按照时间序列持续进行，所以会持续存在大量的数据写入。
- 通常是按数据顺序读取的，一般是在指定查询的时间范围内读取一段连续的数据。

基于以上特点，监控数据一般最适合存储在时序数据库中，因为时序数据库通常具有如下特征：

- 列式存储，数据易压缩，可以缩小存储成本。
- 支持自动删除历史过期数据，不需要人工进行删除和干预。
- 支持水平扩展和数据分片，因为单节点存储数据或者查询和写入数据时，容易存在瓶颈。
- 高写入性能，比如支持批量写入提交，但是通常不支持数据更新。
- 支持针对时间序列类型数据的高效便捷查询，能够快速地检索出指定时间范围内的数据，并且还支持聚合查询和时序分析等各种复杂的查询。

常见的开源时序数据库包括Graphite、InfluxDB、Prometheus、OpenTSDB等，其中Graphite、Prometheus被广泛用于监控数据的存储。

另外，监控还有一个重要的环节就是数据采集，由于监控的目标很多，因此数据采集需要适配很多监控目标。

- 不同的监控目标，往往网络协议、连接方式以及获取数据的方式都不一样。
- 不同的监控目标，往往采集到的数据格式也不一样，所以采集数据后，还需要对数据进行基础化的统一，针对不同类型的数据，在存储时需要选择不同的数据类型来存储。

5.2 常见的数据监控目标

在数据监控中，常见的监控目标包括数据链路、数据任务、数据质量、数据服务、数据处理资源等。

5.2.1 数据链路监控

数据链路监控指针对数据处理的实时链路和离线链路进行监控。

1. 实时链路

在大数据处理中，实时链路一般都是通过实时数据流处理组件来实现的，常见的代表性技术组件就是Spark和Flink，实时链路监控中一般需要采集的核心数据指标如下。

- 数据记录数/秒：采集实时流每秒处理的数据记录数。
- 数据的字节数/秒：采集实时流每秒处理的数据字节数。
- 数据记录的处理时长：采集实时流处理数据记录的耗时。
- 数据记录的积压量：采集实时数据在处理时，数据记录的积压情况。

- 数据记录的延迟：采集数据记录的延迟，在实时数据处理中，数据的延迟一般是指数据的当前处理时间减去数据的发生时间得到的差值，差值越大，延迟就越大。

在Spark中，实时流处理组件主要是通过Spark Structured Streaming来实现的，Spark Structured Streaming是一个基于Spark SQL引擎的可扩展支持容错的实时流处理引擎,使用微批处理引擎进行处理，该引擎将数据流作为一系列微小批次作业进行处理，从而实现低至100毫秒的端到端延迟，以达到理论上的实时处理效果。相关的官方技术文档介绍链接为https://spark.apache.org/docs/3.5.0/structured-streaming-programming-guide.html。

在该链接对应的文档中，详细介绍了如何采集Spark Structured Streaming的监控数据，如图5-3所示。

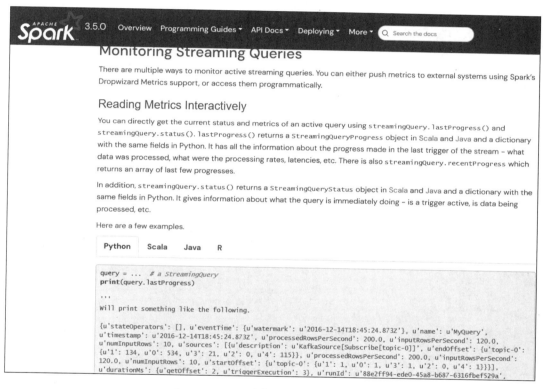

图 5-3

在该文档中提供了如下三种方式来获取Spark Structured Streaming的监控数据。

1）Reading Metrics Interactively

直接通过Spark Structured Streaming提供的streamingQuery.lastProgress()和streamingQuery.status()方法来获取实时流处理的状态和相关的指标,获取到的指标数据格式如下,通过解析如下JSON数据，就可以获取到相关的监控数据指标。

```
{
  "id":"ce011fdc-8762-4dcb-84eb-a77333e28109",
  "runId":"88e2ff94-ede0-45a8-b687-6316fbef529a",
  "name":"MyQuery",
  "timestamp":"2016-12-14T18:45:24.873Z",
```

```
"numInputRows":10,
"inputRowsPerSecond":120,
"processedRowsPerSecond":200,
"durationMs":{
  "triggerExecution":3,
  "getOffset":2
  },
"eventTime":{
  "watermark":"2016-12-14T18:45:24.873Z"
  },
"stateOperators":[

],
"sources":[
  {
"description":"KafkaSource[Subscribe[topic-0]]",
"startOffset":{
  "topic-0":{
  "2":0,
  "4":1,
  "1":1,
  "3":1,
  "0":1
    }
  },
  "endOffset":{
  "topic-0":{
  "2":0,
  "4":115,
  "1":134,
  "3":21,
  "0":534
    }
  },
  "numInputRows":10,
  "inputRowsPerSecond":120,
  "processedRowsPerSecond":200
  }
],
"sink":{
  "description":"MemorySink"
  }
}
```

2）Reporting Metrics programmatically using Asynchronous APIs

通过Spark Structured Streaming底层JAR包提供的API来直接读取监控指标数据。在Spark Structured Streaming底层代码中，提供了org.apache.spark.sql.streaming.StreamingQueryListener 这个抽象类，以对外提供实时流在每个微批处理过程中的指标查询。在该抽象类中主要提供了如下所示的三个核心方法。

（1）def onQueryStarted(event : org.apache.spark.sql.streaming.StreamingQueryListener.QueryStartedEvent)：实时流查询的开始，该方法一般用于进行数据的初始化。

（2）def onQueryProgress(event : org.apache.spark.sql.streaming.StreamingQueryListener.QueryProgressEvent)：实时流查询的处理，该方法一般用于获取实际需要查询到的数据指标。常见的指标说明如下：

- numInputRows：每个微批读取到的待处理的数据记录数。
- inputRowsPerSecond：每秒读取到的待处理的数据记录数。
- processedRowsPerSecond：每秒处理的数据记录数。
- durationMs：实时流处理的持续时长。
- batchDuration：实时流每个微批处理的耗时。
- numOutputRows：实时流每个微批处理完后输出的记录数。

（3）def onQueryTerminated(event:org.apache.spark.sql.streaming.StreamingQueryListener.QueryTerminatedEvent)：实时流查询的结束，该方法一般用于进行数据的销毁。

可以看到，每个微批次的实时流查询都包括开始、处理、结束三个阶段，在实际采集监控数据时，只需要继承org.apache.spark.sql.streaming.StreamingQueryListener这个抽象类，并且覆写该抽象类中提供的onQueryStarted、onQueryProgress、onQueryTerminated三个抽象方法即可，如图5-4所示。如果需要实现类生效，还需要通过sparkSession.streams.addListener将实现类添加到监听中，这样每个微批的实时流处理中都会执行一次实现类，来读取需要监控的数据指标。

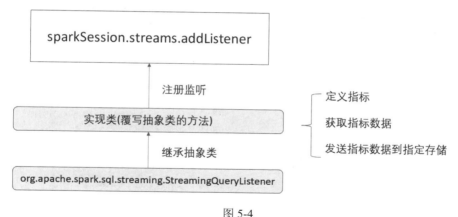

图 5-4

3）Reporting Metrics using Dropwizard

Spark底层支持使用Dropwizard库来采集数据指标，只需要在SparkSession中通过设置spark.sql.Streaming.metricsEnabled来启用该配置即可，代码如下所示：

```
spark.conf.set("spark.sql.streaming.metricsEnabled", "true")
```

或者

```
spark.sql("SET spark.sql.streaming.metricsEnabled=true")
```

启用了上述配置后，SparkSession将会通过Dropwizard向Spark中配置的监控数据接收器（比如Ganglia、Graphite、JMX等）上报指标数据。

Flink 是一个常用的实时流处理组件，应用非常广泛，在 Flink 的官方网址 https://nightlies.apache.org/flink/flink-docs-release-1.18/docs/ops/metrics/#system-metrics中提供了其对应的可以采集的监控数据指标相关信息，如图5-5所示。

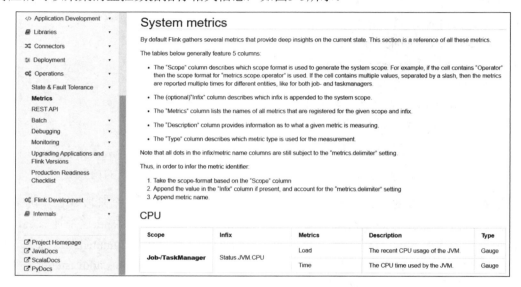

图 5-5

在这个页面中包含大量的监控数据指标说明，其中的核心指标如图5-6所示。

	numRecordsIn	The total number of records this operator/task has received.	Counter
	numRecordsInPerSecond	The number of records this operator/task receives per second.	Meter
	numRecordsOut	The total number of records this operator/task has emitted.	Counter
Task/Operator	numRecordsOutPerSecond	The number of records this operator/task sends per second.	Meter
	numLateRecordsDropped	The number of records this operator/task has dropped due to arriving late.	Counter
	currentInputWatermark	The last watermark this operator/tasks has received (in milliseconds). **Note:** For operators/tasks with 2 inputs this is the minimum of the last received watermarks.	Gauge

图 5-6

这些核心指标说明如下。

- numRecordsIn：实时流接收到的记录数。
- numRecordsInPerSecond：实时流任务每秒接收到的记录数。
- numRecordsOut：实时流任务输出的记录数。
- numRecordsOutPerSecond：实时流任务每秒输出的记录数。

- numLateRecordsDropped：实时流任务每秒延迟的记录数。

从上面的数据指标可以看到，Flink可以获取到的核心监控数据指标和Spark Structured Streaming非常类似，区别只是两种不同的技术组件定义的指标名称不一致，但是它们本质的含义几乎是一样的。

在Flink的官方网址https://nightlies.apache.org/flink/flink-docs-release-1.18/docs/deployment/metric_reporters/中定义了其监控数据指标可以支持的接收器，并且详细介绍了如何配置将监控的数据指标输出到对应的接收器中，页面如图5-7所示。

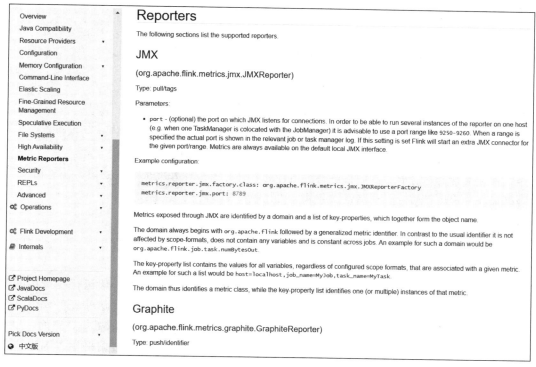

图 5-7

从页面中可以看到，Flink支持将监控数据指标直接输出到JMX、Graphite、InfluxDB、Prometheus、PrometheusPushGateway、StatsD、Datadog、Slf4j中，其中Graphite、InfluxDB、Prometheus都是常见的时序数据库。

2. 离线链路

在大数据处理中，离线链路一般都是批处理任务，批处理任务通常通过Spark、Flink、Hive等技术组件来实现，其中Spark、Flink既支持实时流处理，也支持离线的批处理。在离线链路监控中，一般需要采集的核心数据指标如下所示。

- **离线读取的数据记录数**：离线链路每次读取的待处理的数据量。
- **离线输出的数据记录数**：离线链路每次处理完后输出的数据量。
- **离线读取的数据字节数**：离线链路每次读取的待处理的数据大小，单位为Byte。
- **离线写入的数据字节数**：离线链路每次写入目标存储的数据大小，单位为Byte。

5.2.2 数据任务监控

数据处理的任务一般包括实时任务和离线任务两种，所以数据任务监控时需要对实时任务和离线任务都进行监控。

1. 实时任务

实时任务一般是7×24小时持续处于运行状态的任务。实时任务一般需要监控的核心数据指标如下所示。

- 任务运行的总时长：实时任务持续运行的累计时长。
- 任务日志中的异常数：实时任务输出的日志中，统计到的异常数。
- 任务失败重试的次数：指任务运行失败时，自动重试的次数。

2. 离线任务

离线任务一般是指批处理任务，可以是T+1运行的任务或者轮询间隔运行的任务，比如每小时运行一次等，离线任务一般需要监控的核心数据指标如下所示。

- 任务运行的总时长：离线任务持续运行的累计时长，即每次批处理任务运行的耗时累加。
- 任务单次运行的时长：离线任务每次运行的耗时。
- 任务单次运行的结果：离线任务运行的最终结果是成功或者失败。
- 任务失败重试的次数：指任务运行失败时自动重试的次数。
- 任务日志中的异常数：在离线任务输出的日志中统计到的异常数。

数据任务的监控指标采集实现的方式通常如图5-8所示。数据任务一般运行在专用的数据任务编排系统或调度平台中。因此，任务运行相关的指标数据可以直接从这些任务调度平台获取。采集方法包括从日志文件中提取或直接从任务调度平台的数据库抓取数据，然而，如果任务调度平台提供了相应的API接口，建议优先使用API接口的方式进行数据采集，因为连接其他系统平台的数据库并不是一种安全的访问方法。

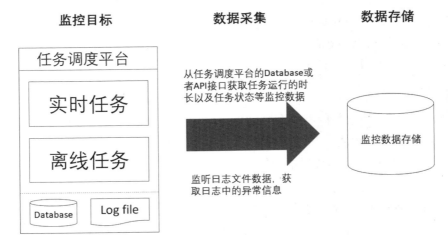

图 5-8

5.2.3　数据质量监控

通过第4章介绍的内容采集到质量数据后，可以直接对质量数据配置告警规则，在满足规则时直接触发告警，如图5-9所示。

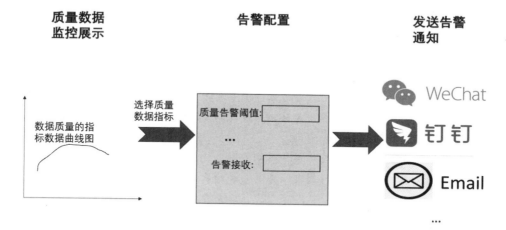

图 5-9

5.2.4　数据服务监控

数据服务是数据资产对外提供的一种使用形式，直接面向使用数据的用户，所以数据服务的监控非常重要，如果监控到服务出现故障，需要及时告警通知运维工程师或者平台管理员。数据服务监控的技术架构实现一般如图5-10所示。

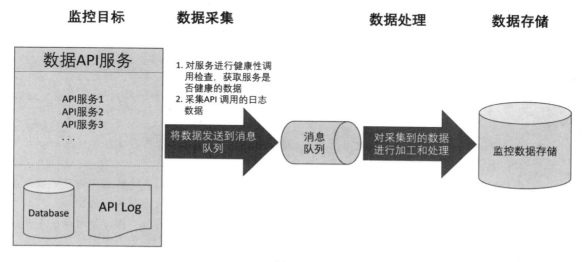

图 5-10

数据服务的数据监控指标通常是通过异步监听数据服务的日志来获取的，之所以需要通过异步的方式来获取数据，是因为如果采用同步的方式获取数据，会影响API服务的调用耗时以及稳定性，采集到的原始数据可以先发送到消息队列中，因为消息队列可以做到削峰填谷，可以通过消息队列解决数据峰值时的处理压力，保证了整体链路的稳定性。在数据服务中，通过日志可以获取到的监控指标的数据类型如下。

- 服务被调用的开始时间戳：一般指数据服务端收到请求的时间戳。
- 服务被调用的结束时间戳：一般指数据服务端处理完请求的时间戳。
- 服务被调用的耗时：一般是通过服务被调用的结束时间戳减去服务被调用的开始时间戳获取到的耗时时长。
- 服务被调用的结果：服务调用是成功还是失败。
- 服务的调用IP：服务调用方请求时的客户端IP地址。
- 服务在调用过程中发生的异常或者报错：获取调用过程中发生的异常或者报错信息，方便在发生问题时进行问题分析和定位。
- 服务被调用时的失败次数：统计单位时间内服务调用失败的次数。
- 服务的调用次数：统计单位时间内服务的总调用次数。

通过探针的方式轮询对API服务进行健康检查，每次探针检测的结果就是需要采集的健康数据，比如持续1分钟探针检查到API服务都是失败的，那么此时就需要查看API服务是否宕机。每次探针检测的耗时也是一项重要的监控指标，因为耗时可以衡量一个服务当前调用的快慢以及数据服务被调用的压力，如果压力过大，那么探针探测时的时长也会越长，如图5-11所示。

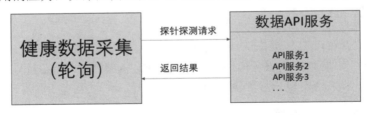

图 5-11

5.2.5 数据处理资源监控

一般是指数据处理时消耗的服务器或者别的硬件资源的监控，通常需要采集的监控指标类型如下。

- 内存使用率：一般用于衡量服务器内存的使用情况，已经使用的内存除以总的内存，就可以得到内存的使用率。
- 虚拟内存的使用率：如果服务器开启了虚拟内存的使用，就可以获取到虚拟内存的使用情况，虚拟内存通常不是真正的物理内存，而是通过磁盘空间交换出来的存储空间，其读写性能比较低，所以虚拟内存的使用率也是一个非常重要的监控指标，在虚拟内存使用率很高时，代表数据处理可能在变慢以及物理内存已经严重不够用了。
- CPU使用率：一般用于衡量服务器的处理能力，当CPU使用率过高时，通常就代表服务器的处理能力已经达到上限了。
- I/O读取：读取磁盘等外部存储介质时，单位时间内读取到的字节数，一般用于衡量I/O的读取能力是否很高或者已经达到上限。

- I/O写入：写入磁盘等外部存储介质时，单位时间内写入的字节数，一般用于衡量I/O的写入能力是否很高或者已经达到上限。
- 网络流量流入：一般是指从外部访问当前服务器所产生的网络流量，单位为字节。
- 网络流量流出：一般是指当前服务器访问外部数据或者资源所产生的网络流量，单位为字节。

数据处理资源监控的技术架构实现一般如图5-12所示。

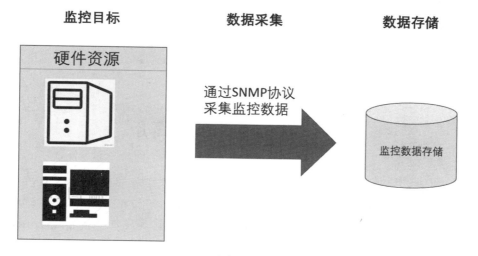

图 5-12

从中可以看到，采集数据时，一般是通过SNMP（Simple Network Management Protocol，简单网络管理协议）来获取数据的，可以用于服务器、工作站、路由器、交换机等常见的硬件设备中。通过SNMP采集数据的流程通常如图5-13所示。

从中可以看到，SNMP的采集是基于管理站点和代理站点之间的通信的，通过管理站点发送指令给代理站点来获取待采集的数据信息，代理站点接收到管理站点的指令后，会根据指令的内容收集需要的数据信息并将其包装成SNMP要求的数据格式返回给管理站点，管理站点在接收到代理站点返回的响应内容后，会对其进行解析，解析时会根据SNMP定义的格式提取相关的数据指标信息。

SNMP采集数据的方式有以下两种。

图 5-13

- 轮询采集：管理站点以周期性轮询的方式给代理站点发送请求来获取需要采集的数据，这种方式可以保证对监控设备连续不间断的监控，但是对网络带宽消耗比较大，并且代理站点的负载压力会过大。
- 推送采集：当待采集的设备存在数据变更时，代理站点主动向管理站点发送通知，管理站点接收到通知后会对数据进行解析处理。

数据监控与告警的核心技术实现就在于监控数据的采集，在采集到数据链路、数据任务、数据质量、数据服务、数据处理资源，等待监控目标的相关数据并且存储到合适的存储介质中后,就可以定义相关的数据指标,然后选择相关的数据指标配置告警阈值,在达到告警阈值后,发送告警通知给对应的接收人员, 如图5-14所示。

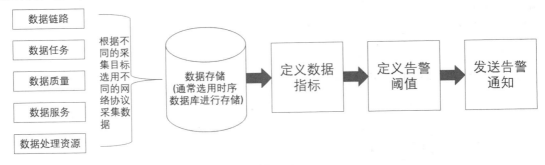

图 5-14

5.3　Prometheus 简介

Prometheus是一个开源的系统监控和告警监控工具包,其作为一个非常流行的开源项目工程,在社区有众多活跃的开发人员和用户。该项目工程在2016年加入云原生计算基金会(Cloud Native Computing Foundation,CNCF),成为其旗下的开源项目,其官方网址为https://prometheus.io,如图5-15所示。

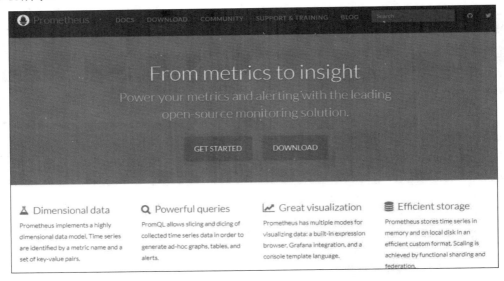

图 5-15

Prometheus的源码是托管在GitHub中的,其GitHub网址为https://github.com/prometheus,如图5-16所示。从源码中可以看到Prometheus的核心开发语言是Go,Go是由Google开发的一种编译型语言,Go语言的性能非常好,适合直接运行在硬件设备上。

Prometheus主要用于采集数据指标,并且以时间序列的方式来存储采集到的数据,Prometheus官方网站提供的技术实现架构图,如图5-17所示。

图 5-16

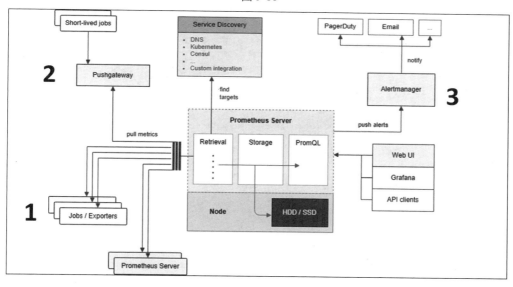

图 5-17

从中可以看到，Prometheus除了核心的Prometheus Server外，还包含数据采集工具和告警
管理工具，比如Pushgateway和Exporters就是用来进行数据采集的，而Alertmanager是用来进行
告警规则配置和告警消息通知的。图中各个核心组件介绍如下。

1. Jobs/Exporters

监控数据采集的工具一般需要独立部署，主要负责采集数据，并且提供数据访问服务给
Prometheus Server来主动拉取数据，如图5-18所示。

访问Prometheus的官方网址：https://prometheus.io/docs/instrumenting/exporters/可以获取到
常见的Exporters，如图5-19所示。

图 5-18

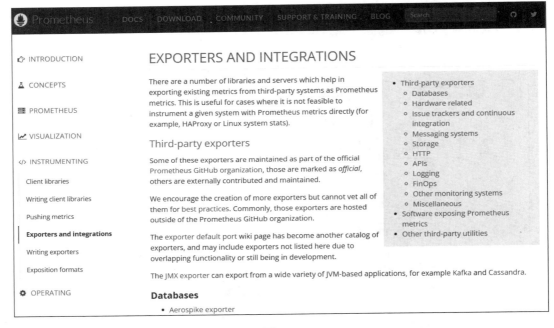

图 5-19

Prometheus官方提供的常见的Exporters说明如下。

（1）Databases：主要用于数据库的监控数据的采集。

- clickhouse_exporter：https://github.com/f1yegor/clickhouse_exporter。
- druid-exporter：https://github.com/opstree/druid-exporter。
- elasticsearch_exporter：https://github.com/prometheus-community/elasticsearch_exporter。
- mongodb_exporter：https://github.com/percona/mongodb_exporter。
- prometheus-mssql-exporter：https://github.com/awaragi/prometheus-mssql-exporter。
- opentsdb_exporter：https://github.com/cloudflare/opentsdb_exporter。
- postgres_exporter：https://github.com/prometheus-community/postgres_exporter。
- presto_exporter：https://github.com/yahoojapan/presto_exporter。

- redis_exporter：https://github.com/oliver006/redis_exporter。
- sql_exporter：https://github.com/burningalchemist/sql_exporter。

（2）Hardware related：主要用于硬件相关的数据采集。

- windows_exporter：https://github.com/prometheus-community/windows_exporter。
- NVIDIA GPU exporter：https://github.com/mindprince/nvidia_gpu_prometheus_exporter。
- Disk usage exporter：https://github.com/dundee/disk_usage_exporter。

（3）Issue trackers and continuous integration：一般用于问题跟踪器和持续集成相关的数据采集。

- JIRA exporter：https://github.com/AndreyVMarkelov/jira-prometheus-exporter。
- Jenkins exporter：https://github.com/lovoo/jenkins_exporter。
- Confluence exporter：https://prometheus.io/docs/instrumenting/exporters/。

（4）Messaging systems：一般用于消息队列相关的数据采集。

- Kafka exporter：https://github.com/danielqsj/kafka_exporter。
- RocketMQ exporter：https://github.com/apache/rocketmq-exporter。
- RabbitMQ exporter：https://github.com/kbudde/rabbitmq_exporter。
- IBM MQ exporter：https://github.com/ibm-messaging/mq-metric-samples/tree/master/cmd/mq_prometheus。

（5）Storage：一般用于存储采集的相关数据。

- Hadoop HDFS FSImage exporter：https://github.com/marcelmay/hadoop-hdfs-fsimage-exporter。
- GPFS exporter：https://github.com/treydock/gpfs_exporter。
- Lustre exporter：https://github.com/HewlettPackard/lustre_exporter。

（6）HTTP：一般用于Web中间件相关的数据采集。

- Apache exporter：https://github.com/Lusitaniae/apache_exporter。
- HAProxy exporter：https://github.com/prometheus/haproxy_exporter。
- Nginx metric library：https://github.com/knyar/nginx-lua-prometheus。
- Varnish exporter：https://github.com/jonnenauha/prometheus_varnish_exporter。
- WebDriver exporter：https://github.com/mattbostock/webdriver_exporter。

（7）Other Monitoring Systems：其他监控系统的数据采集。

- Java GC exporter：https://github.com/loyispa/jgc_exporter。
- JMX exporter：https://github.com/prometheus/jmx_exporter。
- Azure Monitor exporter：https://github.com/RobustPerception/azure_metrics_exporter。
- Graphite exporter：https://github.com/prometheus/graphite_exporter。

在实际使用和部署这些Exporter时，可以到对应的网址中下载，并且对应的下载链接中通常也包含对应的部署文档，按照部署文档部署后，就可以启动对应的Exporter来采集数据。

2. Pushgateway

Pushgateway是监控数据采集的工具并且需要独立部署，和Exporters的区别在于，Exporters是自己主动在监控的目标上获取数据，而Pushgateway提供了一个通用的数据接收服务，待监控的目标需要自己通过Pushgateway提供的数据接收服务将自身的监控数据上报上来，如图5-20所示。

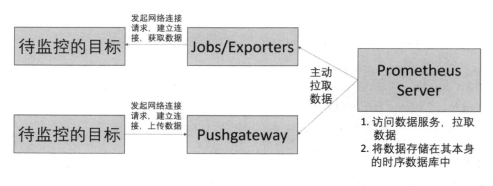

图 5-20

Pushgateway 也是采用 Go 语言开发的，其 GitHub 上的源码网址为 https://github.com/prometheus/pushgateway。Pushgateway是以HTTP协议的形式对外提供数据接收服务的，如图5-21所示。需要注意的是，如果发送的是HTTP Post请求，那么Pushgateway在接收到Post请求时，只会更新已经存在的数据指标，对于不存在的数据指标不会主动创建，但是当发送的是Put请求时，除了更新已经存在的数据指标外，对于不存在的数据指标，Pushgateway会主动创建新的数据指标进行保存。

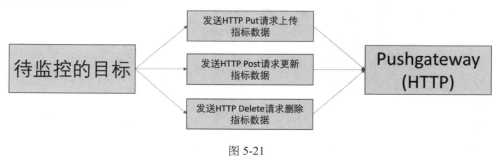

图 5-21

另外，Pushgateway支持Docker部署，可以从网址https://hub.docker.com/r/prom/pushgateway中下载Docker镜像或者在Docker中直接通过docker pull prom/pushgateway来拉取镜像。

3. Alertmanager

Alertmanager是配合Prometheus来进行告警规则配置和告警消息通知的一个采用Go语言开发的技术组件，负责对告警消息进行去重、分组等处理，然后根据配置的路由规则将告警消息发送到对应的接收器中，比如企业微信、Email、钉钉等。通过访问官方文档网址：https://prometheus.io/docs/alerting/latest/alertmanager/即可查看Alertmanager更多的详细介绍，如图5-22所示。

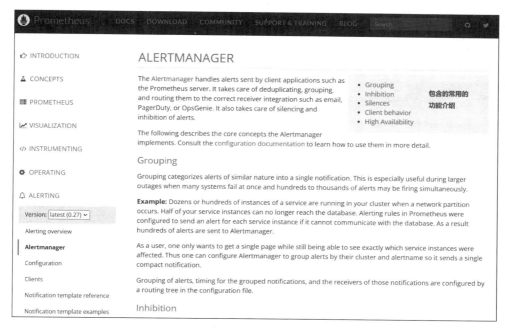

图 5-22

Alertmanager在GitHub上的源码网址为https://github.com/prometheus/alertmanager，其官方网站提供的技术架构图如图5-23所示。

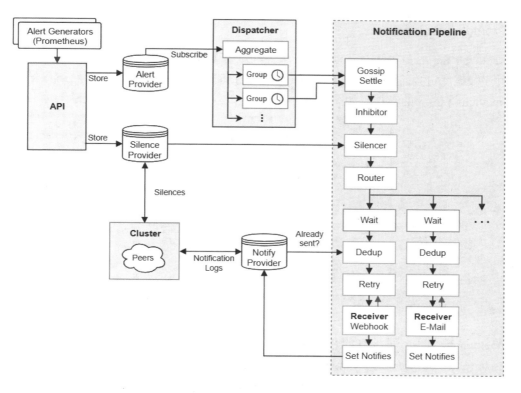

图 5-23

从中可以看到，Alertmanager自身提供了API服务，通过访问网址：https://petstore.swagger.io/?url=https://raw.githubusercontent.com/prometheus/alertmanager/main/api/v2/openapi.yaml可以直接看到其提供了哪些API接口服务，如图5-24所示。

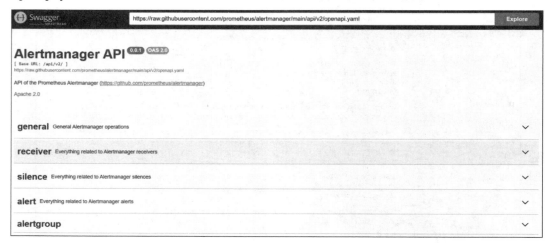

图 5-24

从中可以看到，Alertmanager集成了Swagger这个工具来自动生成API接口文档，其API接口服务提供了告警接收、分组、静默等很多告警必要的功能。另外，Alertmanager支持通过Docker来进行快速部署，在Docker中可以直接通过docker pull prom/alertmanager来拉取镜像进行部署。

4. Prometheus Server

Prometheus Server是Prometheus的核心服务，负责监控数据的写入和存储，其底层的本质是一个时序数据库，并且提供了API服务和其独有的SQL查询语言，让外部系统可以便捷地查询到Prometheus上对应的数据，如图5-25所示。

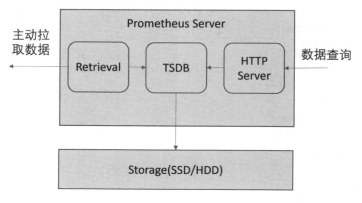

图 5-25

Prometheus提供了一种独有的名为PromQL的SQL查询语言，相关的介绍可以参考官方网址：https://prometheus.io/docs/prometheus/latest/querying/basics/，而且支持HTTP API接口服务查询，相关的介绍可以参考官方网址：https://prometheus.io/docs/prometheus/latest/querying/api/，如图5-26所示。

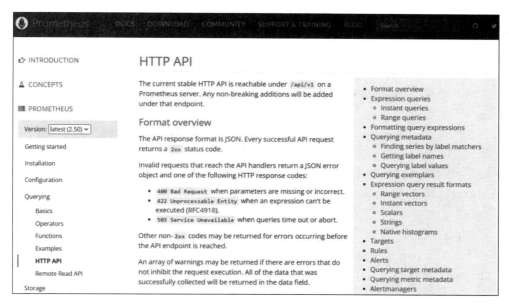

图 5-26

另外，Prometheus Server同样支持通过Docker来进行快速部署，在Docker中可以直接通过docker pull prom/prometheus来拉取镜像进行部署。

5.4　Grafana 简介

Grafana是一个开源的提供大量图表工具的可视化监控和Dashboard制作工具，通过访问官方网址：https://grafana.com/grafana/即可进入Grafana的官方主页，如图5-27所示。

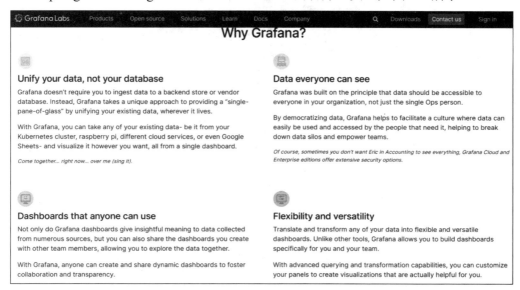

图 5-27

Grafana具有如下特点：

- 统一数据格式，而不是统一所有的数据库：Grafana不需要将数据从外部的数据库导入自身的存储或任何其他外部数据库。相反，Grafana采用了一种独特的设计方式，通过统一转换查询到的数据格式来达到数据统一使用，无论需要使用的数据位于何处。
- 每个人都能轻松看到数据：Grafana通过数据民主化，使得每个人都能轻松地查看和使用数据。它促进了数据的统一访问，确保了需要数据的人员可以轻松使用和访问数据。此外，Grafana有助于打破数据孤岛，从而增强部门和团队之间的协作能力。
- 任何人都可以轻松使用仪表板（Dashboard）：Grafana仪表板不仅为从众多数据来源收集到的数据赋予了深刻的意义，还可以与其他团队成员共享创建的仪表板，使得大家能够一起探索和使用数据，在Grafana中，任何人都可以创建和共享动态仪表板，以促进团队内部的协作和透明度。
- 更多的灵活性和多功能性：任何数据都可以转换为灵活多样的仪表板，与其他工具不同，Grafana允许每个人或者团队定义自己的仪表板。通过Grafana的高级查询和转换功能，可以自定义面板以创建对实际使用有用的可视化效果。

基于以上特点，以及Prometheus本身没有强大的数据界面展示功能这一点，Grafana非常适合用来进行监控数据的Dashboard展示，借助Grafana丰富的图表工具，可以从多个不同的维度和角度来完成监控的可视化展示，如图5-28所示。

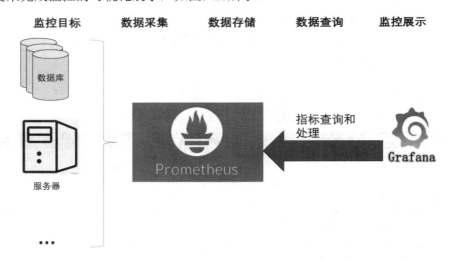

图 5-28

从图中可以看到，Prometheus完成了数据采集和数据存储的功能，而Grafana完成了监控展示的功能。

Grafana同样采用Go语言作为核心的底层开发语言，其总体技术实现架构如图5-29所示，从中可以看到Grafana包含前端、后端以及数据库三个部分。

- 前端：主要使用TypeScript语言来进行开发实现。
- 后端：主要使用Go语言来进行底层实现，对前端提供了HTTP协议的查询。

- 数据库：主要用于存储Grafana的配置数据，包括用户、Dashboard等配置信息，对后端提供数据的写入和查询。

Grafana除了拥有丰富的图表工具外，还包括监控、告警等模块，如图5-30所示。

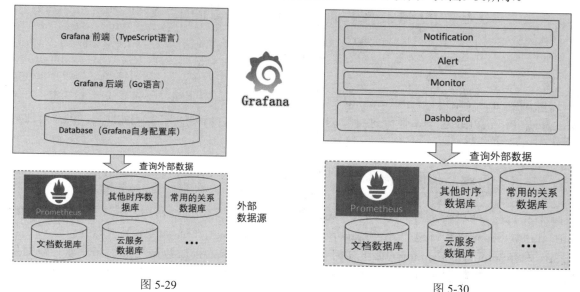

图 5-29　　　　　　　　　　　　　　　　　　图 5-30

从图中可以看到，Grafana的监控和告警是基于Dashboard的，也就是需要先创建Dashboard，然后基于Dashboard上的数据指标来配置监控和告警。Grafana官方网站提供的监控告警配置流程如图5-31所示。

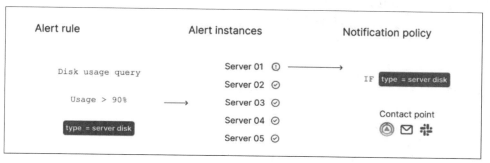

图 5-31

从图中可以看到包含如下三个部分。

- Alert rule（告警规则）：是一组标准的用于确定告警应在满足什么条件时触发的规则，通常由一个或多个查询的表达式、查询结果需要满足的条件、告警规则评估的间隔时长（多长时间按照规则查询一次是否满足告警）以及满足告警规则的持续时长组成。
- Alert instances（告警实例）：实际产生告警的实例，通常一条告警规则在触发告警时就会生成一个实例。
- Notification policy（通知策略）：产生告警后，什么时候以什么样的策略通知告警的接收者，并且通过通知策略还可以控制告警消息的发送频率。

Grafana的告警通知方式支持Email、钉钉、Cisco Webex、Webhook等很多常见的消息通信工具。

5.5 使用 Grafana 和 Prometheus 来实现数据监控与告警

通过前面的介绍可以得知Grafana和Prometheus组合在一起非常适合进行监控和告警,同样Grafana和Prometheus也非常适合进行数据链路、数据任务、数据质量、数据服务、数据处理资源等的监控和告警。

5.5.1 数据链路的告警实现

数据链路一般分为实时链路和离线链路两个部分,而实时链路常用的技术组件就是Spark Structured Streaming和Flink,针对Spark Structured Streaming,在前面的章节中提到可以通过监听Spark Structured Streaming的微批实时流查询来读取需要监控的数据指标,在获取到数据指标后,可以直接通过Prometheus的Pushgateway来接收数据,具体的技术实现架构图如图5-32所示。

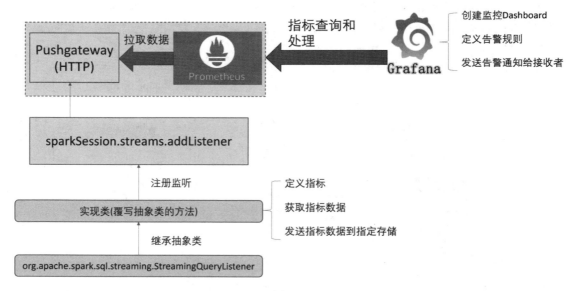

图 5-32

除了Pushgateway之外,还可以通过第三方JAR包将数据先发送到Prometheus提供的Graphite Exporter中,然后Prometheus可以自己从Graphite Exporter中拉取数据,实现方式如图5-33所示。Graphite官方提供了metrics-graphite.jar包中的com.codahale.metrics.graphite. GraphiteReporter来支持外部数据发送到Graphite Exporter中。可以通过Maven方式引入metrics-graphite.jar包,代码如下:

```
<dependency>
  <groupId>io.dropwizard.metrics</groupId>
   <artifactId>metrics-graphite</artifactId>
</dependency>
```

图 5-33

可以通过访问网址：https://github.com/prometheus/graphite_exporter来下载Graphite Exporter，Graphite Exporter主要是采用Go语言进行开发的，并且支持Docker部署，在Docker中可以直接通过docker pull prom/graphite-exporter来拉取镜像进行部署，Graphite Exporter部署完成后，可以通过http://Graphite Exporter服务端IP:9108/metrics来获取Graphite Exporter上采集到的数据指标。

将数据指标通过GraphiteReporter上报到Graphite Exporter的示例代码如下：

```
MetricRegistry metrics = new MetricRegistry();
//graphiteHost为Graphite服务端的IP地址，graphitePortNum为Graphite服务端的端口号
Graphite graphite = new Graphite(new InetSocketAddress(graphiteHost,
graphitePortNum));
GraphiteReporter reporter = new GraphiteReporter().forRegistry(metrics)
      .prefixedWith(s"spark_structured_streaming_${prefixName}") //指标名称前缀，
便于在Grafana中显示使用
      .convertRatesTo(TimeUnit.SECONDS)
      .convertDurationsTo(TimeUnit.MILLISECONDS)
      .filter(MetricFilter.ALL)
      .build(graphite);
reporter.start(30, TimeUnit.SECONDS);
//注册具体的数据指标
metrics.register("inputRowsPerSecond",new Gauge(){
...
})
```

上报完成后，可以在Prometheus的配置文件prometheus.yml中增加如下配置，以便让Prometheus可以自动拉取Graphite Exporter中的指标数据。

```
# 127.0.0.1:9108 为Graphite Exporter的IP和端口号
  - job_name: "graphite_exporter"
```

```
static_configs:
  - targets: ["127.0.0.1:9108"]
```

在前面的章节中提到，Flink官方网址https://nightlies.apache.org/flink/flink-docs-release-1.18/docs/deployment/metric_reporters/定义了其监控数据指标可以支持的接收器，接收器中就包含Prometheus和PrometheusPushGateway，如图5-34所示。

Prometheus

(org.apache.flink.metrics.prometheus.PrometheusReporter)

Type: pull/tags

Parameters:

- port - (optional) the port the Prometheus exporter listens on, defaults to 9249. In order to be able to run several instances of the reporter on one host (e.g. when one TaskManager is colocated with the JobManager) it is advisable to use a port range like 9250-9260.
- filterLabelValueCharacters - (optional) Specifies whether to filter label value characters. If enabled, all characters not matching [a-zA-Z0-9:_] will be removed, otherwise no characters will be removed. Before disabling this option please ensure that your label values meet the Prometheus requirements.

Example configuration:

```
metrics.reporter.prom.factory.class: org.apache.flink.metrics.prometheus.PrometheusReporterFactory
```

Flink metric types are mapped to Prometheus metric types as follows:

Flink	Prometheus	Note
Counter	Gauge	Prometheus counters cannot be decremented.
Gauge	Gauge	Only numbers and booleans are supported.
Histogram	Summary	Quantiles .5, .75, .95, .98, .99 and .999
Meter	Gauge	The gauge exports the meter's rate.

All Flink metrics variables (see List of all Variables) are exported to Prometheus as labels.

PrometheusPushGateway

(org.apache.flink.metrics.prometheus.PrometheusPushGatewayReporter)

Type: push/tags

图 5-34

对于Prometheus的方式，可以通过Flink官方提供的org.apache.flink.metrics.prometheus.PrometheusReporter方法来将数据上报到Prometheus中。在Flink的实时任务中增加如下配置即可：

```
metrics.reporter.prom.factory.class:
org.apache.flink.metrics.prometheus.PrometheusReporterFactory
```

对于PrometheusPushGateway的方式，在Flink的实时任务中增加如下配置，即可实现将数据发送到Prometheus的Pushgateway中：

```
metrics.reporter.promgateway.factory.class:
org.apache.flink.metrics.prometheus.PrometheusPushGatewayReporterFactory
```

```
#Pushgateway的服务地址
metrics.reporter.promgateway.hostUrl: http://localhost:9091
#Flink的任务名称
metrics.reporter.promgateway.jobName: myJob
metrics.reporter.promgateway.randomJobNameSuffix: true
metrics.reporter.promgateway.deleteOnShutdown: false
metrics.reporter.promgateway.groupingKey: k1=v1;k2=v2
metrics.reporter.promgateway.interval: 60 SECONDS
```

在实现了实时链路的监控后，离线链路的监控也可以通过类似的方式来实现，如图5-35所示。离线链路可以在每次离线任务运行结束时，将本次离线链路处理完的数据记录数等指标，直接通过HTTP协议上报到Prometheus的Pushgateway。随后，Prometheus会从Pushgateway中获取这些数据，供Grafana用于数据展示、配置告警规则以及设置通知。

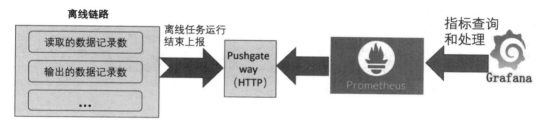

图 5-35

5.5.2　数据任务的告警实现

数据任务的监控与告警的实现技术方案如图5-36所示，从实时任务和离线任务中采集到的监控数据也可以通过HTTP协议上报到Prometheus的Pushgateway中，然后Prometheus再从Pushgateway中拉取数据供Grafana进行展示以及配置告警规则和通知。

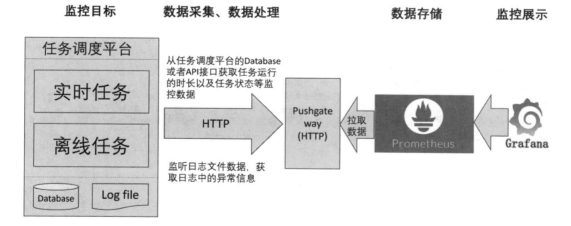

图 5-36

当然，由于离线任务一般都是T+1运行的，从离线任务中采集到的数据记录数其实并不会非常庞大，因此数据除了用Prometheus时序方式存储外，也可以使用普通的关系数据库（比如

MySQL等）来存储，然后Grafana直接查询MySQL数据库中的数据，用来进行Dashboard的展示以及配置告警规则和通知。MySQL等很多常见的关系数据库都可以作为Grafana查询的数据源。

5.5.3　数据质量的告警实现

如图5-37所示，在采集和处理完数据质量数据后，可以直接通过HTTP协议上报到Prometheus的Pushgateway中，然后Prometheus主动从Pushgateway中拉取数据供Grafana进行查询以实现监控和告警。

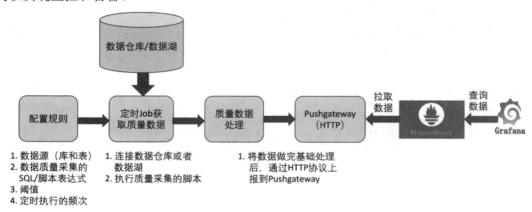

图 5-37

5.5.4　数据服务的告警实现

如图5-38所示，在消息队列中消费原始数据并处理后生成的数据指标，可以通过HTTP协议直接上报至Prometheus的Pushgateway。随后，Prometheus将主动从Pushgateway中拉取这些数据，供Grafana查询使用，以实现监控和告警功能。

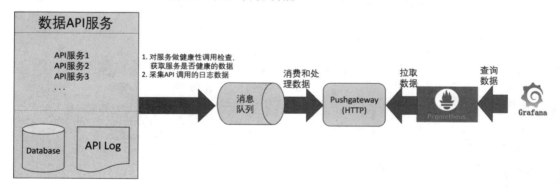

图 5-38

Prometheus官方还提供了一个名叫blackbox_exporter的Exporter专门用于对HTTP、HTTPS等协议的服务进行健康性检查数据的采集，该Exporter的GitHub地址为https://github.com/prometheus/blackbox_exporter。通过该地址可以直接下载blackbox_exporter用于部署，使用blackbox_exporter进行健康性数据采集与监控的流程如图5-39所示。

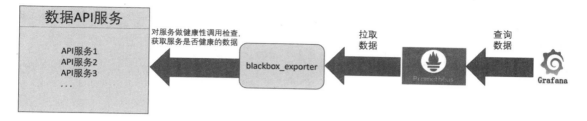

图 5-39

从图中可以看到，blackbox_exporter采集到数据后，Prometheus可以直接连接blackbox_exporter拉取数据供Grafana查询。blackbox_exporter对服务的健康性检查通常适用于以下场景。

- HTTP/HTTPS：使用HTTP探针对服务的URL或者API接口的可用性进行检测。
- ICMP：对主机存活进行检测。
- TCP：通过TCP探针对端口存活进行检测。
- DNS：对域名解析进行检测。

另外，blackbox_exporter支持Docker容器部署，可以通过https://github.com/prometheus/blackbox_exporter/blob/master/Dockerfile中提供的Dockerfile生成Docker镜像来完成容器化部署。

5.5.5　数据处理资源的告警实现

数据处理资源监控一般是指数据处理时消耗的服务器或者别的硬件资源的监控，鉴于对服务器等硬件资源的监控是一个广泛的需求，Prometheus在设计之初就包含了一个名为Node Exporter的组件，用于支持此类监控。Node Exporter网址下载：https://github.com/prometheus/node_exporter。通过Node Exporter实现数据处理资源的监控与告警的技术架构图如图5-40所示。

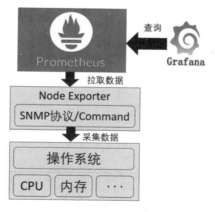

图 5-40

Node Exporter是采用Go语言进行开发的，其安装和部署以及使用方式可以参考官方网址https://prometheus.io/docs/guides/node-exporter/中的介绍。

在数据采集时，除了使用Prometheus官方提供的Exporter外，还可以通过代码自定义开发属于自己的Exporter，这里以Java代码为例，在Prometheus的GitHub代码仓库https://github.com/

prometheus/client_java中提供了Java客户端底层实现。在实际使用时，只需要通过Maven引入如下JAR包即可：

```
<dependency>
  <groupId>org.apache.httpcomponents</groupId>
  <artifactId>httpclient</artifactId>
</dependency>
<dependency>
  <groupId>io.prometheus</groupId>
  <artifactId>simpleclient</artifactId>
</dependency>
<dependency>
  <groupId>io.prometheus</groupId>
  <artifactId>simpleclient_common</artifactId>
</dependency>
<dependency>
  <groupId>io.prometheus</groupId>
  <artifactId>simpleclient_servlet</artifactId>
</dependency>
```

引入JAR包后的示例代码如下：

```
import io.prometheus.client.exporter.MetricsServlet;
import org.eclipse.jetty.server.Server;
import org.eclipse.jetty.servlet.ServletContextHandler;
import org.eclipse.jetty.servlet.ServletHolder;
//定义了一个Prometheus Exporter Server，方便Prometheus通过该Server拉取数据
public class ExposePrometheusMetricsServer implements AutoCloseable {

  private final Server server;

  public ExposePrometheusMetricsServer(int port, MetricsServlet metricsServlet) {
    this.server = new Server(port);
      ServletContextHandler context = new ServletContextHandler();
      context.setContextPath("/");
      server.setHandler(context);
      context.addServlet(new ServletHolder(metricsServlet), "/metrics");
    }

  public void start() {
    try {
      server.start();
    } catch (Exception e) {
      throw new RuntimeException(e);
      }
  }

  @Override
  public void close() throws Exception {
  }
}
```

```
import io.prometheus.client.Gauge;
public class ExampleExporter{
//定义自己的数据指标
private final Gauge exampleGauge

  public synchronized void updateMetrics() {
    //可以自定义实现exampleGauge的数据指标的更新
  }
}


public class Main {
  public static void main(String... args) throws Exception {

    ExampleExporter exampleExporter = new ExampleExporter()
      new Timer().scheduleAtFixedRate(new TimerTask() {
        @Override
        public void run() {
          //定期更新自己的指标
          exampleExporter.updateMetrics();
        }
      }, 0, main.scrapePeriodUnit.toMillis(1));
      //设置服务启动时使用的端口，并启动该服务
      ExposePrometheusMetricsServer prometheusMetricServlet = new
ExposePrometheusMetricsServer(8080, new MetricsServlet());
      prometheusMetricServlet.start();
  }

}
```

通过该示例代码启动自己编写的Exporter服务后，Prometheus就可以通过调用http://你的IP地址:8080/metrics服务来拉取数据指标。

数据监控与告警是及时发现数据问题的关键，也是提高数据质量以及对数据进行治理的关键环节，及时对数据进行监控和告警后，可以先于业务使用者或者数据使用方发现问题，从而让数据能更好地产生价值，减少数据问题带来的影响。

第 6 章

数 据 服 务

在数据资产中，数据服务是对外提供使用和访问的一种最重要的形式，数据只有提供对外访问，才能体现其自身的价值。而且有了数据服务后，也可以降低外部业务或者用户使用数据的门槛，对于用户来说提供了如下便利：

- 不需要用户自己花时间从数据资产中检索数据。
- 不需要用户自己考虑怎么获取已经检索到的数据。
- 不需要考虑获取数据时的网络安全等问题。
- 数据服务可以复用于多个用户和业务。
- 用户不需要关注技术细节，可以专注于数据服务的具体需求。

另外，数据质量以及数据的监控和告警可以直接决定数据服务的质量，因为如果数据质量低下以及数据存在问题，不能及时得到监控和告警，这样数据服务被用户访问时，就无法获取到准确的数据。

6.1　如何设计数据服务

在传统的API接口服务中，通常会面临如下问题：

- 一个普通的接口服务通常需要数据ETL开发工程师按照数据产品经理提供的业务逻辑进行数据处理加工得到最终的结果数据，然后由后端开发工程师开发接口服务，并且输出接口服务的文档，之后再让业务人员通过接口来获取最终的结果数据。由于经过的环节很多，导致时间周期一般很长，如图6-1所示。

图 6-1

- 当业务众多时，对外输出的数据接口服务势必也会很多，随着人员的交替、数据需求逻辑的变更等，数据服务的管理会变得非常困难，需要维护的接口数量越来越多，运维成本非常大。
- 通常在时间久了后，由于业务方以及数据服务开发人员和运维人员的交替，会遇到每个数据服务有哪些业务在调用、每个业务的调用量有多少、数据服务在变更和升级时需要通知到哪些业务等众多烦琐的问题。

因此，数据服务的设计非常重要，在设计时通常需要考虑如下问题。

- 数据服务的敏捷化和可配置化：敏捷化是指数据服务可以随着业务需求的变化快速进行修改和变更。可配置化是指数据服务不需要使用太多的代码开发，而是根据配置SQL查询逻辑、配置请求的入参和响应报文，就能快速生成一个对外使用的数据服务。
- 数据服务API文档可自动生成：能根据数据服务的请求入参和响应报文自动生成API文档，不需要后端开发工程师每次手动编写，而且手动编写文档极易出错，并且每次变更时都需要及时更新和维护。
- 数据服务的流程化管理：流程化管理是指可以在一个平台上完成数据服务调用的申请、审批、开发、上线、监控、告警等环节，方便数据服务的运维与管理。
- 数据服务的统一鉴权设计：所有的数据服务采用相同的统一鉴权方式，方便以后的运维和管理。
- 数据服务的性能以及熔断：性能是数据服务最重要的一项指标，因为如果性能不达标，就无法满足业务的查询要求。熔断是指当数据服务的调用量过大或者发生了大量异常时，为了保护数据服务的整体稳定性而触发的一种降级机制。
- 数据服务的监控与告警：数据服务在发生问题时，能通过监控与告警及时让运维人员或者开发人员进行处理，降低数据服务的问题给业务带来的影响。如果数据服务自身没有监控和告警，在发生问题时可能需要业务人员在使用时主动报出服务不可用的问题。

为了解决上述问题，在数据资产中，一般建议对数据服务进行平台化设计。通常开发一个数据服务API的流程如图6-2所示。

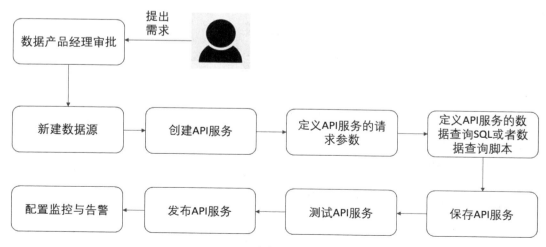

图 6-2

上述流程在进行数据服务的平台化设计时可以考虑进去，这样通过平台化的管理就可以达到数据服务的敏捷化开发，在开发时可以基于平台快速配置来生成外部访问需要的数据服务，节省人力的成本开销以及缩短开发周期。

在平台化的统一管理下，自然就可以在创建数据服务或者变更数据服务时自动生成API文档。也可以对数据服务进行统一的鉴权以及监控和告警。

6.1.1 数据源管理

数据源是数据服务的基础，没有数据源，自然就无法提供数据服务。数据源可以是多种多样的。数据仓库、数据湖、常见的各种类型的关系数据库等都可以是数据服务的数据源。创建一个数据源可以让多个数据服务共同使用，如图6-3所示。

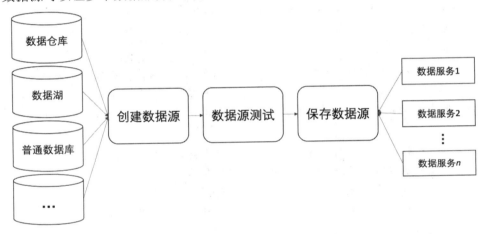

图 6-3

在数据服务的平台化建设中，数据源管理的关键就在于需要适配多种不同的数据源，而每一种数据源通常都有自己专有的数据驱动。因此，数据服务平台在底层技术实现时需要支持动态地根据不同的数据源加载不同的数据驱动来达到创建数据源连接的目的，如图6-4所示。

图 6-4

6.1.2 数据服务的敏捷化和可配置化

数据服务的敏捷性和可配置性主要体现在能够根据业务需求的变化快速开发和修改相应的数据服务。为了迅速响应需求的提出或变更，将数据服务设计为支持配置SQL查询逻辑、低代码逻辑脚本，以及能够配置请求参数和响应消息，是一种高效的解决方案。图6-5展示了推荐的技术实现方案，用于设计可配置的数据服务。

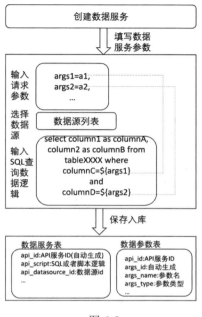

图 6-5

从图中可以看到：

- 在创建数据服务时，填入的请求参数需要和SQL查询脚本中的查询条件对应。
- 创建的数据服务在保存时，需要将参数和SQL查询脚本都保存到数据库表中，在设计时会设计两张表，一张表用于存储数据服务的相关信息，另一张表用于存储数据服务对应的数据参数信息。在创建数据服务时，数据服务平台会自动生成一个唯一的API服务ID，两张表之间通过API服务ID进行关联。

在创建好数据服务后，外部用户在调用数据服务时，数据服务平台处理请求的逻辑如图6-6所示。

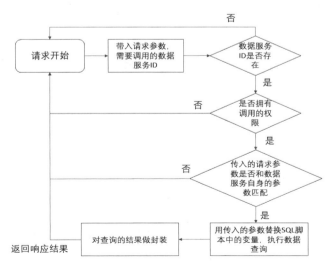

图 6-6

从图中可以看到：

- 第一步，校验数据服务ID是否存在，如果数据服务ID存在，就可以根据数据服务ID找到需要调用哪个数据服务。
- 第二步，校验请求方是否拥有该数据服务的调用权限。
- 第三步，校验请求方传入的参数名是否能和创建数据服务时定义的请求入参匹配上，如果匹配不上，就说明传入的参数是该数据服务无法支持的参数。
- 第四步，当前面的校验都通过后，可以将请求方传入的参数替换到待执行的SQL脚本中进行数据查询。
- 第五步，将查询的结果进行封装后，返回给数据服务的请求方，如果查询出现异常，就直接返回异常的报错信息。

数据服务的可配置除了支持SQL查询语句这种简单的SQL脚本外，还支持使用脚本语言代码来解决一些复杂的数据服务查询和处理问题，比如Groovy脚本语言。Groovy是一种基于JVM（Java Virtual Machine，Java虚拟机）的敏捷、快速开发语言，其结合了Scala、Python、Ruby中的很多强大的语法特性，而且Groovy代码能够与Java代码很好地结合，也能用于扩展数据服务平台已有的Java语言代码。Groovy支持动态编译和加载，这就使得在数据服务中定义的Groovy脚本可以像SQL脚本一样动态地执行。

例如，可以通过Maven引入groovy-all.jar包，然后使用该JAR包中提供的groovy.lang.GroovyClassLoader快速地动态加载Groovy脚本，而且GroovyClassLoader支持动态加载Java语言的代码。

```
<dependency>
  <groupId>org.codehaus.groovy </groupId>
  <artifactId> groovy-all</artifactId>
</dependency>
```

在GroovyClassLoader中提供了如图6-7所示的parseClass方法来将Groovy脚本或者Java语言的代码加载到Java的JVM虚拟机中执行。

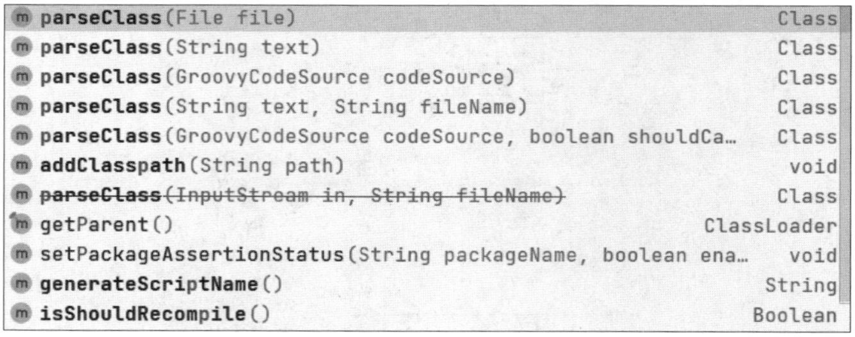

```
m parseClass(File file)                                        Class
m parseClass(String text)                                      Class
m parseClass(GroovyCodeSource codeSource)                      Class
m parseClass(String text, String fileName)                     Class
m parseClass(GroovyCodeSource codeSource, boolean shouldCa…    Class
m addClasspath(String path)                                     void
m parseClass(InputStream in, String fileName)                  Class
m getParent()                                             ClassLoader
m setPackageAssertionStatus(String packageName, boolean ena…    void
m generateScriptName()                                        String
m isShouldRecompile()                                         Boolean
```

图 6-7

在有了Groovy后，就可以在一个数据服务中同时配置SQL查询脚本和Groovy脚本一起来运行，这样很多复杂的数据服务的逻辑就支持动态配置的方式来处理了。更多的Groovy知识介绍可以参考官方网站，网址为https://www.groovy-lang.org/。

6.1.3　数据服务文档的自动生成

数据服务可配置化之后，还需要能自动生成数据服务的API文档，这样外部用户在调用数据服务的API时就知道如何调用了。由于数据服务的请求参数、服务ID等信息都已经保存在数据服务平台中了，因此通过从数据服务平台中把这些数据信息查询出来，按照API文档的格式展示出来就可以了，如图6-8所示。

从图中可以看到，由于数据服务平台中保存了数据服务每次修改变更的信息，因此在自动生成的数据服务文档中可以将该数据服务的历史变更记录展示出来，可以看到自动生成的数据服务文档和通常手动编写的接口服务文档的内容几乎是一致的。

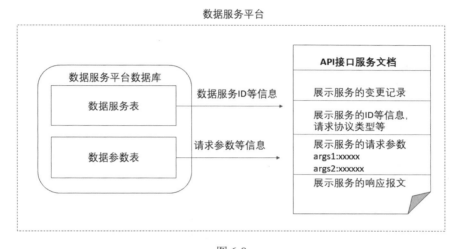

图 6-8

6.1.4　数据服务的统一认证与鉴权

数据服务创建完成后，在调用时必须进行认证，以保证服务的安全性，并防止恶意请求或攻击，如网络机器人或黑客发起的频繁攻击等。传统的认证通常是通过密码来完成的，给每个请求方分配一个唯一的密码，然后请求时每次都带上这个密码，如果密码正确，就可以完成请求的调用，如图6-9所示。

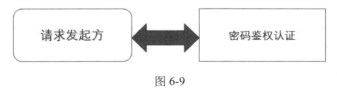

图 6-9

但是这种简单的认证方式有以下问题：

- 安全性太低，密码容易丢失或者被别人使用。
- 通常情况下，很多数据服务都是支持HTTP协议的，但是HTTP请求非常容易被劫持，一旦被劫持，就可以从拦截到的请求中获取到密码，这样别人就可以用这个密码来发送请求或者直接篡改劫持到的请求，造成恶意攻击。

为了解决上述问题,通常推荐使用数字签名的方式来完成数据服务的统一认证,如图6-10所示,数字签名通常采用非对称密码的方式(也称为公私钥机制),请求方通过私钥对请求的报文进行加密。数据服务平台通过使用该私钥对应的公钥进行解密。

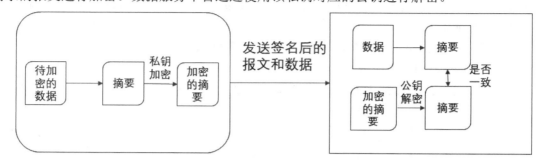

图 6-10

从图中可以看到,请求方需要先对数据生成摘要,用私钥加密后生成加密的摘要,然后将数据和加密的摘要一起发送给数据服务平台,数据服务平台在收到数据和加密后的摘要后,先对加密后的摘要使用对应的公钥进行解密,得到解密后的摘要后,再对发送过来的数据重新生成摘要,如果生成的摘要和解密后的摘要一致,就说明数据在传输过程中没有被更改。数据签名的认证方式可以有效地防止请求被劫持从而发生篡改。

在进行服务认证时,还可以加入网络认证,这样可以有效地拦截非正常调用的请求,最常见的网络认证方式是在网络中设置白名单,如图6-11所示。

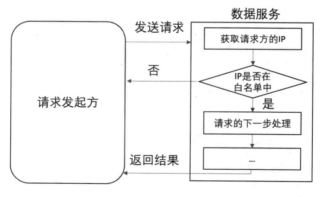

图 6-11

从图中可以看到,数据服务首先会判断请求方的IP地址是否在白名单中,如果不在,就可以直接返回。

在服务认证通过后,就可以进行下一步的鉴权操作了。数据服务平台在设计时,通常会给每个请求方分配唯一的身份ID(通常也称作appId),数据服务平台在收到该唯一身份ID后,会判断其是否有调用该数据服务的权限,如图6-12所示,如果没有权限,就直接返回并且给出对应的提示信息。

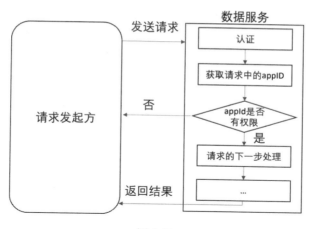

图 6-12

6.1.5　数据服务的监控与告警

在完成数据服务的配置后，数据服务在调用时还需要进行监控，在监控到发生故障时，还支持自动发送告警通知信息，这样才能更好地保障数据服务的稳定性。在第5章中，提到数据服务的监控与告警技术设计实现主要是通过异步采集数据服务的调用日志，然后配合Prometheus与Grafana来完成的，如图6-13所示。

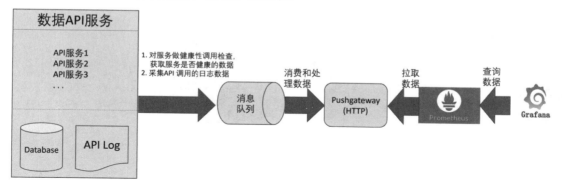

图 6-13

从图中可以看到，数据服务的监控与告警的关键在于数据服务的日志数据采集，这就意味着数据服务在被调用时需要输出日志，为了让数据服务的监控更加准确和细致，日志在设计时通常需要包含以下常见字段。

- appId：被调用的数据服务的ID，这个ID代表了具体的某个数据服务的身份。
- requestArgs：调用数据服务时传入的请求参数。
- cliendIp：数据服务平台端获取到的请求方的IP地址。
- requestTime：请求方调用数据服务时的时间戳，通常建议精确到毫秒。
- receiveTime：数据服务平台端接收到的请求的时间戳，通常建议精确到毫秒。
- responseTime：数据服务平台处理完请求后响应给请求方结果时的时间戳，通常建议精确到毫秒。

- queryDataDuration：数据服务平台在查询数据的过程中的耗时。
- responseMessage：数据服务平台处理完请求后响应给请求方的响应结果。
- exception：数据服务平台在处理请求的过程中发生的异常信息，如果没有异常，则该字段保持为空。

在输出日志时，可以通过JSON格式将表格中的字段都包含进去，通过日志采集的方式采集到这些JSON日志后，再发送到消息队列中供数据处理程序进行日志数据的解析，之后再发送到Prometheus的Pushgateway组件中。

常见的日志采集工具说明如下。

- Flume：Apache基金会下的开源项目，使用Java语言实现的日志采集工具，GitHub地址为 https://github.com/apache/logging-flume。
- Logstash：基于Pipeline 实现的开源日志采集工具，GitHub地址为https://github.com/elastic/logstash。
- Fluentd：基于C/Ruby实现的可插拔开源日志数据采集工具，GitHub地址为https://github.com/fluent/fluentd。
- Splunk：非开源的商业性质的日志采集、处理以及存储工具，官方网址为http://www.splunk.com/。

在通过采集获取到JSON的日志数据后，经过对日志数据的加工处理，通常可以生成如图6-14所示的核心指标数据用于监控。

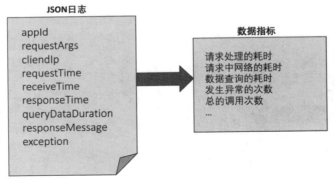

图 6-14

- 请求处理的耗时很长，代表数据服务的处理很慢，此时需要检查是不是数据服务的处理能力或者服务器资源不够。
- 请求中网络的耗时很长，很可能是网络的带宽不够或者网络经常性出现抖动等，需要对网络链路进行排查。
- 数据查询的耗时很长，代表数据库查询很慢，此时需要检查数据库中是否有慢查询或者是数据库的资源不够。
- 异常发生的次数指示了在请求处理过程中出现的异常情况，如果异常次数达到一定阈值，就需要排查是数据服务出现了故障还是请求方的请求参数错误等。
- 调用次数代表请求方的调用量，也是衡量请求方的请求并发是否很大的一个重要指标，如果调用量超过了数据服务的处理能力，就需要及时增加资源进行扩容或者及时询问请求方调用量非常大的原因，同时也需要检查是不是数据服务受到了外部的恶意攻击导致的。

6.2 数据服务的性能

一个好的数据服务除了需要有好的设计外，还需要有好的性能，性能最直观的表现就是数据的查询能力，数据的查询能力越强，数据服务的性能肯定也会越好，通常性能优化体现在SQL优化、数据库优化、架构设计优化、硬件优化等方面，如图6-15所示。

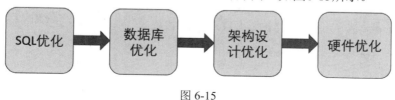

图 6-15

1. SQL优化

这个很容易理解，就是提高SQL语句的查询性能，定位一个SQL查询性能的常用步骤如图6-16所示。

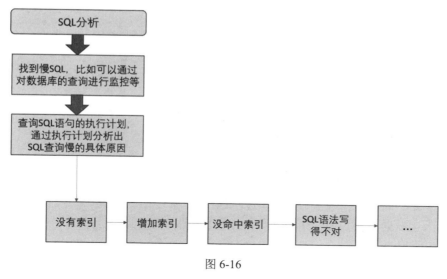

图 6-16

从图中可以看到：

步骤 01 第一步，需要尽快找到性能查询慢的SQL语句，可以通过查询数据库的慢查询日志或者对数据库的查询进行监控等方式来获取查询慢的SQL语句，只有知道了查询慢的SQL语句才好进行下一步分析。

步骤 02 第二步，通过查看SQL语句在数据库中的执行计划来分析SQL语句查询慢的具体原因，一般来说，无论是什么类型的数据库，都可以查看其SQL语句的执行计划。

步骤 03 第三步，根据分析到的原因来对SQL语句进行调优，常用的调优方式是如果没有索引，就增加索引，如果有索引，但是没有命中索引，就调整SQL语句的写法，让其正确命中相关索引。

2. 数据库优化

当数据量达到超高的量级，通过SQL优化不能解决问题时，就需要通过数据库优化来解决性能问题。数据库优化的常用方式包括使用缓存、读写分离、分库分表等，这几种方式简单说明如下。

1）使用缓存

指的是数据库查询的缓存，将一些常用的热数据提前加载到缓存中，通常情况下，尽可能给数据库分配比较大的内存，在查询时将数据加载到缓存中，这样下次查询时就不需要从物理存储中拉取数据了，如图6-17所示。

图 6-17

2）读写分离

读写分离是一种从数据库角度进行的架构优化，当数据服务"读多写少"，数据库因为数据量太大，不能扛住高并发的查询时，可以采用读写分离的方式，让更多的数据查询从从库的只读节点来查询，如图6-18所示。

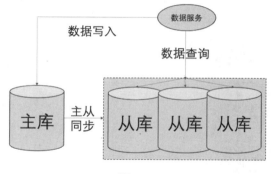

图 6-18

3）分库分表

分库分表是针对单表数据量过大时的常用解决方案，当数据量达到单表的瓶颈时，采用分表的方式来让数据重新分布。当数据量达到单库的瓶颈时，采用分库的方式来让数据重新分布，如图6-19所示。

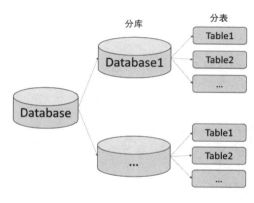

图 6-19

分库分表的常用方式如下。

- 按照冷热数据分离的方式：通常将使用频率非常高的数据称为热数据，查询频率较低或者几乎不被查询的数据称为冷数据，冷热数据分离后，热数据单独存储，这样热数据的数据量就下降下来了，查询的性能自然也就提升了，如图6-20所示。

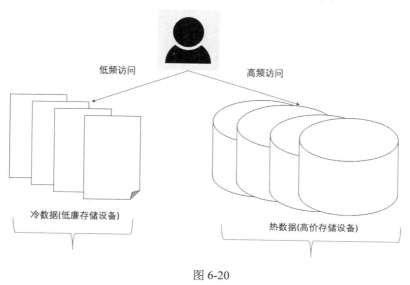

图 6-20

除了按照图6-20中所示的方式来做冷热数据分离外，随着硬件技术的发展，比如像内存价格的下降以及SSD固态硬盘的出现，还可以按照如图6-21所示的方式自动进行冷热数据加载和分离，可以根据一定的规则来判断什么时候需要将普通硬盘中的数据预加载到SSD或者内存中，来加快数据查询的性能，由于SSD和内存中不能存储大量的数据，所以还需要设置一定的规则，将SSD和内存中不查询的数据定期清除来释放缓存的空间。

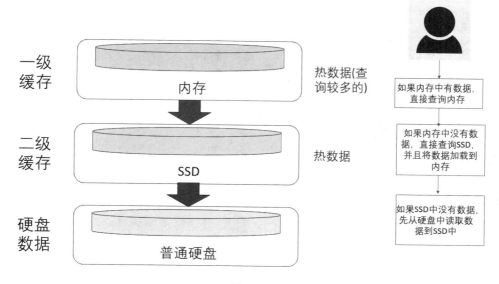

图 6-21

- 按照时间维度的方式：可以按照实时数据和历史数据分库分表，也可以按照年份、月份等时间区间来进行分库分表，如图6-22所示，目的是尽可能减少单个库表中的数据量。

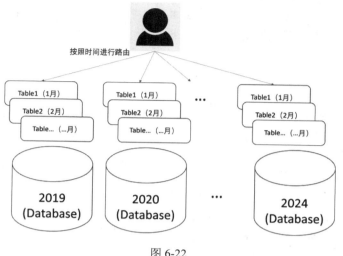

图 6-22

- 按照一定的算法计算的方式：当数据都是热数据的情况下，比如数据确实无法做到冷热分离，所有的数据都经常会被查询，并且数据量又非常大。此时就可以根据数据中的某个字段进行算法计算（需要特别注意，这个字段一般是数据查询时的检索条件字段），使得数据能均匀地落到不同的分表中去，查询时再根据查询条件中的该字段进行算法计算，就可以快速定位到需要到哪个表中进行查询，如图6-23所示。

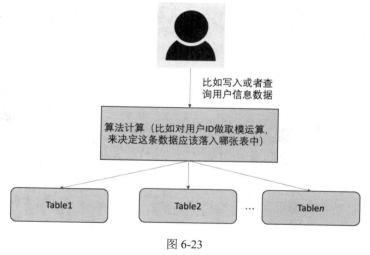

图 6-23

3. 架构设计优化

当SQL优化和数据库优化不能解决性能问题时，就需要考虑从架构设计上来进行优化，常见的架构设计优化手段如下。

- 通过消息队列削峰填谷：在调用量的峰值非常大时，通过消息队列缓冲调用请求，然后让请求异步处理完后，再同步给请求的调用方，如图6-24所示。

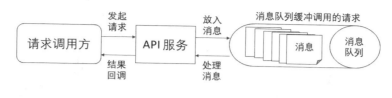

图 6-24

- 通过使用分布式数据库来进行处理：分布式数据库是数据库中一种MPP（Massively Parallel Processing）的架构实现，常见的分布式数据库包括Doris（可以通过官方网站 https://doris.apache.org/了解更多关于Doris的介绍）、Greenplum（可以通过官方网站 https://greenplum.org/了解更多关于Greenplum的介绍）等。
- 部署架构的优化：比如可以通过Kubernetes的方式来部署，因为Kubernetes支持动态扩/缩容，在保障数据服务性能的同时，还可以通过弹性伸缩来控制成本。

4. 硬件优化

硬件优化的常用手段是对硬件资源进行扩容或者提高硬件资源的性能，常见的手段如下：

- 使用I/O读写更快的硬件，比如使用SSD硬盘来替代普通的机械硬盘。
- 通过增加服务器的数量或者增加服务器的配置来对服务器进行横向或者纵向的扩容。
- 增加网络的带宽或者使用带宽更大的网络设备来提高网络通道的传输速度。

数据服务的性能优化建议按照SQL优化、数据库优化、架构设计优化、硬件优化的顺序来进行调优，只有当前面的措施都无效时，才建议通过硬件的方式进行优化，因为增加硬件会带来更高的成本。

6.3 数据服务的熔断与降级

数据服务的熔断是指在数据服务发生内部故障、高频次严重调用超时或者服务不稳定等其他未知情况时，为了避免连锁故障导致系统崩溃，保护数据服务，系统自动触发的一种自我保护机制。通常情况下，实现数据服务熔断的技术原理是在服务调用过程中设置一个熔断器，通过监控服务的被调用情况，当服务的失败率、错误次数、超时次数等超过设定的阈值时，自动触发熔断，一旦触发熔断，后续收到的请求会直接被拦截，返回为失败，不再进行后续的处理，如图6-25所示。

从图中可以看到，在进行数据服务的熔断时，需要结合数据服务的告警与监控一起。

- 在Grafana中，需要配置特定的监控数据指标，以便在它们达到Grafana设置的阈值时触发告警，并将这些告警通知给数据服务平台。
- Grafana在设计时自身已经实现了将告警通知发送给Webhook，而Webhook需要配置一个外部支持HTTP协议的服务来接收通知，如图6-26所示。
- 数据服务平台需要设计一个HTTP协议的接口服务来接收告警消息的通知，如图6-26所示。由于Grafana的Webhook是支持HTTP Header的Authorization认证的，因此在设计HTTP协议的接口服务时，可以将Authorization认证一起设计进去，这样可以保障数据服务调用的安全。

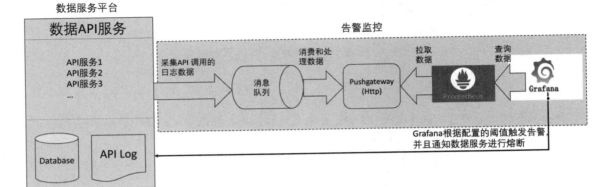

图 6-25

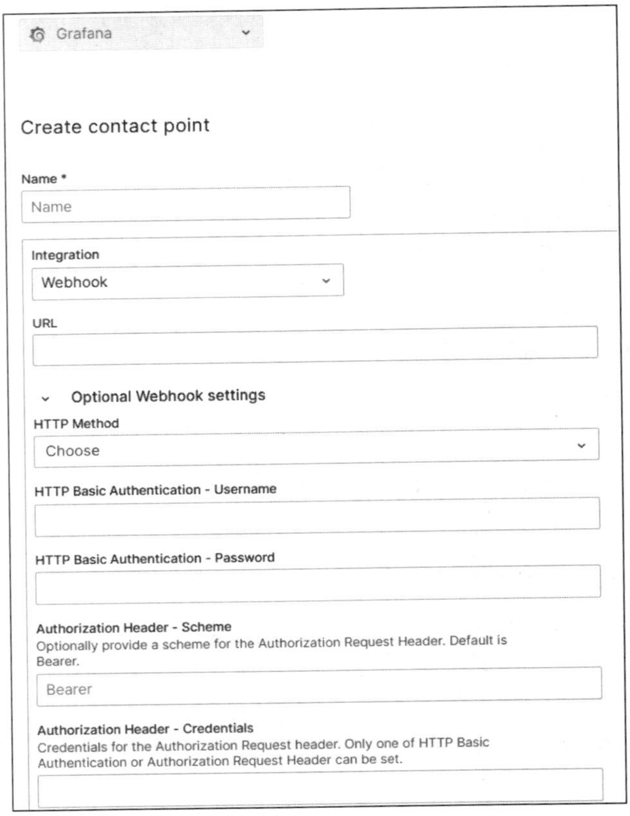

图 6-26

数据服务熔断是一种很极端的保护系统的情形，会导致数据服务直接不可用。因此，数据服务平台在进行架构设计时可以考虑在服务出现一些普通问题时先进行降级,如果降级还不能解决问题，再触发熔断机制，如图6-27所示。

从图中可以看到：

● 针对请求方的并发请求过大导致的调用量很高，可以先采取限流的方式拦截掉部分请求，以降低数据服务的处理压力。

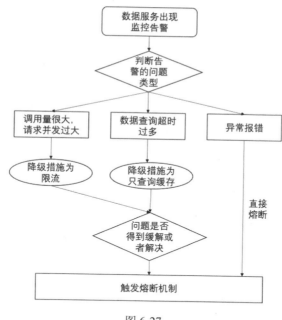

图 6-27

- 当数据查询经常超时变慢时，可以先采取缓存的方式，以降低数据查询的压力。
- 只有针对异常报错等不适合进行降级处理的问题时，才直接触发熔断机制。

数据服务平台需要根据Grafana发送过来的Webhook通知来判断接收到的消息类型，如果是降级通知，那么数据服务平台内部触发降级机制；如果是熔断通知，那么数据服务平台内部触发熔断机制。

针对分布式部署的系统，常见的限流方式包括如下两种。

- 单服务器限流：由于是分布式部署，因此数据服务通常会部署在很多节点上，单服务器限流指的是在每个节点上进行单独限流处理。
- 分布式限流：指的是从服务的整体全局进行限流，比如通过在Redis缓存中计数等方式来达到分布式的全局限流，如图6-28所示。由于分布式限流会使用到分布式的缓存数据库，因此，虽然分布式的缓存数据库访问很快，但是肯定会让整体性能受到一些小的影响。

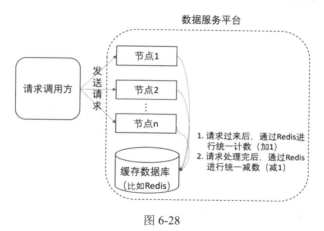

图 6-28

常用的限流算法说明如下。

- 漏桶算法：通常是指接收到请求后直接放入漏桶中，如果漏桶中的容量已经达到了限流的上限，则直接返回异常给请求方。漏桶算法通常会以固定的速率释放请求（表示请求已经处理通过），直到漏桶为空，如图6-29所示。
- 令牌桶算法：令牌桶算法是指系统以一定速度向令牌桶中增加令牌，直到令牌桶满，请求进入数据服务中时，需要先向令牌桶请求令牌，如获取到令牌，则继续进行后续的处理，否则触发限流策略，直接返回异常给请求方，如图6-30所示。

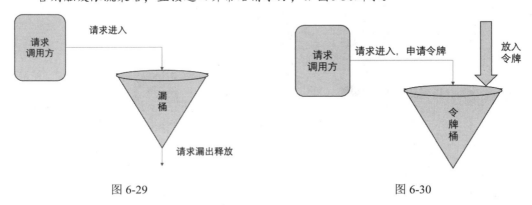

图 6-29　　　　　　　　　　　　　　　　　　图 6-30

- 时间窗口滑动法：时间窗口滑动法是指将时间序列当作一个向前滑动的窗口，如图6-31所示，对每个窗口中的请求数进行统计，当达到总数时就触发限流策略，直接返回异常给请求方。

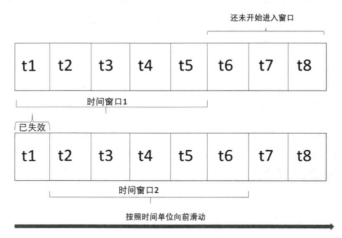

图 6-31

图6-31中一开始时间窗口1是从t1~t5，假如每个窗口1秒，而且假定限流策略是每秒100个请求，那么时间窗口1的请求总和就不能超过500个，否则就会触发限流。由于窗口是滑动的，在1秒后，就变成了图中所示的时间窗口2，此时t1在统计时就会被抛弃，并且加入t6这个时间片来进行总数统计。

在数据资产管理中，数据对外输出的方式除了数据服务外，还可以通过数据共享、数据交换等形式让数据产生更大的价值。但是，在进行数据共享或者数据交换时，需要保障数据的安全和数据隐私不被泄露。

第 **7** 章
数据权限与安全

在数据资产的应用中，数据安全、权限以及隐私保护是数据资产管理中绝对不能忽视的核心要素，在数据资产中，需要建立完善的权限管理和安全保障机制，以确保在数据的整个生命周期中不会出现数据在未经授权的情况下被滥用的情况，从而保护数据的安全和隐私不受侵犯。

7.1 常见的权限设计模式

在软件工程的发展过程中，随着软件技术和各类软件产品的不断发展，人们从实践中总结出了很多常用的权限设计模式，每一种权限设计模式都有其自身的特点，如下所示。

- 基于角色的访问控制（Role-Based Access Control, RBAC）：给每个访问的用户定义角色，通过角色来控制权限。
  - ◆ 优点：对于页面、菜单、按钮等的访问权限能够很好地控制，便于职责分离等。
  - ◆ 缺点：没有提供操作顺序等复杂又灵活的权限控制机制，对于一些复杂的权限场景无法实现。
- 基于属性的访问控制（Attribute-Based Access Control, ABAC）：通过动态地计算一组或者多组属性来判断是否满足某种权限的机制，比如某个操作是否有权限通常是通过对象、资源、操作和环境信息等多组属性来共同完成判断的。
  - ◆ 优点：权限模型非常灵活，可以实现不同粒度的权限控制，可扩展性很强。
  - ◆ 缺点：规则过于复杂，权限模型在技术实现时通常非常难，并且不易于维护。
- 基于对象的访问控制（Object-Based Access Control, OBAC）：给每个访问的用户分配不同的受控对象，将访问权限直接与受控对象相关联。
  - ◆ 优点：通过定义受控对象的访问控制权限，当受控对象的属性发生变化，或者出现继承、衍生等操作时，不用更新访问主体的权限，而只需要修改受控对象的相应访问控制权限，可以减少访问主体的权限管理和降低授权管理的复杂度。

◆ 缺点：在软件产品中的实际应用较少，缺乏实际的软件产品实践经验。

可以看到，每一种权限模式都有其优点和缺点，在实际使用时，需要根据对应的数据产品的特点来选择最合适的权限设计模式。

7.1.1 基于角色的访问控制

基于角色的访问控制（RBAC）是最常见的权限控制模式，广泛应用于软件工程或者网络安全等领域中。

RBAC的核心机制是将权限分配给角色，再将角色分配给需要授权的用户，来实现对软件系统的访问控制，如图7-1所示。

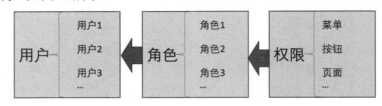

图 7-1

在RBAC权限模型中，通常会先有一个管理员的角色，管理员拥有最高的所有软件系统资源的访问权限，然后将管理员角色赋予管理员用户，管理员用户就可以通过分配和调整角色来管理其他访问用户的权限了。

在RBAC中虽然引入了角色的概念，但是当访问的用户数量非常大时，需要给每个访问的用户逐一进行赋权，在系统运维时会是一件很烦琐的事情，所以在RBAC权限控制中有以下建议：

（1）引入用户组的概念，每个用户组中可以批量关联多个用户，除了可以给用户授权外，还可以给用户组授权，用户的访问权限可以由用户自己的角色和用户组的角色两部分组成，如果是通用的权限，只需要批量将用户添加到用户组中即可，如图7-2所示。

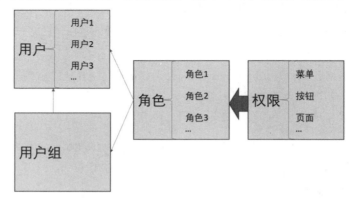

图 7-2

（2）除了用户可以绑定角色外，在系统中还支持角色批量绑定用户，这样当存在大量的访问用户时，可以在操作角色时，通过批量勾选的方式让一个角色可以同时绑定多个访问用户，这样就减轻了管理员逐一给每个访问用户分配权限带来的工作量。

RBAC通常适用于以下场景：

（1）通过组织架构来管理用户和访问的软件系统，不同组织下的员工可以分别授予不同的角色，以便根据其工作岗位限制对应的用户对软件系统资源的访问。

（2）适用于多租户的软件系统，在多租户的软件系统中，RBAC的权限控制模型刚好可以完成不同租户之间的访问隔离和管理，每个租户可以分配不同的角色，每个角色定义相应的系统权限。

7.1.2　基于属性的访问控制

基于属性的访问控制（ABAC）是一种比较复杂的权限控制模式，是通过多种属性相结合的方式来实现权限访问控制的。ABAC的权限控制模式可以解决RBAC权限控制模式中一些不足或者无法实现的权限控制，如图7-3所示。

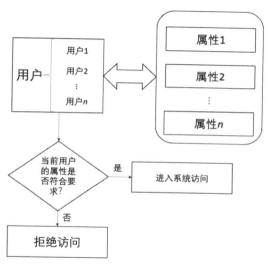

图 7-3

ABAC与RBAC的主要区别在于授权的方式不一样，RBAC按照角色授予访问权限，ABAC可以根据用户属性、环境属性、资源属性等多种属性综合计算来确定访问权限。而且ABAC可以更加细粒度地控制权限和根据上下文动态执行权限判断，而RBAC通常只能基于静态的参数进行权限的判断。在开源社区中，Apache Ranger是ABAC权限控制模式的典型项目，其底层实现可以参考网址 https://ranger.apache.org/blogs/adventures_in_abac_1.html 和 https://ranger.apache.org/blogs/adventures_in_abac_2.html中的相关介绍。

7.1.3　基于对象的访问控制

基于对象的访问控制（OBAC）会从受控对象的角度出发，将访问主体（比如待访问的系统）的访问权限直接与受控对象相关联，如图7-4所示。

策略和规则是OBAC权限访问控制的核心，同时允许用户对策略和规则进行重用、继承和派生操作，减少访问主体的权限管理，降低授权数据管理的复杂性。

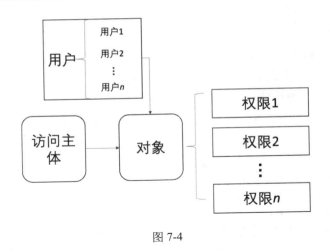

图 7-4

7.2 数据权限

数据权限通常指的是对待访问的数据仓库或者数据湖中的数据表的权限的控制，数据权限的控制通常包含数据表操作权限的控制以及数据表查询权限的控制，如图7-5所示。

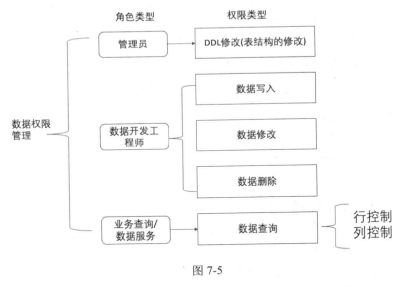

图 7-5

从上图中可以看到，数据权限的类型通常包括表结构的修改、数据变更以及表数据查询等。

- 表结构的修改：通常指的是表的创建、表结构的变更（比如增加字段或者修改字段等），这块的权限通常由管理员角色来负责管理。
- 数据变更：通常指的是数据写入、修改、删除等，这些操作由于涉及数据的处理，通常由数据开发工程师来负责维护。
- 数据查询：数据查询一般是把数据开放给相关的业务需求直接进行查询或者供数据服务使用，所以这块主要是针对数据查询权限的控制，而数据查询权限的控制又主要包括列（字段）权限控制和行权限控制，如图7-6所示。

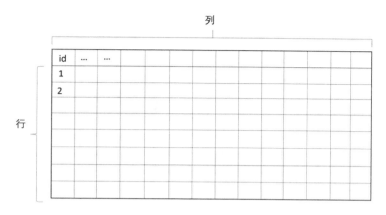

图 7-6

从对数据权限的分析来看，基于角色的RBAC权限控制模式比较适合进行数据权限的控制，因为数据管理通常是基于角色来完成的，不同的角色完成不同的操作，这样在进行数据管理时，职责和权限相对比较明确。

接下来详细介绍列权限控制和行权限控制。

7.2.1　列权限控制

列权限控制通常是对数据湖或者数据仓库中的表的列的访问进行权限控制。访问数据的方式通常包含如下两种。

- SQL直接查询访问：顾名思义，就是直接连接到数据湖或者数据仓库中，通过SQL语句查询的方式来读取数据。
- 通过数据服务访问：虽然是通过数据服务的方式来获取数据的，但是数据服务的底层通常还是连接到数据湖或者数据仓库中，通过SQL查询的方式来获取数据。

因此，数据权限中列权限的控制其实会直接体现到对SQL查询语句的权限控制。列权限控制的技术实现设计图，如图7-7所示。

从图中可以看到，列权限控制的核心技术在于SQL语句的解析，需要解析出SQL语句中涉及哪些表以及对应哪些字段，然后和权限数据表进行比对，看访问的表以及字段是否都拥有对应的权限。

解析一条SQL语句中涉及哪些表以及对应哪些字段，通常还可以借助第三方工具包，在开源社区中有很多这样的工具包，通常数据仓库或者数据湖的底层实现中也有对应的SQL语句语法分析器，通过官方代码，通常可以准确地分析出一条SQL语句中涉及的表以及对应的字段有哪些。比如Apache Hive在底层解析SQL语句时就是使用Apache Calcite来实现的，Apache Calcite是一个开源的SQL解析工具，在解析SQL语句时会将各种语法的SQL语句解析成抽象语法树（Abstract Syntax Tree，AST），然后通过AST来获取SQL语句中涉及的表和字段。Apache Calcite除了可以用于SQL解析外，还可以用于SQL校验、查询优化等，除了Hive外，Apache Flink底层也使用了 Apache Calcite来作为SQL的解析工具。Apache Calcite的GitHub地址为https://github.com/apache/calcite/，相关的更多介绍可以参考官方文档，https://calcite.apache.org/docs/。

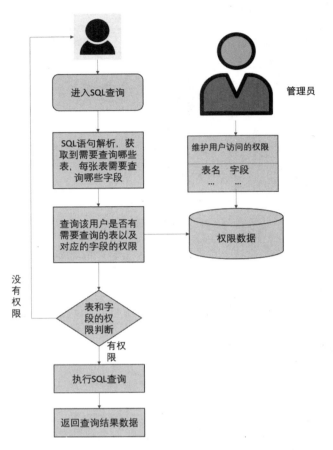

图 7-7

对于关系数据库的 SQL 解析，通常可以使用 Apache Jsqlparser 来实现，Jsqlparser 也是 Apache 下的一个开源项目，其 GitHub 的访问地址为 https://github.com/JSQLParser/JSqlParser，如图 7-8 所示。

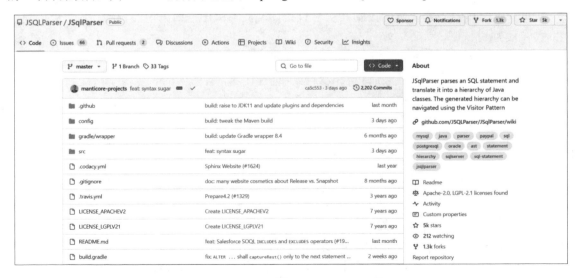

图 7-8

Jsqlparser解析时支持的数据库类型包括Oracle、MS SQL Server、Sybase、PostgreSQL、MySQL、MariaDB、DB2等。在使用时，可以通过如下Maven的方式引入Jsqlparser：

```
<dependency>
  <groupId>com.github.jsqlparser</groupId>
  <artifactId>jsqlparser</artifactId>
</dependency>
```

如图7-9所示为Jsqlparser官方网站提供的一个解析Select查询的SQL语句的示例代码，图中是对select 1 from dual where 1=1这条SQL语句进行的表和字段的解析，从解析的结果可以看到，通过Jsqlparser这个工具，可以获取到查询的表、字段以及查询的条件等。

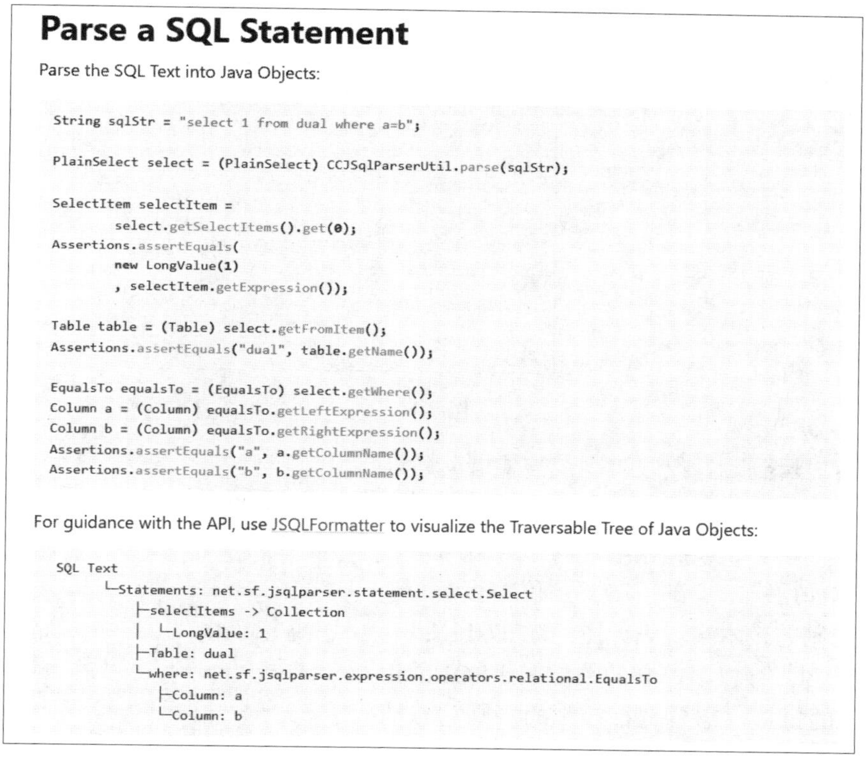

Parse a SQL Statement

Parse the SQL Text into Java Objects:

```
String sqlStr = "select 1 from dual where a=b";

PlainSelect select = (PlainSelect) CCJSqlParserUtil.parse(sqlStr);

SelectItem selectItem =
        select.getSelectItems().get(0);
Assertions.assertEquals(
        new LongValue(1)
        , selectItem.getExpression());

Table table = (Table) select.getFromItem();
Assertions.assertEquals("dual", table.getName());

EqualsTo equalsTo = (EqualsTo) select.getWhere();
Column a = (Column) equalsTo.getLeftExpression();
Column b = (Column) equalsTo.getRightExpression();
Assertions.assertEquals("a", a.getColumnName());
Assertions.assertEquals("b", b.getColumnName());
```

For guidance with the API, use JSQLFormatter to visualize the Traversable Tree of Java Objects:

```
SQL Text
    └Statements: net.sf.jsqlparser.statement.select.Select
      ├selectItems -> Collection
      │   └LongValue: 1
      ├Table: dual
      └where: net.sf.jsqlparser.expression.operators.relational.EqualsTo
          ├Column: a
          └Column: b
```

图 7-9

除支持Select查询语句的解析外，Jsqlparser还可以支持：

- Insert语句解析，比如Insert Into table_xxx(column1, column2, column3) Values('xx', 'xx', 'xx')，以及同时带有Insert和Select的语句，比如Insert Into table_xxx(column1, column2, column3) Select column1, column2, column3 From table_xxxname。

- Update语句解析，比如Update table_xxx　Set column1 = 'xx'，column2='xx' Where column4='xx'。

- Delete语句解析，比如Delete From table_xxx Where column4='xx'。

更多有关Jsqlparser对SQL语句的解析，可以参考网址https://jsqlparser.github.io/JSqlParser/usage.html#。

7.2.2 行权限控制

　　行权限控制和列权限控制类似，行权限控制通常是对数据湖或者数据仓库中的表的数据行的访问进行权限控制，也就是在一个表中，有些数据记录是可以访问的，有些数据记录是不可以访问的。无论是行还是列，数据表的访问主要都是通过SQL语句来查询的，所以数据行的权限控制也直接体现到对SQL查询语句的权限控制中。另外，数据行的权限控制本质上需要借助列来实现和完成。例如，一个组织架构下有很多部门，在一张数据表中，每个部门的成员通常只能看到与自己部门相关的数据，如图7-10所示，在查询图中右侧的数据表时，需要在SQL语句中通过部门id列对数据进行过滤以达到数据行的权限控制效果。

组织架构表

部门id	姓名	用户id	...
1			
2			
...			

数据表

部门id	...								
1									
2									

图 7-10

　　从图中可以看到，行权限控制是需要借助列来进行过滤的，也就是说，如果要实现行权限控制，那么数据表中需要有一些和权限控制相关的列作为过滤条件，比如用户ID、部门ID、角色ID等。

　　行权限控制的技术实现设计图，如图7-11所示。从图中可以看到，行权限控制的关键在于SQL语句中Where条件的拼接，需要把行控制的规则动态地拼接到Where条件进行数据过滤。

　　通常来说，行权限控制比列权限控制更加复杂，所以行权限控制的配置通常会通过配置表达式的方式来实现，如图7-12所示。

　　在进行SQL查询时，会先将表达式解析为可以拼接到SQL查询的Where条件后的列规则，比如"Where 字段xxx=xxxx"或者"Where 字段xxx In (Select 字段xxx From Table_xxxx)"等。

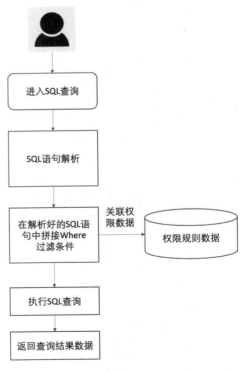

图 7-11

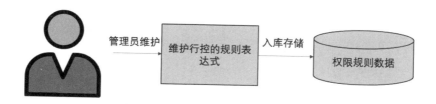

图 7-12

7.3　数　据　脱　敏

数据脱敏是一种为了保护敏感数据而对数据进行特殊处理的过程，数据脱敏的目的主要是保护用户个人敏感信息或者隐私数据等。通常会通过一些技术对敏感数据进行加密或者删除等处理，以保护敏感数据不被泄露。

1. 常见的数据脱敏方式

常见的数据脱敏方式有以下几种。

- 加密脱敏：对待脱敏的数据进行加密处理，处理完后，再以密文的方式存储在数据仓库或者数据湖中。
- 混淆脱敏：对数据表中的敏感数据列进行混淆处理，使得数据被访问时不能被准确识别，以达到保护数据的效果。
- 删除脱敏：直接删除数据中的敏感信息或用特定符号替代（比如用*等符号代替），这种方式一个不好的地方就是会导致数据有缺失。

2. 数据脱敏的常用技术

数据脱敏的常用技术包括数据处理入库时脱敏与数据查询时脱敏，其实现方式介绍如下。

1）数据处理入库时脱敏

数据处理入库时脱敏是指在从数据源中获取数据时直接脱敏，比如在通过实时任务或者离线任务对数据处理的过程中，直接对敏感数据进行脱敏，脱敏完后，再将数据存储到数据仓库或者数据湖中，如图7-13所示。

从图中可以看到：

- 在设计时引入了脱敏规则的配置，可以先设计脱敏规则，并且将脱敏规则维护在数据库中，方便修改脱敏规则。
- 实时任务或者离线ETL任务在处理时可以读取脱敏规则，然后解析脱敏规则根据脱敏规则，对数据进行处理。

在设计时，脱敏规则可以设计成通用的格式，方便对实时任务或者离线任务进行读取，如图7-14所示。

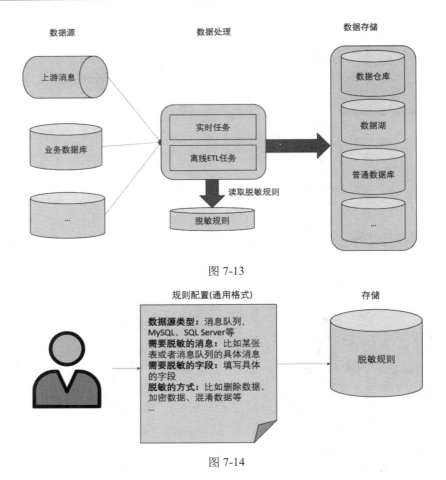

图 7-13

图 7-14

在对实时任务或者离线任务进行数据脱敏时,可以按照如图7-15所示的流程来完成数据脱敏的处理。

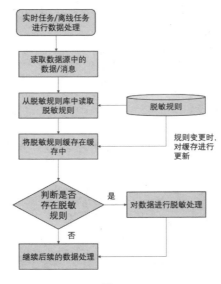

图 7-15

从图中可以看到：

- 脱敏规则读取一次后，就可以缓存在本地缓存中，避免频繁读取对数据库造成压力，也可以提高数据处理的性能，因为从数据库中读取脱敏规则必定会产生一定的耗时，尤其是实时任务，耗时越短，实时任务的处理能力就越强。
- 脱敏规则在发生变更时，可以通知数据任务更新本地缓存，更新的方式可以是重新从数据库中读取一次脱敏规则。

另外，脱敏规则的读取和处理还可以封装成通用的底层依赖库包，这样实时任务或者离线任务可以直接集成该封装好的通用依赖库包，方便代码维护和统一修改，如图7-16所示。

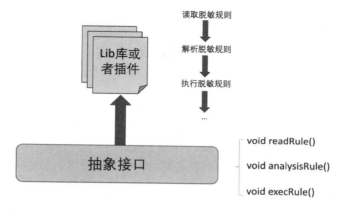

图 7-16

2）数据查询时脱敏

数据查询时脱敏是指数据入库存储时不进行脱敏操作，而是在将数据展示给用户进行查询时，才对数据实施脱敏，如图7-17所示。

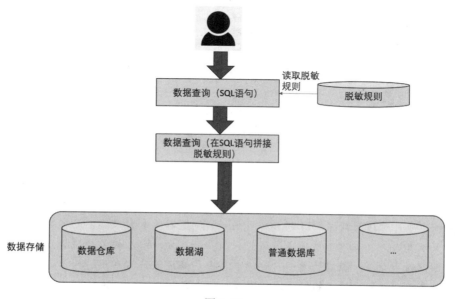

图 7-17

数据查询时脱敏关键在于读取到脱敏规则后，需要将解析后的脱敏规则拼接到SQL查询语句中，拼接的方式包括：

- 将SQL语句中需要查询的敏感数据列直接删除，然后重新生成新的SQL语句进行查询，并且将结果数据返回。
- 将SQL语句中需要查询的敏感数据列通过SQL函数的方式进行加密，这样查询结果中的敏感数据就会以加密的形式返回。

由于数据查询时脱敏方式底层数据存储时还是存在敏感数据，因此需要对数据仓库或者数据湖等存储做好权限控制，防止用户通过其他的渠道直接连接到数据存储中读取敏感数据。

在开源项目Apache Ranger中专门提供了动态的数据脱敏插件，同时允许插件的使用者自定义数据脱敏的规则。Apache Ranger的GitHub地址为https://github.com/apache/ranger，访问官方网址https://ranger.apache.org/可以进一步了解其提供的数据脱敏插件的使用方法，也可以从官方网站下载Apache Ranger进行安装部署和使用，部署之后，可以在Apache Ranger的Masking页面中配置脱敏规则。

7.4 数据安全

数据安全是数据资产管理中非常重要的一个环节，数据安全主要体现在以下几个方面。

- 防止数据被攻击和篡改：要防止网络黑客等进入数据资产管理系统、数仓库或数据湖中获取数据或篡改数据等，所以在进行数据管理时，需要提高网络的安全控制、安装杀毒或者防病毒软件、定期检测恶意软件和安全漏洞，减少黑客入侵的风险。
- 对数据进行安全审计：监控数据的访问情况，记录数据的访问、修改和删除等详细日志，方便对数据进行安全审查，如图7-18所示。

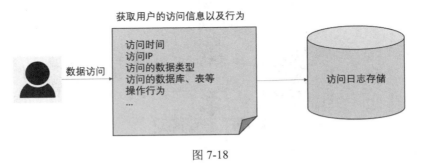

图 7-18

安全审查通常包含如下内容。

- 登录审查：对访问数据的MAC以及IP地址、浏览器或者客户端、用户名、时间等每天进行手工审查或者通过风控系统进行风控分析，一旦发现潜在的安全风险，及时进行告警。
- 数据操作审查：对数据的更新、删除、导出等高危险行为每天进行审查。
- 权限审查：定期对用户的权限进行审查，防止有非正常的机器人用户或者黑客用户进行数据操作。

- 脚本或者SQL注入等黑客行为审查：对符合脚本注入或者SQL注入特征的请求行为进行审查和预警。
- 严格控制访问权限：以最细粒度的权限来控制数据的访问，确保只有合法的经过授权的用户才可以访问数据。
- 数据备份与恢复：数据备份是保障数据安全的重要措施之一，有了数据备份后，一旦数据被误删除或者因为存储损坏导致数据意外丢失，就可以通过数据备份快速恢复数据。在大数据时代，一般数据备份都是实时进行的，备份数据可以写入廉价的存储中以节省成本，因为备份数据通常不会经常被访问，如图7-19所示。

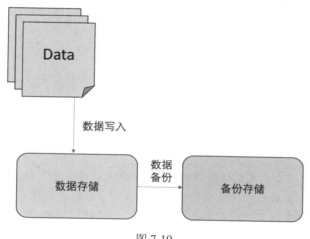

图 7-19

另外，还可以通过分布式的文件系统来存储数据，如图7-20所示，分布式的文件系统通常会把冗余数据存储在多个数据节点上，当某个数据节点的数据损坏或者丢失时，由于数据进行了冗余存储，因此数据不会丢失，并且在损坏的数据节点恢复时，数据还可以自动同步到该数据节点。

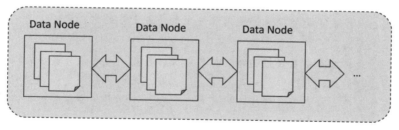

图 7-20

对于重要的数据，还应当明确其对应的安全负责人或者成立专门的组织机构来管理数据，建立数据的安全管理制度，确保数据可以安全、规范地被访问和使用。

第 **8** 章

数据资产架构

数据资产管理是一项系统而复杂的工程，涉及元数据、数据血缘、数据质量、数据服务、数据监控、数据安全、数据权限等众多方面，为了更高效地管理数据资产，在很多大型企业或者组织中，通常会构建一个数据资产管理平台来管理各种各样的数据资产。数据资产管理平台通常包含以下功能。

- 元数据管理：主要负责元数据的维护和查看，让元数据成为数据资产的一个"电子目录"，方便外部用户查看和检索其需要的数据存储在哪个数据库以及哪个表的哪个字段中，也方便外部用户知道数据资产中每个数据库、表、字段的具体含义。
- 数据血缘追踪：主要负责数据与数据之间的血缘关系跟踪，以方便用户在使用数据时能快速知道数据的处理过程以及来龙去脉。
- 数据质量保障：主要负责数据质量的监控与告警，当数据质量出现问题时，能够快速让相关的人员知道，数据质量的监控是持续提高数据质量的关键所在，也是数据资产持续优化、改进和提高质量的关键。
- 数据服务提供：主要负责数据服务的管理，包括服务的创建、开发、发布上线以及被业务请求调用。数据服务是数据对外使用和产生价值最常见的方式之一，所以数据服务的管理与维护至关重要。
- 数据监控管理：主要负责数据链路、数据任务、数据处理资源、数据处理结果等的监控与告警，当数据出现问题时，能够通过监控与告警让数据问题及时、快速地解决。
- 数据安全管理：主要负责数据安全的管理，数据安全是数据资产管理中最重要的环节，也是数据资产管理的基础。通过评估数据的安全风险、制定数据安全管理的规章制度、对数据进行安全级别的分类，完善数据安全管理相关规范文档，保证数据被合法合规、安全地获取、处理、存储以及使用。
- 数据权限分配：主要负责数据权限的分配与管理，通过数据权限的控制能够更好地保护数据资产中的隐私信息和敏感信息。

在设计数据资产管理架构时，通常需要考虑和解决如下问题。

- 数据冗余：一般指的是由于数据没有进行统一管理，导致很多不同的平台或者系统存储了相同的数据，特别是对于一些业务或系统都需要共用的数据。

- 数据孤岛和数据分散：由于数据没有进行统一的集中式管理，因此数据很容易分散在不同的系统中并且容易产生数据孤岛。
- 数据口径无法统一：每个业务系统都有自己的数据管理和分析，导致数据计算的口径存在不一致，这样的话，就会导致在进行数据决策时，不知道到底以哪一份数据口径为准。

8.1　数据资产的架构设计

数据资产架构是指为了让数据资产管理更加信息化、高效化、平台化而构建的一套系统架构。通常来说，数据资产架构包括数据获取层、数据处理层、数据存储层、数据管理层、数据分析层和数据服务层。

8.1.1　数据获取层

数据获取层通常又叫数据采集层，主要负责从各种不同的数据源中获取数据，如图8-1所示。

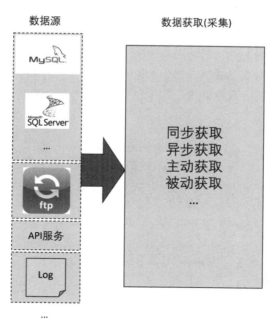

图 8-1

数据获取层在获取数据时存在多种不同类型的数据源，从每一种类型的数据源中获取数据的方式是不一样的，所以在数据获取层的架构设计中，需要考虑兼容多种不同的数据源，并且在出现新类型的数据源时，需要支持花费最小的代码改造代价进行扩展。所以通常建议在数据资产架构设计中，数据获取层的架构设计成即插即用的插件类型，如图8-2所示，这种设计方式可以很好地解决数据源的可扩展性的问题。

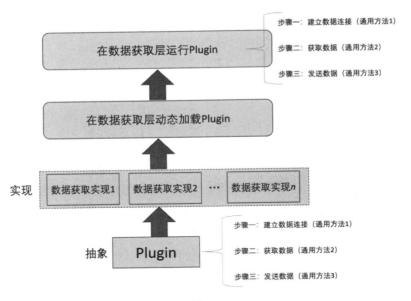

图 8-2

从图8-2中可以看到：

- 设计了一个抽象类型的插件，这个插件中包含从数据源中获取数据时需要的三个基本的步骤，也是需要实现的三个通用的底层方法。
- 数据资产管理平台的数据获取层在加载完实现的插件后，便可以按照步骤顺序调用已经实现的三个通用的方法来获取数据。

8.1.2　数据处理层

数据处理层主要负责对从不同数据源中获取到的数据进行处理，这是整个数据资产架构的核心部分，数据处理的方式通常包括实时方式和离线方式两种，通常数据处理层需要完成的主要功能如图8-3所示。

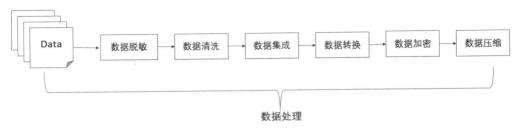

图 8-3

- 数据脱敏：对原始数据中的敏感信息进行脱敏操作，防止隐私数据被泄露。
- 数据清洗：去除原始数据中的无效数据、重复数据等，以提高数据处理的质量。
- 数据集成：将同时来自多个不同数据源的数据进行整合形成统一的数据集。
- 数据转换：对原始数据进行转换（比如进行统一的格式转换、类型转换等），以满足数据仓库或者数据湖的存储设计。

- 数据加密：对一些隐私数据进行加密，方便数据存储后确保数据的安全性，对隐私数据进行保护。

- 数据压缩：为了节约存储成本，在存储数据前，对数据进行压缩处理，在不丢失数据的前提下，减小数据存储占用的空间。

在大数据处理中，最常用的架构是Lambda架构和Kappa架构，分别说明如下。

- Lambda架构：是一套强调将离线任务和实时任务分开处理的大数据处理架构，如图8-4所示。

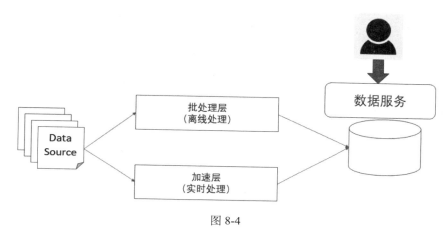

图 8-4

从上面图中可以看到，Lambda架构是将离线处理和实时处理分开进行维护的，这就意味着需要开发和维护两套不同的数据处理代码，系统的复杂度很高，管理和维护的成本也很高。

- Kappa架构：是一套将离线数据和实时数据处理整合在一起的大数据处理架构，如图8-5所示。

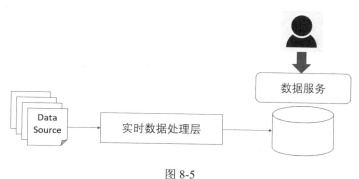

图 8-5

Kappa架构其实可以看成是Lambda架构的优化和改进。在Kappa架构中，实时任务需要承担全部数据的处理，导致实时任务处理的压力较大。但是，Kappa架构将实时代码和离线代码进行了统一，方便对代码进行管理和维护，也让数据的口径保持了统一，同时降低了维护两套代码的工作量。

相比于Lambda架构，Kappa架构最大的问题在于，一旦需要对历史数据进行重新处理，那么Kappa架构将难以实现，因为Kappa架构通常所使用的是实时流处理的技术组件，比如Flink

等，但是进行历史数据处理时，像Flink这样的技术组件可能难以胜任，而擅长进行离线数据处理（比如Spark）的技术组件更加适用，不过Flink的代码和Spark的代码通常是无法共用的。

从对Lambda架构和Kappa架构的对比分析来看，两者各有其优缺点。在实际应用中，可能还需要同时结合这两种架构的优缺点，来设计符合自身业务需求的数据处理架构。通常建议如下：

- Lambda架构和Kappa架构可以同时存在，对于经常需要进行历史数据处理的数据类型，建议保留为Lambda架构。
- 对于几乎不需要进行历史数据处理的数据类型，建议尽可能使用Kappa架构来实现。

8.1.3　数据存储层

数据存储层主要负责数据的存储，在架构设计时，还需要综合考虑如下问题来制定数据存储的架构和策略。

- 数据查询的性能：比如查询的响应时间、数据访问的吞吐量、查询的TPS等。
- 数据的冷热程度：根据数据的冷热程度，对数据进行划分，对于冷热程度不一样的数据，可以分开存储，通常对于冷数据，可以采用一些成本更低的存储介质来进行存储，方便节省数据存储的成本。

数据存储的技术方案可以有很多选型，通常需要根据实际业务需要来进行综合选择。一般可以选择如下技术方案。

- 传统数据仓库存储：传统数据仓库的代表是Hive，负责海量数据的存储和基于Hive进行数据分析和挖掘。但是，Hive数据仓库存在以下不足：
  - 通常只能存储结构化的数据，或者经过处理后生成的结构化数据。
  - Hive数据仓库中更新数据的能力较弱，一般只能进行数据的批量插入。
- 数据湖存储：数据湖是在传统数仓的基础上发展而来的，也可以完成海量数据的存储。在开源社区中，常见的数据湖有Hudi、Delta Lake、Iceberg等。相比于数据仓库，数据湖具有如下优势：
  - 数据湖可以存储结构化数据，也可以存储半结构化数据和非结构化数据。
  - 数据湖中可以直接存储没有经过任何处理的原始数据，也支持直接对原始数据进行分析。
  - 数据湖中支持对数据进行快速更新、删除等操作。
  - 更适合进行机器学习、探索性分析、数据价值挖掘等。
- 分布式数据库存储：分布式数据库存储一般用于存储对于实时查询要求较高，或者要求实时进行在线分析处理（Online Analytical Processing，OLAP）的数据。在开源社区中，常见的分布式数据库有Apache Doris（官方网站https://doris.apache.org/）、Apache Druid（官方网站https://druid.apache.org/）等。

　　通过以上分析，数据存储层的架构通常建议设计成当前最为流行的湖仓一体的架构，并且针对特殊的业务场景，可以引入一些分布式数据库或者关系型数据库进行辅助，如图8-6所示。

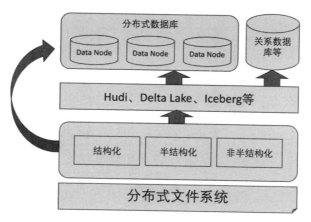

图 8-6

　　数据存储层在存储数据时，通常还会对数据进行分层存储，数据分层的架构实现方案如图8-7所示。

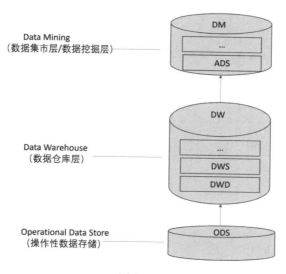

图 8-7

数据分层的目的主要有以下几个：

- 对数据进行模块化设计来达到数据之间解耦的目的，数据通过分层可以将一些非常复杂的数据解耦为很多个独立的数据块，每一层完成特定的数据处理，便于开发、维护以及让数据可以被更好地复用。
- 让数据的可扩展性更强，当数据业务的需求发生变化时，只需要调整响应数据层的数据处理逻辑，避免了整个数据都从原始数据（也就是图8-7中的ODS层的数据）重新计算，节省了开发和数据计算的资源成本。

- 让数据的查询性能更强，在大数据中，由于存在海量数据，如果全部从原始数据（也就是图中的ODS层的数据）来查询业务需要的数据结果，则需要扫描的数据量会非常大，将数据分层后，可以优化数据的查询路径，减少数据扫描的时间以达到提高数据查询性能的目的。

8.1.4 数据管理层

数据管理层主要负责对数据进行分类、标识以及管理，主要包含元数据管理、数据血缘跟踪管理、数据质量管理、数据权限和安全管理、数据监控和告警管理等。其总体的实现架构图如图8-8所示。

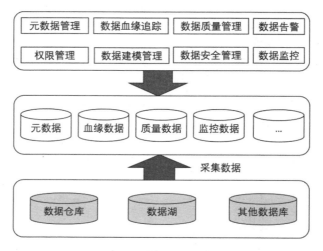

图 8-8

数据管理层的技术核心就是元数据、血缘数据、质量数据、监控数据等的采集和获取，前面已经有过具体描述。在获取这些数据后，数据管理层主要实现的功能就是对这些数据进行集成，并展示到数据资产管理平台中。数据管理层是数据资产管理的核心。

8.1.5 数据分析层

在数据分析层的架构设计中，主要包含如下两个部分。

（1）数据分析工具的选择：随着大数据分析技术的发展，诞生了很多和数据分析相关的BI（Business Intelligence，商业智能）工具，常见的BI分析工具的相关介绍如表8-1所示。

表 8-1　常见的 BI 分析工具

BI工具名称	描　述	适用的场景
Power BI	是由微软推出的一款BI数据分析工具	成本较高，通常适合微软云相关的服务
Pentaho	开源的BI分析工具，具有数据整合、报表生成和数据可视化等功能	开源产品。适合自己有部署和运维能力的团队使用
Quick BI	是阿里云推出的一款BI数据分析工具	由于是阿里云推出的，因此通常只适合阿里云使用
FineBI	是由帆软推出的一款BI数据分析工具	商业软件，一般需要购买，通常适合政府或者企事业单位使用

在选择BI数据分析工具时，一般建议结合自身的业务需求、使用成本、管理维护成本等多个方面来综合考虑，然后选择最合适的BI工具。

（2）数据的加工与处理：这里的数据加工与处理，主要是指数据分析需要完成的数据预加工与处理，以便通过数据分析工具快速得到自己想要的数据。对于海量大数据，在进行数据分析时，BI分析工具通常不会直接对海量原始数据进行分析。

通过以上处理，数据分析层的整体架构设计如图8-9所示。

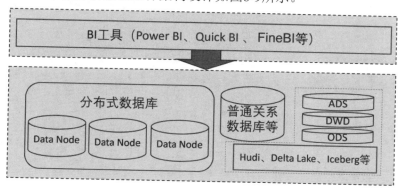

图 8-9

- 对于实时性要求较高的数据，通常会存储在分布式数据库中，不进行太多的预处理，让BI工具直接查询和访问，这样可以保证整个数据分析链路的实时性。
- 对于实时性要求不高的数据，可以每天通过离线的方式进行处理，通常会在数据仓库或者数据湖中每天离线对数据进行预处理，处理的结果数据可以根据数据量的大小选择放入普通关系数据、数据仓库或者数据湖的ADS应用层，来供BI工具进行分析使用。甚至数据湖、数据仓库的DWD明细层数据，或者DWS轻度汇总层数据，也可以开放给BI数据分析工具直接进行分析。

8.1.6　数据服务层

数据服务层通常是让数据对外提供服务，让数据可以服务于业务，并且负责数据服务的管理。数据服务层的架构实现如图8-10所示，数据服务的具体技术实现细节可以参考第6章讲解的相关内容。

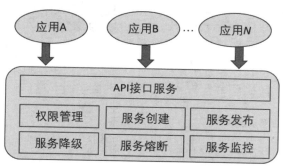

图 8-10

数据服务层在设计时通常需要包括服务创建、服务发布、服务接入、服务降级、服务熔断、服务监控以及权限管理等模块，对于服务访问的权限管理，通常建议采用基于角色的访问控制来实现，如图8-11所示。

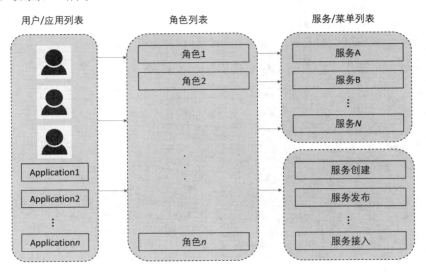

图 8-11

- 一个角色可以拥有一个或者多个不同的服务，也可以拥有一个或者多个不同的菜单。
- 角色可以赋予用户，也可以赋予调用服务的业务需求的上游。

通过对每一层进行架构分析与设计，最终得到如图8-12所示的数据资产架构图。这是大数据处理中最常见的架构设计方案，解决了数据的可扩展性。无论对于什么类型或者什么格式的数据，利用这个架构都可以进行数据处理、数据存储以及数据分析。

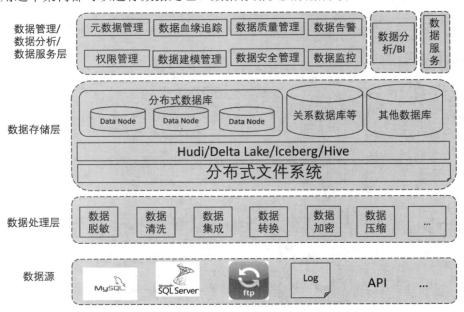

图 8-12

8.2 常见的开源数据资产管理平台

随着大数据技术的发展，在开源社区中涌现出了很多优秀的数据资产管理平台项目，比如Apache Atlas、Data Hub、OpenMetadata等，正是这些开源项目的出现，推动了数据资产管理技术的不断前进。

8.2.1 Apache Atlas

Apache Atlas是一个以元数据管理、数据血缘跟踪、数据治理为主的数据资产管理平台，它包含数据分类、数据血缘、数据安全、数据治理等很多强大的功能。Apache Atlas官方网站为https://atlas.apache.org/#/，其源码托管在GitHub上，GitHub地址为https://github.com/apache/atlas。Apache Atlas是开源项目中首个实现了数据血缘功能的数据资产管理平台，Apache Atlas官方网站提供的Atlas技术架构实现如图8-13所示。

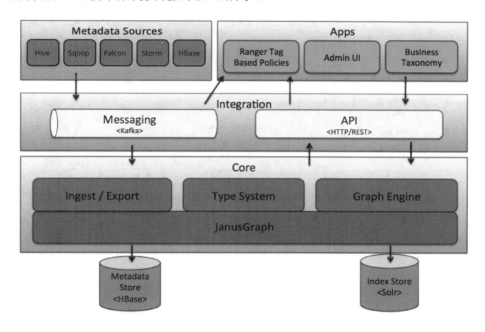

图 8-13

从图中可以看到：

- Apache Atlas可以管理很多不同种类的数据源的元数据，比如Hive、HBase等。
- Apache Atlas在底层存储血缘数据和元数据时，不仅使用了Apache Solr这样的索引数据库，还用到了图数据库来存储数据的血缘关系。Apache Solr是开源社区开源的一个搜索引擎性质的索引数据库。

在Apache Atlas中，元数据和血缘数据的采集以及存储的技术实现架构如图8-14所示。

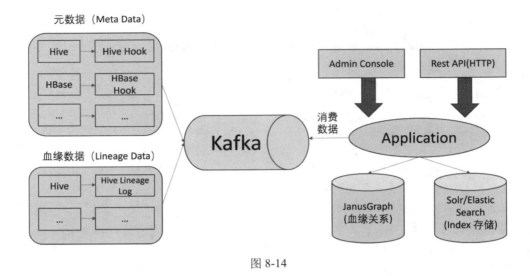

图 8-14

从图中可以看到：

- Apache Atlas在获取元数据时是通过Hook的方式来实现的，通过Hook的方式来获取元数据的信息变更，然后发送到Kafka消息队列中，Apache Atlas消费Kafka消息队列中的数据从而获取元数据，并且存储到Apache Atlas底层数据库中。
- Apache Atlas在底层存储数据血缘关系时，默认用到了JanusGraph图数据库。JanusGraph是一个开源的分布式图数据库。

Apache Atlas虽然解决了元数据的获取和管理以及数据血缘的管理，但是它存在以下不足之处：

- Apache Atlas的Admin控制台管理界面相对比较简单，而且用户体验较差。
- Apache Atlas只解决了Hive的数据血缘，对很多其他常见的数据源的数据血缘关系并不支持。
- 底层用到了很多技术组件，部署和运维管理相对比较复杂。

8.2.2　Data Hub

Data Hub是一个开源的、可扩展的、以元数据管理为主的数据资产管理平台，它实现了元数据的采集、存储、展示、治理等功能。Data Hub的官方网站为https://datahubproject.io，其源码托管在GitHub中，GitHub地址为https://github.com/datahub-project/datahub。

1. Data Hub的主要功能

Data Hub主要有以下功能。

- 元数据采集：支持从Hive、ClickHouse、MySQL、SQL Server等数据仓库或者常见的关系数据库中采集元数据，并且存储到Data Hub中。如图8-15所示为Data Hub元数据采集的技术架构实现，从图中可以看到Data Hub获取元数据的方式是从不同的数据源中主动拉取元数据，然后将获取到的元数据直接发送给Data Hub；当然也可以先发送Kafka消息队列，然后由Data Hub从Kafka消息队列中消费数据来获取元数据。

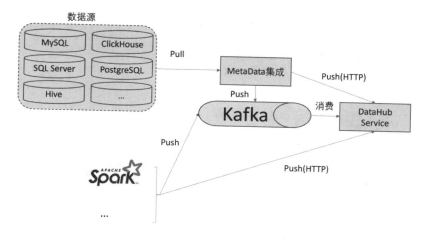

图 8-15

- 元数据的管理：将采集到的元数据展示到 Data Hub 的元数据管理界面中，并且支持对元数据打标签以及添加注释，方便用户检索自己需要的元数据信息。
- 数据质量管理：通过对元数据的管理、测试和检查来提高数据质量。
- 提供了完善的 API 服务以及 SDK，让外部业务或者系统可以访问 Data Hub 来获取自己需要的数据信息。如图 8-16 所示为 Data Hub API 服务的技术架构实现，从图中可以看到 Data Hub 除了支持 API 服务外，也支持通过图 SQL 语句直接查询数据，Data Hub 底层的数据主要存储在图数据库和 Elastic Search 索引数据库中，其中图数据库中主要存储了数据与数据之间的关联关系。

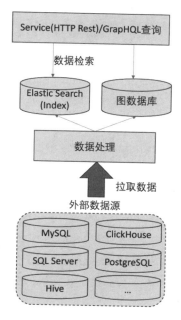

图 8-16

- 数据血缘跟踪：如图 8-17 所示，Data Hub 也支持在其管理界面中查看数据血缘关系，但是 Data Hub 不是对所有的数据源都支持查看数据血缘关系。

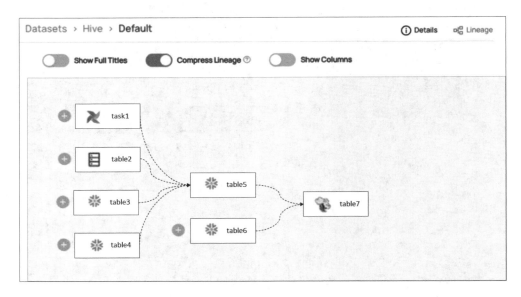

图 8-17

Data Hub查看数据血缘对常见的数据源类型的支持情况如表8-2所示。

表 8-2　数据血缘对常见的数据源类型的支持情况

数据源类型	是否支持表级血缘	是否支持字段级血缘
Amazon Athena（亚马逊提供的一个数据查询器）	支持	不支持
BigQuery（Google推出的可扩展性强、成本低廉的无服务器企业数据仓库）	支持	支持
ClickHouse（开源的OLAP分析数据库）	不支持	不支持
Databricks（数仓一体的商业化数据存储平台）	支持	支持
Delta Lake	不支持	不支持
Hive	不支持	不支持
SQLServer	不支持	不支持
MySQL	不支持	不支持

2. Data Hub技术架构实现

如图8-18所示为Data Hub的总体技术架构实现图。从图中可以看到：

- Data Hub的技术实现架构和Apache Atlas非常相似，都用到了消息队列、图数据库以及索引数据库。
- Data Hub与Apache Atlas的不同之处在于，Data Hub是主动拉取数据的，而Apache Atlas是通过在每个数据源上集成Hook的方式来获取数据的，然后将数据直接推送给Apache Atlas。

从上面分析来看，Data Hub的技术实现比Apache Atlas略显简单，并且Data Hub和各个数据源之间都解耦了，而Apache Atlas需要在每个数据源中集成Hook插件才能获取到数据，这在一定程度上绑定了源端数据源。

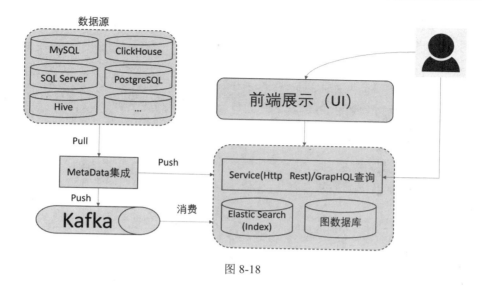

图 8-18

8.2.3 OpenMetadata

OpenMetadata是一个包含元数据获取和管理、数据血缘跟踪、数据质量管理、数据治理等功能的开源数据资产管理平台。Data Hub的官方网站为https://open-metadata.org/，其源码托管在GitHub中，GitHub地址为https://github.com/open-metadata/ OpenMetadata。

1. OpenMetadata的核心功能

OpenMetadata的核心功能介绍如下。

- 元数据变更跟踪和管理：通过监听数据源的事件变化来获取、跟踪和管理元数据的信息，如图8-19所示。在OpenMetadata中，为了实现数据发现、采集、存储和治理等功能，其在底层技术实现时实现了一个统一的元数据模型，所有的从不同类型的数据源中获取到的数据都会先转换为这个统一的元数据模型，然后进行存储。不止OpenMetadata是这样实现的，Apache Atlas的底层也是采用同样的思想先将数据转换为统一的模型，再进行存储。

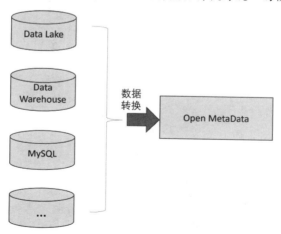

图 8-19

- 数据质量分析与管理：支持根据自定义的规则对数据资产进行质量探查，并且生成数据质量的报告。
- 数据血缘跟踪：支持对部分数据源进行表级或者列级的数据血缘跟踪，并且支持手工维护数据与数据之间的血缘关系，如图8-20所示。

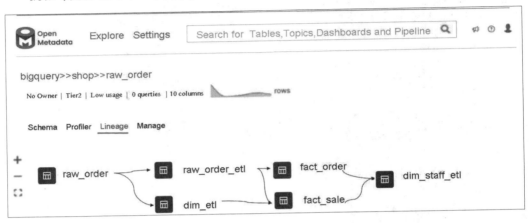

图 8-20

- 术语表：通过添加受控词汇来描述企业或者组织内的重要概念和术语。
- 数据源连接器：支持连接到各种常见的数据库来获取其对应的数据信息，其支持的数据库类型如图8-21所示。

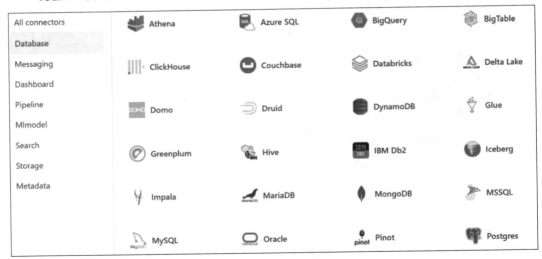

图 8-21

2. OpenMetadata官方提供的技术实现架构图

如图8-22所示为OpenMetadata官方提供的技术实现架构图。从图中可以看到：

- OpenMetadata底层主要是用MySQL数据库来存储元数据信息的，然后使用ElasticSearch索引引擎数据库来存储数据的索引信息，方便用户在OpenMetadata中快速检索到自己需要的数据信息。

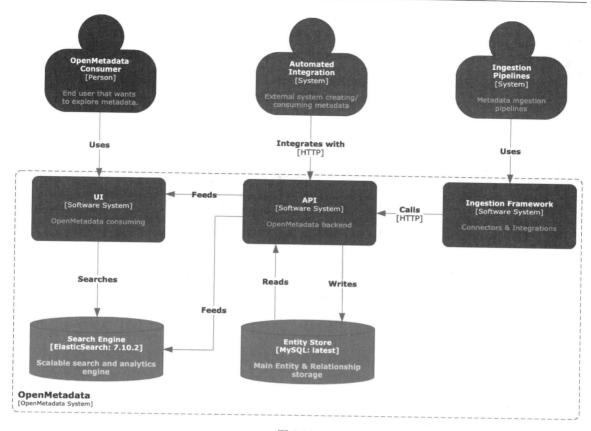

图 8-22

- 以HTTP协议的形式对外提供了API服务，方便外部系统访问OpenMetadata获取数据。

OpenMetadata的权限控制采用了基于角色的访问控制，在其管理界面中可以创建和管理角色。另外，为了方便外部系统使用和访问OpenMetadata，其官方提供了Python语言的SDK、Go语言的SDK以及Java语言的SDK，通过访问网址https://docs.open-metadata.org/v1.3.x/ sdk即可下载对应的SDK，如图8-23和图8-24所示。

图 8-23

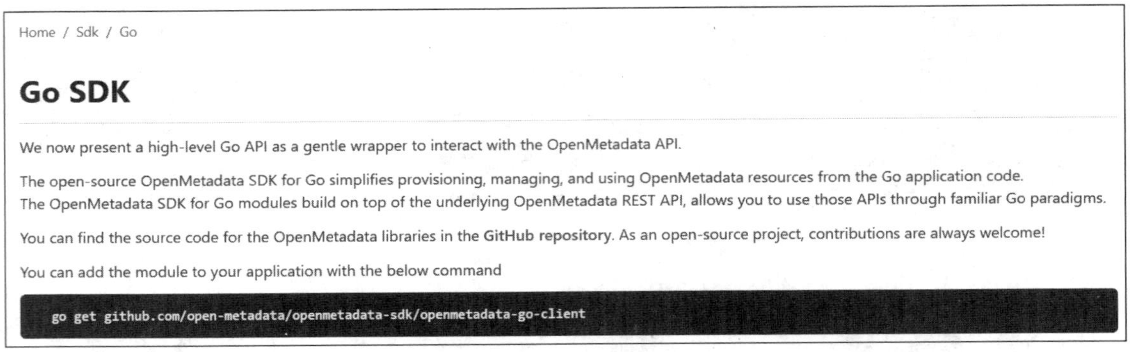

Home / Sdk / Go

Go SDK

We now present a high-level Go API as a gentle wrapper to interact with the OpenMetadata API.

The open-source OpenMetadata SDK for Go simplifies provisioning, managing, and using OpenMetadata resources from the Go application code.
The OpenMetadata SDK for Go modules build on top of the underlying OpenMetadata REST API, allows you to use those APIs through familiar Go paradigms.

You can find the source code for the OpenMetadata libraries in the GitHub repository. As an open-source project, contributions are always welcome!

You can add the module to your application with the below command

```
go get github.com/open-metadata/openmetadata-sdk/openmetadata-go-client
```

图 8-24

从开源社区的活跃程度以及功能的迭代更新速度来看，OpenMetadata比其他的开源数据资产管理平台做得更加优秀，也更具有潜力。

通过对开源社区中常见的数据资产管理平台项目的介绍和对比，可以看到：

- 底层的技术框架有很多共同之处，比如通常都用到了索引数据库和图数据库，方便对数据进行检索以及存储数据之间的血缘关系，这就说明了数据的检索和数据之间的血缘关系对于数据资产管理的重要性。
- 通常可以支持大多数常见的数据源，对数据源的兼容性的支持是数据资产管理的基础。
- 通常可以对外提供数据资产的查询服务，让外部的业务系统通过服务能很方便地查找到自己需要的数据信息。

第 9 章
元数据管理实践

在企业组织实际生产和运营过程中，有一些比较常见的数据使用场景：

- 找不到数据。公司到底有多少数据库？多少表？数据分析人员在针对某块业务领域进行数据分析的时候怎么找到相关的表？比较理想的情况是，有一个类似百度搜索、谷歌搜索的搜索引擎，可以根据用户输入的"只言片语"，快速给出当前数据资产中相关的数据表，并按照相关度排序。

- 读不懂数据。获取到对应的表结构以后，不清楚表相关的描述信息，字段的定义也很模糊。例如，只拿到一张 products 表，就会产生疑问：p 的前缀代表什么意思？name 是什么，是厂商名称，还是产品名称？price 的计价是什么币种，有没有可能为空？这张表是多久更新一次？

- 数据质量差。获取到对应的数据后，分析人员有可能会发现数据质量低于预期，甚至无法作为数据分析的基础。例如，本应该为固定 11 位的手机号码，位数参差不齐；邮箱的格式不正确；本应该为数值的金额，实际上出现了 null；本应该每隔 30 秒出现上报记录的数据，实际上间隔了 1 分钟等情形。如何对这样的数据进行综合评价，并将这些评级通过元数据表现出来呢？

- 有数据安全和法规风险。数据是有安全级别的，常见的 4 个等级分类如下：机密级表示组织最终需要的数据，泄露后有重大经济或者法律风险；敏感级表示重要的数据，泄露后对组织的声誉或者竞争优势有影响；内部级表示组织内部流转使用的数据，泄露后对组织影响较小；公开级表示可以公开对外发布、传播的数据。不同的组织对数据安全级别的定义可能不太一样，甚至像政府部门、金融行业、汽车行业等，都有专门的法律法规来要求对数据进行保密。因此，对于数据管理人员和数据分析人员而言，在元数据的基础上快速识别数据的保密等级至关重要，这有助于在数据申请和使用过程中有效防止数据泄露。

元数据管理就是通过相关的功能，直接帮助我们解决数据"找不到""读不懂""质量差""有安全和法规风险"等生产和运营过程中的数据问题。

9.1 如何理解元数据

9.1.1 为何需要元数据

元数据和一般的数据有什么区别？狭义上的数据一般指的是数据对象的集合，如图9-1所示，员工信息表的一行数据就是一个数据对象，而元数据是对数据（对象的集合）的描述信息，就好像是在数据基础上"衍生出来"的数据。从业务的角度来看，有数据的归属、主题、数据摘要、创建人员、创建时间等；从技术的角度来看，有各个字段的名称、类型、描述等；从操作运营的角度来看，有数据的权限、备份策略、安全、生命周期等信息。这些都是元数据。

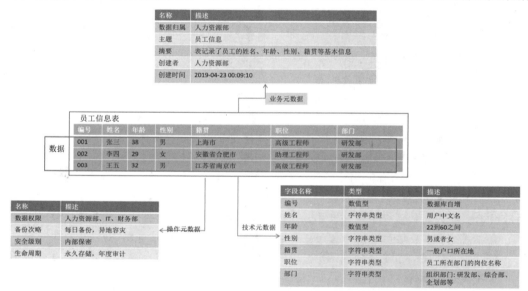

图 9-1

再看图9-2所示的例子，对于一部电影来说，它本身是非结构化的视频、音频数据，它的元数据可以是导演、编剧、主演、类型、地区、语言等信息。用户可以快速根据这些元数据信息找到想要的电影。比如，电影的类型是喜剧，导演是李·昂克里奇，主演是安东尼·冈萨雷斯，就能快速检索到这部电影是《寻梦环游记》。

因此，可以理解元数据就是为了描述数据的上下文，这些上下文可以回答数据本身的"5W1H"相关的问题，这里的5W1H指的是：

- Who：谁创建了这个数据？谁拥有这个数据？谁负责维护这个数据？
- What：是什么类型的数据？数据的保密级别是什么？
- When：数据是什么时候创建的？什么时候发布的？数据有多长时间？数据的生命周期是多久？
- Where：数据存储在哪里？数据的来源在哪里？
- Why：为什么要创建这个数据？

- How：数据的类型是怎样的？怎样申请这个数据？

图 9-2

9.1.2　如何让元数据产生更大价值

随着近年来互联网、大数据、人工智能等数字化技术的不断发展，企业内部和外部的数据环境变得越来越复杂，这种复杂性带来了企业数据价值和数据安全的双重挑战。一方面，数据成为企业至关重要的资产，企业需要实现资产到价值的转换。在数字化时代，数据量激增、数据来源多样、数据类型繁杂、数据应用场景丰富，这给数据管理带来了巨大挑战。另一方面，数据治理、法规、合规性需求也在不断增加，企业既要因地制宜，建立自己的数据治理体系，规范数据流程，提升数据质量，又要遵守行业标准、法律法规，在数据治理和业务发展之间找到平衡。

Gartner 2023年数据安全相报告中指出了技术需要发展，以支持数据和分析的质量、准确性、道德和生命周期分类，以及数据安全的机密性、完整性、可用性和隐私分类。这将通过整合数据发现、分类、增强数据目录/元数据管理来实现，从而支持业务访问需求，同时指出在未来2~5年，元数据管理将成为企业数据安全的主要方案，如图9-3所示。

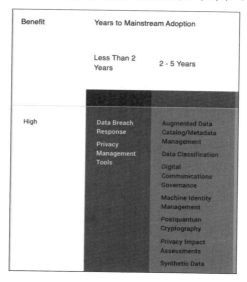

图 9-3

Grand View Research在元数据管理市场2022-2030研究报告中描述了亚太地区元数据管理工具市场的发展趋势。如图9-4所示，元数据管理工具由业务数据、技术元数据和操作元数据组成。2021年，亚太地区元数据管理工具市场容量达18亿美金，并预计至2030年，每年市场容量会以超过20%的速度上涨。

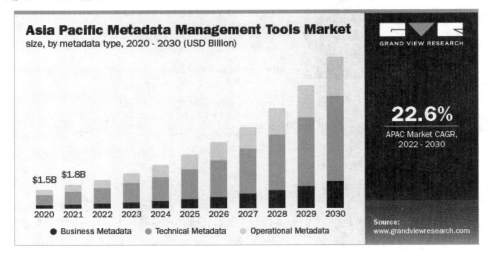

图 9-4

元数据管理的主要价值体现在以下方面：

（1）理解企业数据资产。元数据提供有关数据来源、含义、结构、质量等信息，帮助数据管理人员和业务分析人员快速理解数据含义，降低沟通成本，提升数据资产价值。

（2）促进数据开放和共享。元数据可以提供描述信息的开放和使用路径，并统一数据使用的技术、业务口径，从而促进不同部门之间的数据共享和协作，实现数据资源的开放和应用，提升数据价值。

（3）加强企业数据安全和隐私保护。元数据可以用于标注敏感数据，推动企业制定相应的安全和隐私措施，降低数据泄露风险，保护企业数据安全。

（4）提升数据管理和利用效率。通过元数据管理，可以盘点企业数据资产，分析数据变动影响范围，清理过期数据，实现降本增效，提升数据管理和利用效率。

9.1.3 元数据分类及其好处

从上一节可知，元数据一般分为技术元数据、业务元数据和操作元数据。

技术元数据就是传统意义上的元数据，描述了数据的结构、存储、访问等技术信息，主要来源于关系数据库，用于描述数据库中的表、字段、视图等对象的信息。随着数字化技术的发展，技术元数据的来源已经不局限于关系数据库，它还可以来源于企业内外部的各种数据资产，与现代的数据技术栈相对应。图9-5左侧展示了现代的数据技术栈可能会产生元数据，右侧展示了元数据汇集到管理平台的集中式管理模式。

业务元数据描述了数据的业务含义和规则，主要来源于业务人员依据的业务需求规则、法律法规和业务系统管理规则等信息，如数据主题域、业务术语和数据标签等内容。

操作元数据指描述数据的操作和管理的信息，主要来源于用户或程序对技术栈中每个元素的操作和管理所产生的数据，如某数据库的权限信息、某报表的用户访问次数、审计日志、系统运行消耗度量等。

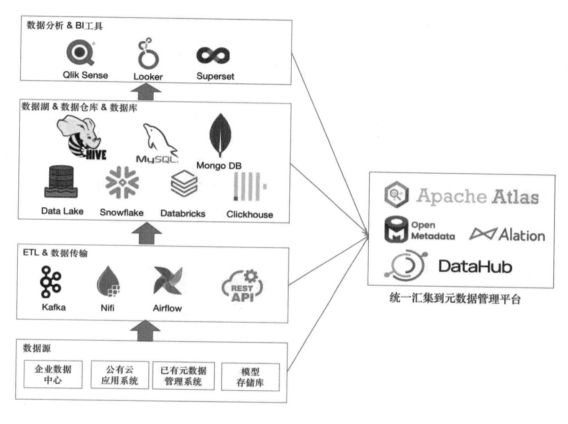

图 9-5

一张商品表的元数据信息示例如图9-6所示。

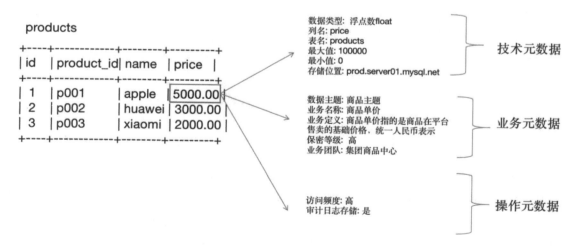

图 9-6

元数据分类带来的好处主要有两个方面：

首先，它使得用户在浏览元数据时能够更直观地获取相关信息，从而有助于数据的高效管理和深入理解。例如，技术人员、业务人员或数据库管理员可以迅速定位到与自己工作相关的信息，并基于这些信息进行讨论。业务人员在查找表的技术元数据时，也能迅速访问业务术语、数据保密等级和业务含义等相关信息。

其次，根据不同类别的元数据，可以定制化管理策略。技术元数据通常可以通过自动化的方式进行同步；而业务元数据则需考虑数据标签、命名规范和使用范围等因素，通常需要在一个统一的平台上进行协调管理，以避免出现数据管理的冲突和失控。例如，一个企业不太可能同时存在两个不同命名的数据主题域，如"人力资源域"和"HR域"。

9.1.4　元数据管理

元数据的整体管理体系由元数据战略和目标、管理标准、管理分层、元数据治理4部分组成，其中元数据管理活动分为元数据采集层、元数据存储层、元数据管理层、元数据应用层，如图9-7所示。

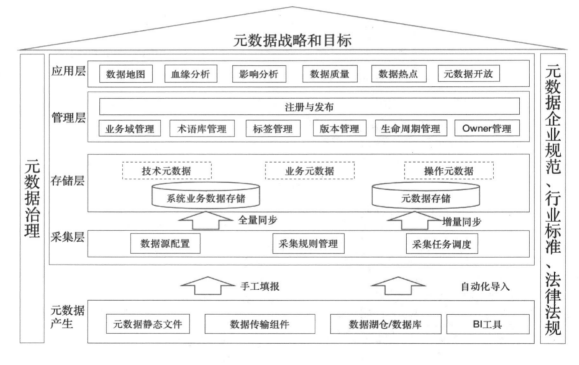

图 9-7

1. 元数据战略和目标

一般地，企业战略是企业组织一定时间段内发展的总方针和总路线图，明确了组织的使命、愿景和目标。企业数据战略在企业战略的基础上，明确了企业组织对数据的需求和期望。元数据战略则为数据战略在元数据管理和实施方面提供重要支持，直接回答"为什么要进行元数据管理""进行元数据管理的目标是什么""需要解决哪些业务痛点"等问题。企业战略、数据战略和元数据管理战略是层层细化、逐步指引的关系，如图9-8所示。

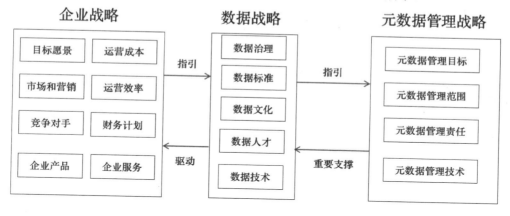

图 9-8

元数据的战略落地除了要和业务目标一致外，在具体实施上还需要结合以下几个因素：

- 根据企业战略和业务目标，梳理可能的业务场景，制定元数据管理的重点方向。
- 识别关键的利益相关者，制订沟通计划，了解他们的诉求和业务痛点。
- 结合业务需求、技术储备对元数据管理关键活动的建设进行优先级排序。
- 法律法规、实施成本等。

然后，将元数据战略分解成可落地的功能目标，如图9-9所示。

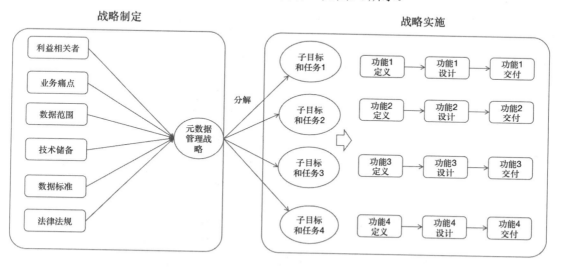

图 9-9

下面来看一下元数据战略制定的简单案例：

（1）案例一：鉴于经营策略，企业设定年度目标为降低运营成本。在此背景下，数据战略可以将优化数据生命周期管理作为核心，以有效减少存储成本。元数据管理战略应聚焦于数据生命周期的元数据，实现对数据创建、更新、归档、删除时间点及可用性的精确追踪。

（2）案例二：为了支持业务扩展，企业需通过分析用户行为数据来洞察用户偏好，进而提升点击转化率。为此，数据战略应涵盖对用户行为数据的深入分析。元数据管理战略应将提升数据质量和保障数据安全作为主要目标，并应包括实现数据质量监控功能，以跟踪用户行为数据的准确性，同时提供数据分类功能，以加强对用户数据的保护。

2. 元数据管理标准

元数据管理需要一些标准来配合实践。元数据管理标准可以确保元数据的定义、存储和使用的一致性，从而提高元数据管理的效率和有效性。

元数据管理标准可以分为以下几类。

- 元数据定义标准：定义元数据的元素和属性，例如元数据的名称、含义、数据类型、取值范围等。
- 元数据存储标准：定义元数据的存储格式和结构，例如元数据的存储位置、存储方式等。
- 元数据使用标准：定义元数据的访问和使用方式，例如元数据的查询、检索、发布等。

企业制定元数据标准，可以参考行业一些通用标准，例如，ISO/IEC 11179-1就描述了元数据框架、分类标准、注册模型、元数据定义、命名和标识原则等内容。业务需求输入也是制定元数据管理标准的重要条件，如利益相关方对管理流程上的诉求，企业架构，企业数据安全标准等。制定标准需要考虑标准要实现的业务目标、可行性、需要投入的资源和依赖的能力等条件。标准实施阶段则需要设计实施度量，以监控和评估实施效果，并接受实施过程中反馈的问题。维护标准是一项持续性工作，根据实施过程中的反馈和业务需求变化，定期审查和更新标准。这个完整的流程如图9-10所示。

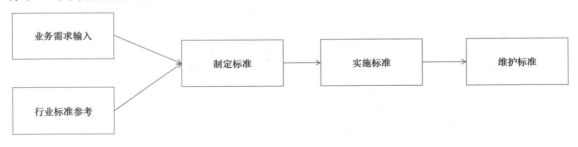

图 9-10

3. 元数据治理

元数据，作为数据的一种，同样需要进行治理，这主要体现在提升元数据的质量上。元数据通常来源于数据库、应用程序、文件系统等多个渠道，同时也包括业务部门提供的数据主题域、业务术语、数据标签等。缺乏统一管理的元数据容易变得混乱无序，导致质量问题，进而无法实现有效的共享与使用。

元数据的质量问题会严重影响数据的理解效率，降低数据分析效率，甚至导致不正确的数据分析结果，以及敏感信息泄露等安全问题。

元数据的质量治理和一般数据的质量治理类似，也是从数据质量指标、规则设计、评定方法、监控告警几个方面展开的，最终评定结果通过仪表盘或者质量报告的形式给出。数据质量前面已经详细讲述过了，这里不再重复描述。元数据的数据质量指标及其示例如表9-1所示。

表9-1　元数据的数据质量指标及其示例

指标维度	指　　标	统计方法及描述
完整性	描述信息缺失率	无描述的字段/所有字段总数
完整性	Owner缺失率	无Owner的表/所有的表数
及时性	T+1未更新的表数	统计T+1更新失败的表数并告警
准确性	某表定义的字段描述和实际业务不符	业务描述的更新都要重新组织评审
安全性	是否定义了数据安全分级并应用到了具体的表和字段上	定期审核、评审是否有安全等级的字段缺失和补充

4. 元数据管理分层

元数据管理分层是元数据管理的核心，包括元数据采集、存储、管理和应用4个层级。

- 元数据采集层：元数据采集层负责从各种来源收集元数据。元数据来源包括数据库、应用程序、文件和其他数据存储。
- 元数据存储层：元数据存储层负责存储元数据。元数据存储一般是集中式存储并管理的。
- 元数据管理层：元数据管理层负责提供主题管理、业务术语管理、元数据标签管理等功能来管理元数据。
- 元数据应用层：元数据应用层负责将元数据应用于多种场景。应用实例包括构建数据地图、执行数据血缘分析，以及进行数据热点分析等。

9.1.5　参与角色

企业组织在元数据管理的过程中需要识别出有哪些角色参与其中，以及角色对应的职责是什么。划分角色和职责要根据每个角色对应的技能和经验要求、每个角色需要投入的工作量，以及企业的组织架构来综合考虑。一般情况下，参与角色及其职责如表9-2所示。

表9-2　参与角色及其职责

角　色　名　称	一般工作内容	元数据管理职责
数据专员/Data Stewards	数据质量管理； 元素数据管理； 数据合规性、隐私保护、安全性管理	定义元数据标准和规范； 制定元数据的治理策略； 确保元数据的准确性和完整性； 促进元数据的共享和使用
产品经理/Product Manager	负责定义和管理与数据相关的产品需求； 了解用户需求和市场趋势，制订产品开发计划； 管理产品开发过程，确保产品满足用户需求和市场竞争力	利用元数据信息，作为数据产品设计的重要输入和沟通工具； 识别逻辑模型合理性问题，评估改进可能性和优先级
数据分析师/Data Analyst	运用统计学、机器学习等技术分析数据，发现数据趋势和模式； 利用数据分析结果支持业务决策	利用元数据信息找到需要的数据进行数据分析； 识别数据质量问题，和Data Stewards合作，提升数据质量

角色名称	一般工作内容	元数据管理职责
开发工程师/Developer	负责设计、开发和维护与数据相关的软件系统； 实现数据采集、存储、处理、分析和可视化等功能； 确保系统的性能、可靠性和安全性	开发和维护元数据管理平台； 实现元数据管理功能； 确保平台的性能、安全性、可靠性
数据架构/Data Architect	设计和构建数据架构，确保数据的可访问性、可扩展性和可管理性； 选择合适的数据技术和工具，满足业务需求； 参与数据治理和标准制定工作	设计和构建元数据管理平台的架构； 定义数据模型； 选择技术工具； 确保平台的可扩展性和灵活性
技术委员会/Technical committee	负责技术方向、技术研究、变更请求的审核，功能实施的完整性、准确性审核等	评审并制定元数据管理平台的技术标准和规范，评估新技术和改进建议

9.2　元数据管理

本节将从业务人员的视角阐述元数据管理的主要过程。

9.2.1　元数据模型的组织关系

元数据是通过原始数据源自动或者手动进行信息采集的，如表结构、字段信息、分区等技术元数据信息。根据不同的数据源，采集到的元数据的结构和内容都不一样，如何进行有效的组织管理呢？每个团队需要看到的元数据可能不太一样，如何管理元数据的可见性呢？

一般业务上会定义业务域、业务产品、元数据类型等逻辑概念来组织划分。企业组织由多个业务域组成，如人力资源、财务、采购、产品设计、IT等，这些业务域又包含了各种类型的数据资产。不同的数据资产内部组织形式可能不同，例如，数据库内部由表和字段组成，BI工具内部由报表和报表包含的图表组成。

当元数据管理过程中的角色定义出来后，可以将数据资产各个层级的读写权限按需关联到角色上。例如，可以直接将某个业务域的读权限授予给一个团队，这个团队的每个成员将可以查询业务域下的所有数据资产详情。也可以将业务域下的某个数据库的读写权限开放给某个特定的用户，该用户可以对这个数据库的元数据字段进行编辑。

图9-11展示了数据资产逻辑对象之间的层级关系和元数据角色的设计。

1. 数据资产的分类管理

每类数据资产都会有很多逻辑实体，如数据库中含有很多表，每张表就是独立的逻辑实体；BI工具中有很多报表（Dashboard），每个报表也是独立的逻辑实体。技术、业务、操作元数据就是对这些逻辑实体进行描述。

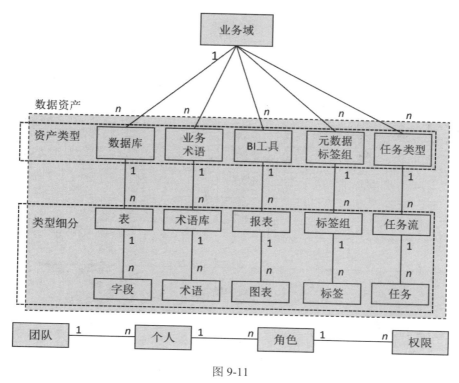

图 9-11

企业会有多个业务域，每个业务域是数据资产分类的逻辑对象，它可以包含多个数据资产。一个业务域可以包含多个子域，子域是数据资产细分的逻辑对象，可以将业务域内的数据资产划分到子域。

2. 用户的权限设计

一个企业组织由多个团队、多名员工组成，团队是员工的逻辑分类，每位员工可以有多个角色，每个角色有其对应的权限。由权限管理来控制团队或者个人对数据资产的可见性、可操作性。

一般来说，元数据的数据等级是内部公开的，企业内部的员工都应该具有可见性。拥有域权限的员工可以拥有域下面资产的更新、关联等操作管理权限。

3. Owner 关系

从数据治理的角度来说，数据资产分解到团队或者个人来履行质量责任制，即团队或者用户可以成为元数据对象的Owner。这里需要稍加说明，在元数据管理系统中，Owner是一个业务属性，目的是展示元数据对象的责任制关系，和权限没有直接关系。

图9-12展示经过分类管理的元数据列表页的初步样式，一张列表已经能展示总体资产个数，以及各个部门、各种类型的数据资产元数据。表中显示"未知"字段的元数据对象，表示通过技术手段收集到了基本信息，但是业务上还没有对其进行分类管理操作。

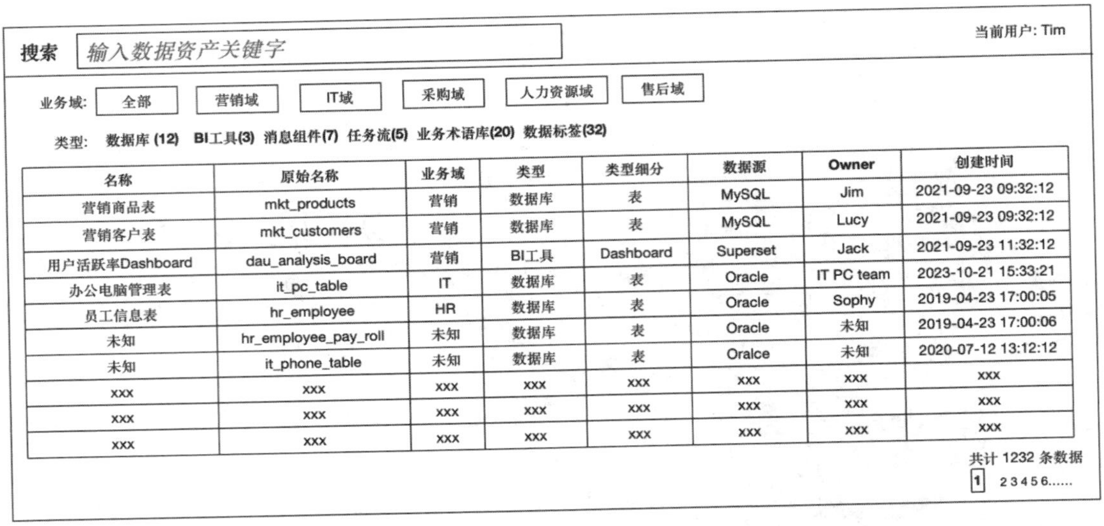

搜索	输入数据资产关键字					当前用户: Tim	

业务域: 全部   营销域   IT域   采购域   人力资源域   售后域

类型: 数据库 (12)   BI工具(3)   消息组件(7)   任务流(5)   业务术语库(20)   数据标签(32)

名称	原始名称	业务域	类型	类型细分	数据源	Owner	创建时间
营销商品表	mkt_products	营销	数据库	表	MySQL	Jim	2021-09-23 09:32:12
营销客户表	mkt_customers	营销	数据库	表	MySQL	Lucy	2021-09-23 09:32:12
用户活跃率Dashboard	dau_analysis_board	营销	BI工具	Dashboard	Superset	Jack	2021-09-23 11:32:12
办公电脑管理表	it_pc_table	IT	数据库	表	Oracle	IT PC team	2023-10-21 15:33:21
员工信息表	hr_employee	HR	数据库	表	Oracle	Sophy	2019-04-23 17:00:05
未知	hr_employee_pay_roll	未知	数据库	表	Oracle	未知	2019-04-23 17:00:06
未知	it_phone_table	未知	数据库	表	Oralce	未知	2020-07-12 13:12:12
xxx	xxx	xxx	xxx	xxx	xxx	xxx	xxx
xxx	xxx	xxx	xxx	xxx	xxx	xxx	xxx
xxx	xxx	xxx	xxx	xxx	xxx	xxx	xxx

共计 1232 条数据

1 23456……

图 9-12

9.2.2 元数据的采集

元数据的采集是从生产业务系统、数据库、中转系统等，以增量或者全量的方式抽取元数据的过程，分为手工模式和自动模式。对于大部分技术元数据和操作元数据可以自动化采集，而业务元数据往往需要手工填入，并手动和技术元数据进行关联。例如，数据敏感度标签新建完成，需要手动关联到表或者字段上。在系统设计的时候，即使推荐的是能自动化采集的元数据，也要留有手工录入或修正的入口。

元数据的采集涉及数据源对接和数据源管理两个方面。

1. 数据源对接

数据源提供方和元数据管理通常是两个独立的团队，在适配数据源时，双方要协商好数据传输模式。数据源适配设计要考虑以下问题。

- 网络联通性：抽取的数据源网络是否能联通？如果不能联通，可能只能手工抽取；如果能联通，则要确定联通的方式和周期。另外，还要考虑抽取链路是否设置防火墙等。
- 数据密钥：要检查数据源配置是否包含密钥（例如，在通过 JDBC 抽取元数据时）。此外，数据传输过程中是否使用了密钥（如通过接口传输）。还需了解密钥的生命周期，以及密钥更换的具体流程和方法。
- 数据格式：元数据格式，如 JSON、XML、电子表格等。
- 抽取范围：全量抽取还是增量抽取。
- 兼容性：考虑元数据的来源是否已经存在，如果存在，如何兼容；源头系统下线，需要同步删除本地管理的数据源信息。

常见的元数据采集方式和同步周期建议如表9-3所示。

表 9-3　　常见的元数据采集方式和同步周期建议

元数据类型	抽 取 方 式	同 步 周 期
数据库、表、字段结构	自动	T+1
系统API接口信息	自动	T+1
数据血缘	自动	实时或T+1
ETL任务	自动	T+1
仪表板	自动	T+1
数据字典	手动	按需
数据主题	手动	按需
业务术语	手动	按需
质量规则	手动	按需
数据标签	手动	按需

2. 数据源管理

从采集数据源对象的角度来看，元数据可以分为系统采集和人工采集。当数据源较多，尤其是数据源类型、数据源业务团队、同步方式、同步周期等信息不尽相同的情况下，负责元数据采集的团队可以采用统一管理数据源的配置信息的方式，这样做的好处是当发生元数据同步失败、数据源密钥过期、系统迁移等状况，能快速找到数据源信息。一种数据源配置管理模板建议如图9-13所示。

数据源名称	部门	元数据类型	获取方式	同步周期	数据源负责人1	数据源负责人2	接入时间	秘钥存储位置	秘钥名称	数据源是否可用	备注
员工信息管理系统	人力资源部	库表	手动	每月3号	王丽	陈明	02/01/2021	Azure Key Vault	hr-sys-emp-key	是	
设备管理系统	IT	库表	自动	T+1	Andy Pan	-	02/03/2022	Azure Key Vault	it-sys-device-key	是	系统位于公司内网，手工录入
产品中心API接口	中台产品中心	API信息	自动	T+1	Jim Qian	-	02/03/2022	Azure Key Vault	product-center-api-key	是	
ERP	IT	ETL任务	自动	实时	Candy Chang	-	03/02/2022	Azure Key Vault	erp-kafka-key	是	
数据仓库	数据团队	库表	自动	T+1	Bob Zeng	-	08/01/2021	Azure Key Vault	dw-jdbc-key	是	

图 9-13

上述模板存储了数据源配置的基本信息，并未包含具体的密钥信息（仅用密钥名称来关联密钥信息）。对于密钥信息本身的存储，则放置到统一的密钥存储中间件或专有的数据库（如 Azure Key Vault、AWS Secrets Manager）中。因此，这种模式将数据源的基本信息和密钥信息进行了分离，负责元数据采集的团队只需要定期审核模板信息，并在有必要的时候更换密钥即可。

9.2.3　业务域设计

业务域是企业按照管理和组织对数据进行的逻辑分类。一个业务域又包含若干业务子域。业务域到业务子域之间可以还有业务子域，但是实际不推荐多层模式。

设定业务域的主要目的有两个：

- 它帮助业务人员更有效地对数据资产进行逻辑分类。
- 它使数据分析人员能够迅速界定工作的范畴。

业务域是业务人员频繁使用的一类元数据，尤其在进行数据筛选时，它显著提升了检索效率。可以想象，在面对成千上万的数据资产列表时，用户一旦点击某个业务域名称，页面立刻只展示几十个相关数据项，这将极大增强用户体验并提高数据检索的效率。同样，数据分析人员在分析市场营销客户数据时，通过限定在市场营销客户域内进行选择，可以避免无关数据的干扰。

业务域、业务子域和数据资产的关系如图9-14所示。

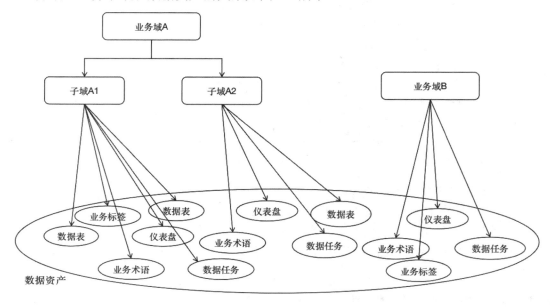

图 9-14

1. 业务域的划分

业务域的划分需要遵循集中管理、稳定优先、以用促建的原则。

- 集中管理：指业务域反映了企业数据高维度的数据管理方式，虽然数据量很小，但是涉及数据管理，必须统一口径、统一申请、统一发布。
- 稳定优先：指业务域要尽量稳定，一旦主题域投入使用，不建议经常更新。
- 以用促建：指划分业务域不是一次性的工作，不可能一次把企业所有的业务域全部梳理清楚。可以逐步迭代划分，优先把比较清晰的、重要的主题域划分出来，先行投入使用。

1）按照部门划分

企业的组织形式已经按照业务划分过了，按照部门划分主题是比较直接的一种方式。大部门可以用一个业务域来表示，一个业务域下的团队范围或者产品可以用子域来表示，如图9-15所示。

2）按照行业标准划分

现实中某些行业已经存在特定的标准了，比如汽车、金融行业。汽车行业除了划分出人力、销售、采购等传统主题域外，车端电子电器设计部门可以按照行业设计趋势进行域的划分，各个厂家大同小异。例如，图9-16展示的是汽车电子电器架构常见的5个域的划分，即智能座舱域、自动驾驶域、动力域、车身域和底盘域。

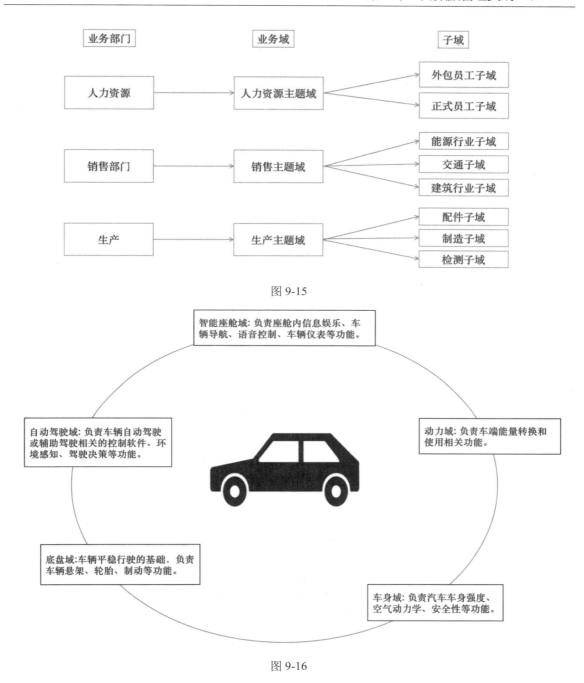

图 9-15

图 9-16

3）按照业务系统划分

　　按照业务系统划分主题域也是比较常见的方式。这样划分的好处有：业务系统往往由数据库、应用组件、服务网关、仪表盘等多个部分组成，它们的产生和消亡都跟随业务系统的发展而变化。按照业务系统划分出来的主题域当然可以继承这个特性。一般业务系统边界比较清晰，不会出现主题重叠和遗漏的区域，如图9-17所示。

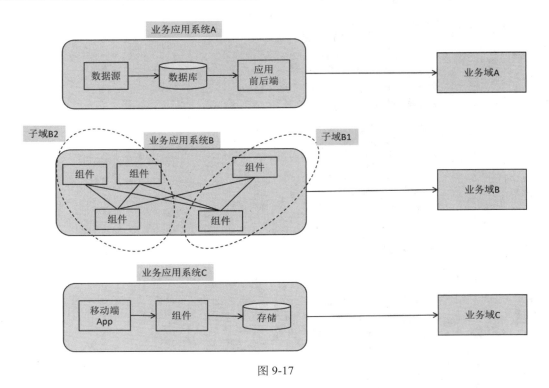

图 9-17

在实践中，还有其他的划分方法，如根据业务过程、系统功能等划分主题的方案，但不是很推荐这些方案，因为这往往需要业务人员深入到业务流程中，花费一定的时间精力来了解清楚业务现状，及时更新变化信息，才能清晰定义边界。如果不能划分清楚或者及时更新维护，就会导致主题域流于形式，甚至起到误导作用。

2. 主题域命名规范

一个主题域命名规范的信息模板如图9-18所示。

主题域	主题域及code	主题	主题及code	描述
客户域	Customer(cust)	个人客户	Individual(Ind)	个人客户，包含身份证号码，电话号码等信息
		企业客户	Company(comp)	公司客户，有营业执照，注册资本等信息
		政府客户	Government(gov)	政府客户，政府的机关单位
产品域	Product(prd)	商品搜索	Search(search)	商品搜索功能包含的信息
		商品详情	Detail(detail)	商品展示功能用于向用户展示商品名称，价格，图片等信息
		商品库存	Stock(sto)	展示商品的库存信息
		商品评价	Remark(rmk)	商品评价功能用于用户对商品的使用体验进行评价

图 9-18

注意，在此上下文中，主题域的代码（code）和主题的代码都必须是唯一的，不能重复。这些代码可以用作数据仓库表的命名依据。例如，数据仓库中每日同步的个人客户明细服务层表可以命名为 dws_cust_ind_d，dws代表数据仓分层为数据详情服务层，cust是customer客户主题域的缩写，ind 是individual个人客户主题，_d是每日同步的标识。

命名规范设计参考如下，读者可根据实际情况进行更改。

- 主题域 code：由英文字母、数字组成，长度控制在 20 个字符，全局唯一。
- 主题 code：由英文字母、数字组成，长度控制在 20 个字符，主题域下唯一。

9.2.4　业务术语设计

业务术语是数字化企业构建数据标准化能力的基础，是企业数据治理的关键组件和重要数据资产，它能直接帮助企业内部统一业务口径，提高沟通效率。作为一种业务元数据，业务术语库类似于一个"字典"，是业务术语的集合，这些业务术语唯一定义了数据的业务语义。好的业务术语库甚至能反映术语和术语之间、术语和数据资产之间的关联关系。

如果没有业务术语，就好像没有一个权威机构来说明每个业务词汇的意义，比如同样是"页面访问"，有的人理解为在页面上单击任意按钮就算访问，有的人则认为只要页面加载出来了就算访问。这样就可能导致最终计算出来的"访问总次数"是不一致的。再如，销售人员认为"客户（Customer）"这个业务词语是指他拜访的每个个人，而财务人员认为根据合同开票过来的是一家公司才算作"客户（Customer）"。业务口径不统一就可能导致在数据沟通过程中造成误解，以及数据分析的范围不正确，最终可能导致决策错误等问题。

1. 业务术语挑战

构建企业级的业务术语管理体系是一件需要长期投入，并且很有"挑战"的事情，具体说明如下：

（1）统一业务术语构建必要性的认识，指派专门的团队领衔实施。因为数据术语库是服务整个企业组织的，仅靠数据团队、技术团队的设计和实施，无论是在知识储备上，还是实施推广力上都是远远不够的。只有统一项目必要性的认识，由每个业务域负责人和数据专员共同维护并推广才有可能完成业务术语管理体系的构建。

（2）技术挑战。业务术语是一个需要反复沟通、修订、迭代的过程，需要找到合适的技术工具承载这个过程。比如，如果使用简单的电子表格，形式上看上去可以，但是真正实践过程中，可能会涉及各种各样的流程、沟通、人员入职离职等问题，导致表格难以维护。

（3）表述能力，统一口径。业务术语的根本目的是表述清楚业务的含义，让每个人都参与进来定义似乎不太合适。很多业务术语似乎只存在于职员的脑袋里，要用文字清晰表达出来不是一件容易的事情。业务术语的文字化需要有专门的流程和团队来保证实施质量。

2. 业务术语结构

企业内部各个部门都应该有一个或者多个自己所在业务域的数据专员（Data Steward）来维护业务术语库。他们需要将术语库关联到业务域上，并应用于业务域内的各项数据资产，如图9-19所示。

业务术语的设计和管理围绕3个关键特性：唯一性、业务信息和业务属性。

- 使用业务术语的出发点就是消除业务语义的歧义和多重定义，这就要求术语在一个业务数据库中是唯一的，不能重复定义。
- 业务术语需要提供对字段、对象在业务层面的解释，这些解释信息是有数据结构的，另外，术语本身可能是迭代发布的，需要及时进行管理。
- 业务术语具有特定的业务属性，业务属性通常由业务团队负责管理，可以记录术语的使用情况，并评估其使用效果，以确保术语的准确性和实用性。

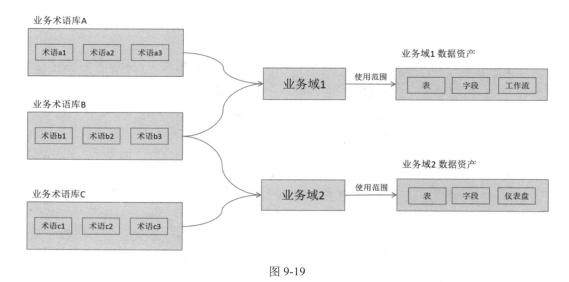

图 9-19

业务术语的结构分为基本属性和扩展属性两部分，设计如表9-4所示。

表9-4　业务术语的结构

类　型	属性名称	含　义
基本属性	中英文名称	术语名称，如"营销客户""过去一个月用户统计"，名称一般在术语库中是唯一的
	含义	术语的定义和描述，例如"客户"的描述定义为在线上网店或者线下门店加入购物车、有购买经历的、留有有效电话或者邮件的个人或者组织
	Owner	定义术语的归属
	维护人	一般由业务域的数据专员统一维护
	状态	作为一种元数据对象，可以有"初始""录入""发布""下线"等状态管理
	同义词	为避免混淆，如果名称不同，但是表达的含义是一致的，可以通过同义词关联
	缩写	表示术语的缩写，比如"人民币"→RMB
基本属性	更新时间	显示最近一次的更新时间
	来源	描述术语添加的来源和背景信息，也可以是参考资料的链接信息
扩展属性	使用说明	提供使用说明，包括场景说明、范围说明、对象说明等
	计算方法	附加说明计算方法，比如上月用户月活率是上月有过活动的用户数除以总用户数
	示例	补充一些使用示例，进一步说明术语的使用

3. 业务术语发布管理

为了克服上述业务术语实践过程中的挑战，可以将业务术语的发布管理流程化。每个企业组织的人员管理和职责不尽相同，这里提供一个"设计→上线→审核→发布"的实践流程供读者参考，如图9-20所示。

其流程描述如下：

（1）业务部门负责发起业务术语的定义设计，并和数据专员一起，在合适的时间初始化业务术语到系统。在这个阶段，业务术语的基本数据都要准备完整，包括名称、定义、业务领域、负责人、描述信息等。

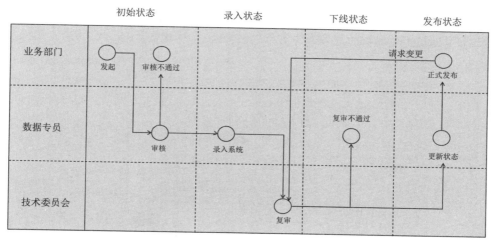

图 9-20

（2）数据专员在技术委员会评审例会上请求对新增业务术语的复审。如果复审通过，数据专员要在系统中补充复审评议的结果，并正式调整状态为已发布状态。

（3）在使用过程中，随着业务的调整或者更替，也可以向技术委员会申请重新编辑业务术语，或者直接下线业务术语。

4. 业务术语管理示例

企业每个业务部门应该有一套或者多套业务术语库，并且可以开放给其他业务部门参考和使用。

业务术语的创建和管理权限应当严格限定，仅授予系统管理员或业务域指定的数据专员。业务专员负责将业务术语维护到系统中，并在发布后，用户可以通过业务术语管理的专门页面查看业务术语的详细信息，如图9-21所示。

| 搜索 | 输入数据资产关键字 | | | | | 当前用户: Tim |

业务术语管理

业务术语库

营销术语库

企业IT术语库

人力资源术语库

售后服务术语库

工程设计术语库

采购供应术语库

关联业务域：营销域、售后域

术语名称	英文名称	含义	Owner	状态	更新时间
商品价格	Product Pricing	产品或服务的折扣前的销售价格，由生产成本、目标市场、时间因素综合制定，由企业销售部统一步发布	王雪	已发布	2023-03-12 12:32:46
销售渠道	Sales Channel	公司B2C产品的销售渠道，目前的销售渠道有线上网店、线下门店、微信商城3个销售渠道	Bruce	已发布	2023-03-12 12:32:46
上月用户访问网店量统计	Last Month Web User Visists	统计上月用户访问门店的访问量，单用户单日访问同一个页面只算一次访问量	Bruce	已发布	2023-03-12 12:32:46
上3个月用户访问网店量统计	Last 3 Months Web User Visists	统计上3个月用户访问门店的访问量，单用户单日访问同一个页面只算一次访问量	Bruce	已发布	2023-03-12 12:32:46
门店单月销售额	1 Month Actual Sales Amount	单门店单月所有销售渠道交易单的金额总和	Bruce	已发布	2023-03-12 12:32:46

图 9-21

在元数据的详情页面，可以将业务术语和元数据模型进行关联，如图9-22所示，从而将业务术语关联到Dashboard看板的元数据上。

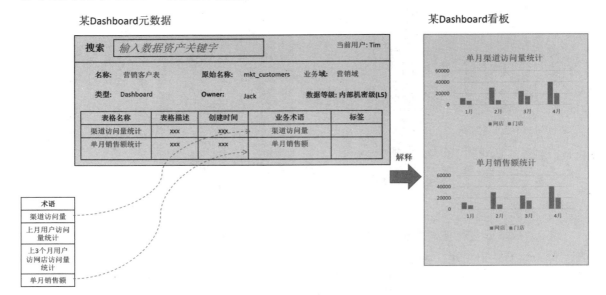

图 9-22

9.2.5 元数据标签设计

元数据标签和其他产品、业务场景中使用的"标签"别无二致，主要用来补充元数据特性的信息，更方便理解元数据。另外，通过标签可以"圈选"数据资产，起到快速搜索的目的，如图9-23所示。

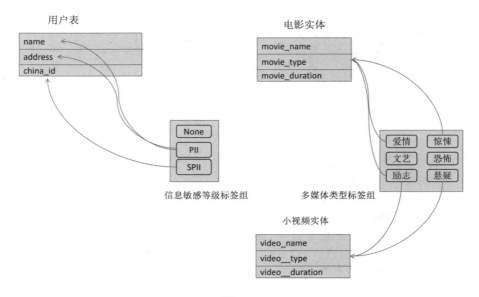

图 9-23

　　一个元数据标签组包含多个元数据标签，按类型分为系统标签组和通用标签组，其定义和区别如表9-5所示。

表 9-5　系统标签组和通用标签组的定义和区别

对　比　项	系统标签	通用标签
来源	平台管理员应根据公司制定的统一标准，将相关数据初始化到系统中，或者通过公司统一的公示渠道向全体员工发布使用。例如公司数据的分级制度、公司敏感信息的分类标准等关键信息	由各个业务域的业务人员、数据专员、技术人员等按需管理，遵从团队内部标签管理方式。不同业务域人员无法使用本业务域的标签，但是标签是可见的
管理方式	集中管理	业务或者产品团队管理
结构	由多个标签组成，标签由标签名+描述组成	由多个标签组成，标签由标签名+描述组成
互斥性	一般互斥，比如数据是保密级别，就不能是公开级别	同一组标签可以选择互斥或者不互斥
作用范围	表，字段	字段
作用逻辑	往往伴随一些特定逻辑，比如一旦为一条链路的某个字段打上高安全等级的标签，整个链路的数据资产安全等级都要保持一致	一般无特定逻辑

1. 元数据标签管理

　　标签的结构比较简单，就标签组和标签的命名来说，可以统一制定命名规范。例如，20个字符以内，由英文和数字组成，多个英文单词采用驼峰形式，也可以采用全大写英文缩写。

　　如果描述内容是长文本，应该尽可能清晰描述设立标签的背景、目的、用途等，方便在后续管理时进行查阅。

　　系统标签应遵循企业标准来制定，并且由系统管理员负责统一进行增加、删除和修改操作。而通用标签则开放给各个业务领域和产品团队使用。若缺乏有效管理，系统可能会随着时间积累大量的无效标签。

　　因此，通用标签的设计应包括管理使用追踪功能，特别是要能够实时显示标签的使用情况，即有多少个数据资产与特定标签相关联。对于那些长时间使用量为零的标签或标签组，应当实施删除策略，以维护系统标签的准确性和有效性。

2. 数据分级

　　不同国家和地区，以及不同行业，都可能制定了各自的数据分级标准。例如，美国有《数据安全标准》，欧盟则有《通用数据保护条例》等。一般而言，企业也可以根据实际情况，对所有数据实施分级管理。可以采用如Tier这样的标签组名称，参照开源项目OpenMetadata，它提供了一个五级分类的示例，如表9-6所示。这种分类方法有助于企业更有效地管理和保护其数据资产。

表 9-6　标签组名称 Tier 五级分类示例

标　签　名	数据层次	描　　述
Tier1	企业组织业务数据资产的关键来源（数据真相）	◆ 在关键指标和仪表板中使用，以驱动业务和产品决策 ◆ 用于向监管机构、政府机构和第三方提交重要的合规报告 ◆ 用于影响在线用户体验的品牌或收入（搜索结果、广告、促销和实验） ◆ 其他影响较高的数据应用，如ML模型和欺诈检测 ◆ 用于派生其他关键Tier1数据集的源
Tier2	公司的重要业务数据集（不像第1层那么重要）	◆ 用于重要的业务指标、产品指标和仪表板，以驱动内部决策 ◆ 用于向主要监管机构、政府机构和第三方提交重要的合规报告 ◆ 用于不太关键的在线用户体验（用户活动，用户行为） ◆ 用于派生其他关键Tier2数据集的源
Tier3	部门/集团级别的数据集，通常是非业务和一般内部系统	◆ 用于产品度量和仪表板，以驱动产品决策 ◆ 用于跟踪内部系统的操作指标 ◆ 用于派生其他关键的第3层数据集
Tier4	团队级别的数据集，通常是非业务和一般内部系统	◆ 用于产品度量和仪表板，以驱动团队决策 ◆ 用于跟踪团队拥有的内部系统的操作指标 ◆ 用于派生其他关键的第4层数据集
Tier5	私有/未使用的数据资产，除了个人用户之外没有影响	◆ 过去60天内没有使用过的无所有权的数据资产 ◆ 没有团队所有权的个人拥有的数据资产

9.2.6　数据 Owner

数据Owner（所有者）是企业数据治理的一个角色，它来源于企业数据治理的设定。数据Owner从数据资产产生的业务部门来，负责这块业务数据整体的管理、质量、服务和发展。它和前文提到的数据专员、产品经理、开发工程师等不是一种角色概念。在元数据管理中，数据Owner可以理解为核心数据资产的一个逻辑字段，比如一张业务表，可以关联它的Owner是谁。

因此，在元数据管理设计中，主要考虑以下内容：

（1）除了管理员拥有所有的权限外，建议只有主题域的数据专员可以更改自身主题域数据资产的数据Owner权限。

（2）数据Owner可以是个人，也可以是团队。

（3）数据Owner是非常重要的属性，一般展示在数据资产详情页，如图9-24所示。

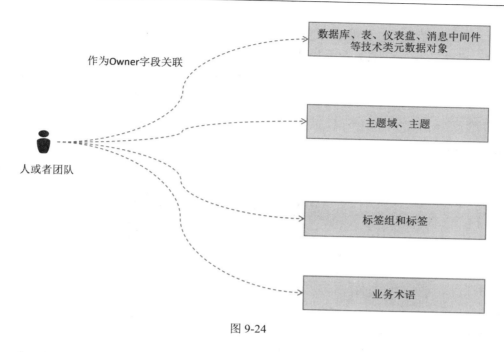

图 9-24

9.2.7　数据生命周期

数据库的数据从产生到销毁会经历若干阶段，数据的价值和使用频率会随时间衰减，即近期的数据比拥有久远历史的数据要有价值。一种参考的设计是,将数据的使用频率划分为热、温、冷三个阶段，如图9-25所示。

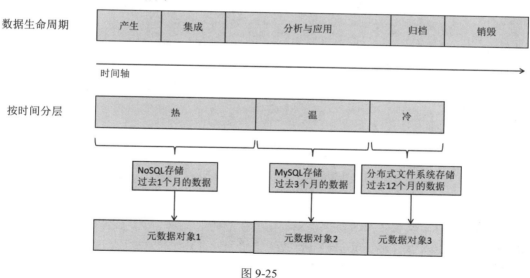

图 9-25

三种不同阶段的存储介质不同，数据保留的时长不同，采集出来的技术元数据对象自然不同。在元数据信息展示中，有必要将数据的生命周期信息展现出来，方便元数据消费者在业务满足度和性能上做出判断。

数据生命周期展示设计中，主要考虑以下内容：

（1）统一展示格式，如展示信息30天、1个月、半年、1年等。

（2）和数据Owner一样，生命周期一般展示在数据资产详情页。

（3）由于资产类型不同，数据生命周期和温度划分主要是面向数据库表管理的，比如某MySQL数据表可以直接显示"保存过去3个月的数据"，而Dashboard仪表盘没有这种属性，就可以不显示。

9.2.8　元数据注册和发布

本小节将讲解元数据注册和发布流程。元数据注册和发布通用流程模板如图9-26所示。

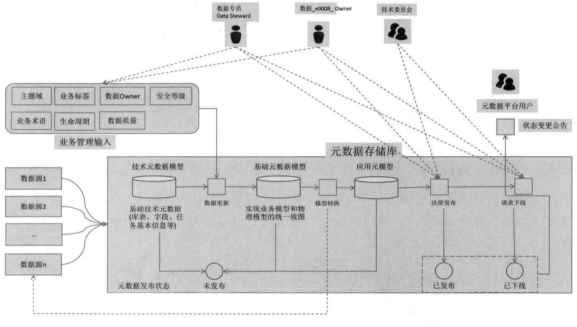

图 9-26

1. 形成基础元模型

首先，需要确定所有要纳入发布流程的数据Owner是谁。整体的注册发布流程建议由数据Owner端到端跟踪和组织。

元数据平台的操作和维护一般由数据专员负责（有的时候数据Owner可能和数据专员是同一个人），需要根据《元数据使用标准》，在系统中补充元数据的必要信息，如数据Owner、主题域、字段描述、数据安全等级等信息。这里在职能上说明一下，数据Owner通常需要对业务和数据资产有深入的了解，以便制定有效的策略和标准。数据专员通常需要具备数据管理方面的专业知识，以便有效地实施这些策略和标准。

通过结合原始的技术元模型和业务输入，我们得以构建出基础元数据模型。

2. 注册元数据模型

大多数情况下，基础元数据模型和最终业务使用的应用元数据模型是一对一的关系，这样基础元数据模型可以不需要转换，直接注册发布，如图9-27所示。

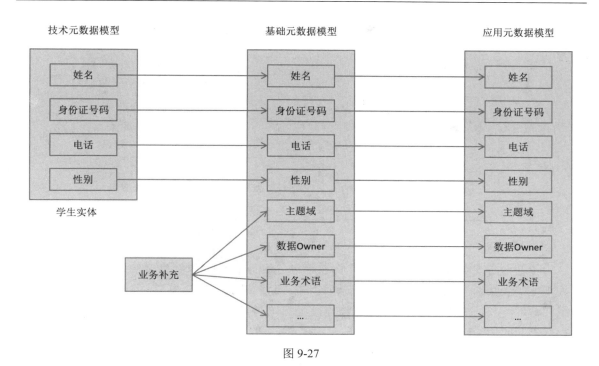

图 9-27

这里需要注意，数据源物理层的修改都会通过元数据采集链路，重新汇聚到元数据管理平台，这其中包括如图9-28所示的场景。

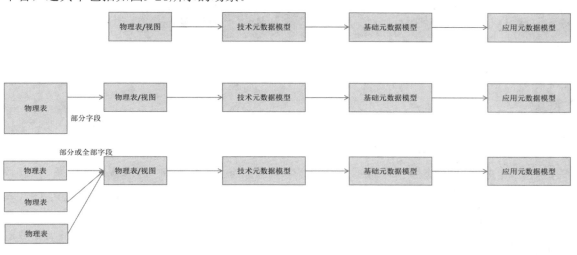

图 9-28

然而，在实际生产环境中，即使在技术元模型的基础上进行了基本补充以形成基础元模型，有时仍无法满足元数据模型的业务使用需求。这通常是由于半结构化数据的特性所导致的。以下面的示例为例，半结构化的JSON数据在转换为基础元数据模型之后，业务人员可能发现无法使用，因为他们不清楚JSON字段具体包含哪些内容，以及每个字段的具体定义是什么，如图9-29所示。

设备Id	电池数据	温湿度数据	数据时间

device001	{
	"vol": 223.5,
	"current": 12,
	"soc": 62.1
	}
		{
		"temp": 32.1,
		"wet": 23
		}
			02/01/2023 18:00

device002	{
	"vol": 223.5,
	"current": 11.2,
	"soc": 62.2
	}
		{
		"temp": 28.1,
		"wet": 23
		}
			03/01/2023 18:02

device003	{
	"vol": 223.5,
	"current": 12,
	"soc": 62.3
	}
		{
		"temp": 32.1,
		"wet": 26
		}
			04/01/2023 18:03

图 9-29

为了使业务能够理解和使用，需要将原始包含JSON的物理表结构转换为视图，或重新存储为规范的表结构。这样创建的新视图或表将生成新的基础元数据模型，并进一步映射到业务领域能够理解和使用的应用程序元数据模型。通过这种方式，可以从原始技术元数据演变出多个针对不同应用需求的元数据解决方案，实现一对多的数据模型支持，如图9-30所示。

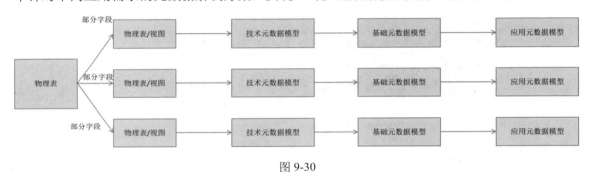

图 9-30

3. 实施发布

一旦元数据的状态从"未发布"变更为"发布状态"，应建立相应的通知机制，以确保关键利益相关者得到及时通知。需要为不同的受众群体定制发布机制，选择最合适的发布渠道，如门户网站、API接口、定期报告或电子邮件等。此外，建立一个反馈机制也是非常重要的，这有助于收集受众对元数据的反馈意见，从而不断优化和改进元数据管理的流程和效果。

9.2.9 核心功能介绍

1. 数据地图

数据发现是元数据管理应用层的一个重要功能，它可以提供组织内所有数据资产的统一视图，并提供强大的搜索功能，可以根据关键字（表、字段、标签、主题、业务术语等）进行模型搜索，快速过滤出用户关注的元数据。数据地图通常以图形化的方式展示数据资产之间的关系，帮助用户快速了解和发现数据资产。

数据发现的核心功能如下。

- 数据资产的发现和管理：数据地图可以帮助用户发现组织内所有的数据资产，并提供有关数据资产的详细信息，例如数据类型、数据来源、数据存储位置等。
- 数据资产的理解和分析：数据地图可以帮助用户理解数据资产之间的关系，分析数据资产的价值和风险。
- 数据资产的共享和协作：数据地图可以帮助用户共享数据资产，促进团队之间的协作。

数据目录的主要目标是迅速展示关键信息，包括人员与数据资产的关联、资产的当前状态以及资产间的相互关系。为实现这一目标，可以采用以下设计策略。

- 标签式信息展示：以标签形式简洁地展示资产的简要信息，便于用户快速把握。
- 关联度排序：对搜索结果进行智能排序，优先展示与搜索条件关联度最高的资产。
- 交互式信息展示：当用户将鼠标悬停在某个资产上时，能够展示该资产的描述性信息。

这些功能均应在数据目录的基础上实现，以增强用户体验并提高数据检索的效率。数据目录通常类似"搜索引擎"，如图9-31所示。

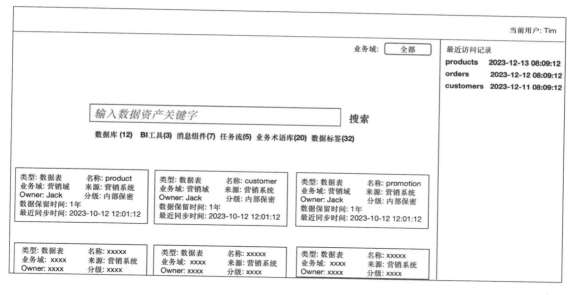

图 9-31

另一种设计方法是采用类似于"门户"风格的编目设计，建议将搜索框置于页面顶部，以满足用户在任何页面上都能快速访问搜索元数据的需求。这种设计可以提高用户查找信息的便捷性，并且加强了数据目录的导航功能，如图9-32所示。

2. 数据血缘

数据血缘通过展示数据的完整上下游链路和处理环节，揭示了表与表之间的依赖关系以及处理环节的资源消耗信息。其具体作用包括：

图 9-32

（1）统一数据上下游的加工处理标准，这有助于业务逻辑的设计、开发，以及对数据问题的快速排查和定位。

（2）将数据表、处理任务信息、任务执行信息以及数据所有者（Owner）相关联，提供一个统一的视图以促进沟通和问题处理，从而提升沟通效率。从上游角度，可以识别变更对下游可能产生的影响，并提前进行沟通和测试；从下游角度，可以追溯数据质量问题和逻辑确认至上游环节，以便找到相应的协助。

（3）随着业务的发展，数据处理链路可能会变得复杂。数据血缘分析视图有助于识别并优化这些链路，从而可能降低资产成本。

图9-33展示了通过数据血缘功能追踪到的某目标表的上游血缘关系，包括上游表和中间计算任务的详细信息。

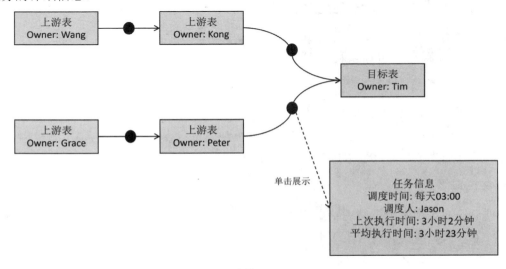

图 9-33

　　数据血缘的采集可以通过实时捕获大数据处理日志并解析SQL语句来获取输入和输出表的信息。此外，还可以通过系统的审计日志，以离线方式异步处理SQL脚本，以发现输入和输出表的信息。数据血缘通常分为两个层级：表级血缘和字段级血缘。表级血缘仅显示表之间的关系，而字段级血缘则进一步展示了字段之间的映射关系，如图9-34和图9-35所示。

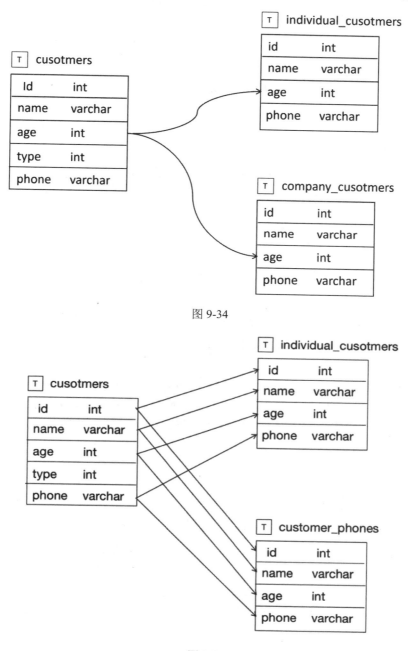

图 9-34

图 9-35

　　一般来说，实现表级血缘关系成本较低，收益较高，字段级血缘关系的技术实现成本较高，可根据实际需要进行取舍。

3. 元数据开放

元数据开放代表了元数据管理中一种"反客为主"的先进功能。平台不仅收集来自不同来源的元数据信息，而且超越了仅提供基础元数据服务的局限。通过开放元数据管理平台的能力，它可以作为主要驱动力，促进其他平台或业务流程的效率提升。

元数据开放一般是通过接口的形式，将元数据的增删改查能力合理开放出去。元数据开放可以带来许多好处，包括：

- 提高数据透明度：元数据开放可以提高数据透明度，让公众了解数据的来源、内容和用途。
- 促进数据共享：元数据开放可以促进数据共享，让不同组织和个人可以更轻松地共享和使用数据。
- 推动数据创新：元数据开放可以推动数据创新，让开发人员可以利用元数据开发新的应用程序和服务。

用户通常可以在平台申请一个令牌（token），令牌的权限和用户的权限相同，也可以单独定制。令牌可以用于调用元数据管理平台API。元数据开放需要注意以下几个方面。

- 数据安全和隐私：确保开放的数据不会泄露敏感信息。
- 数据质量：确保开放的数据是准确、完整和一致的。
- 数据安全：加强数据安全防护，防止数据泄露和滥用。

下面提供一些实践思路：

（1）企业应将各类数据资产的元数据集成至元数据管理平台，确保平台能够实时获取最新信息。此外，可以与邮件系统集成，以便每周自动生成数据资产盘点报表和用户对元数据搜索及使用的详细报告。

（2）如果元数据管理平台已与JIRA或版本发布管理工具集成，可以通过预设版本号、发布时间以及开放的接口信息，利用自动化发布程序定期查询这些信息，并执行自动化发布流程。

（3）安全团队在完成数据安全分类和分级的修改后，可以利用API接口对所有数据资产进行遍历，以实现自动化的分类分级和打标签工作。

4. 数据质量

数据质量是指数据表和字段的可用性，或者说是数据可信赖的程度，它是业务元数据的一个重要组成部分。数据质量的评估和测量通常遵循以下方法：

- 预先制定数据质量评估的标准和规则，例如对表或字段进行完整性、一致性和唯一性检验。
- 为每项规则分配相应的权重，并建立一个得分映射表，所有规则的满分加权总和为100分。
- 通过定时任务运行校验脚本来生成每次检验的统计结果。
- 将各项检验结果根据权重求和，得到一个总分，然后根据这个总分和质量等级映射表来确定数据的质量等级。

数据质量的评估必须依据企业统一的标准进行制定和执行，以避免统计口径不一致导致的质量管理混乱。质量等级作为元数据的一部分，可以通过数据专员手动更新至相应的数据表或字段，或者通过元数据API接口实现自动更新。数据质量的评估示例如图9-36所示。

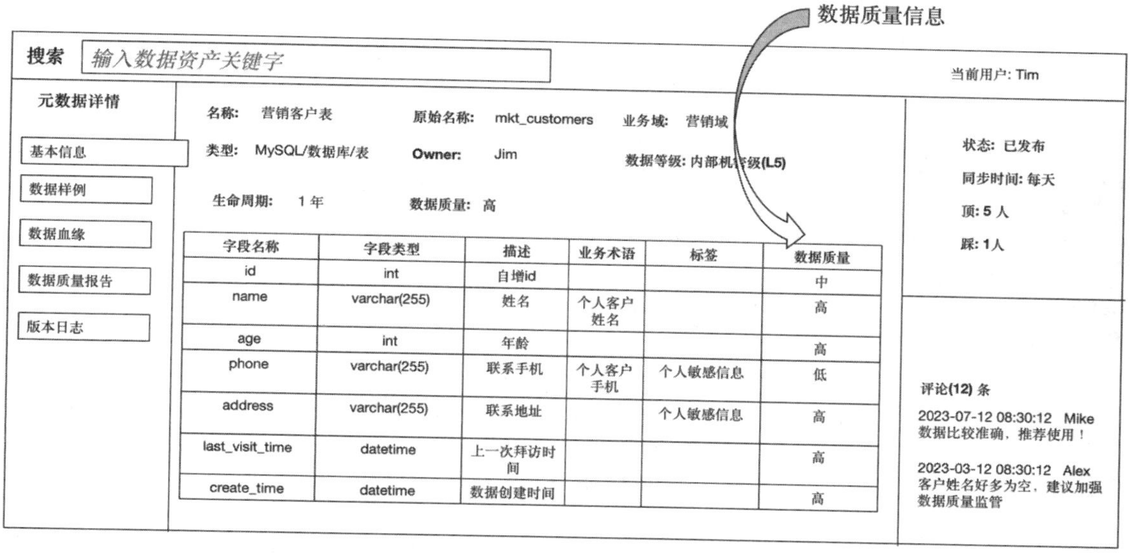

数据质量信息

搜索	输入数据资产关键字					当前用户: Tim

元数据详情	名称: 营销客户表	原始名称: mkt_customers	业务域: 营销域			状态: 已发布
基本信息	类型: MySQL/数据库/表	Owner: Jim	数据等级: 内部机密级(L5)			同步时间: 每天
数据样例	生命周期: 1 年	数据质量: 高				顶: 5 人
数据血缘						踩: 1 人

字段名称	字段类型	描述	业务术语	标签	数据质量
id	int	自增id			中
name	varchar(255)	姓名	个人客户姓名		高
age	int	年龄			高
phone	varchar(255)	联系手机	个人客户手机	个人敏感信息	低
address	varchar(255)	联系地址		个人敏感信息	高
last_visit_time	datetime	上一次拜访时间			高
create_time	datetime	数据创建时间			高

数据质量报告

版本日志

评论(12) 条

2023-07-12 08:30:12 Mike
数据比较准确，推荐使用！

2023-03-12 08:30:12 Alex
客户姓名好多为空，建议加强
数据质量监管

图 9-36

第 10 章

数据建模实践

10.1　什么是数据建模

数据建模是描述和组织数据的方法，是数据库设计和开发的重要基础。它可以帮助我们更好地理解数据，并将其存储在数据库中。高质量的数据模型可以提升团队沟通效率，辅助IT决策，也可以提升软件产品的开发效率和交付质量。

随着数据技术的发展，业务系统主要分为操作型系统和分析型系统。

- 操作型系统主要进行联机事务处理（On-Line Transaction Processing，OLTP）。
- 分析型系统主要进行联机分析处理（On-Line Analytical Processing，OLAP）。

数据模型定义了数据结构和特征，为OLTP和OLAP系统的数据组织和管理提供了依据。数据仓库建模是数据仓库建设体系的关键环节，主要使用关系建模和维度建模技术，包括概念建模、逻辑建模和物理建模等步骤。本章将重点介绍数据仓库建模的相关概念、步骤、方法和工具。

10.1.1　数据模型分类

数据建模的产出就是数据模型，它定义了满足业务需求所需的数据结构和属性，以及数据结构之间的关联关系；数据模型包含数据结构、数据操作和数据约束条件三部分内容。一般来说，按应用层次来划分，数据模型分为三种：

- 概念模型。
- 逻辑模型。
- 物理模型。

这是一个从抽象到具体的过程，即从业务发起到数据落库，如图10-1所示。

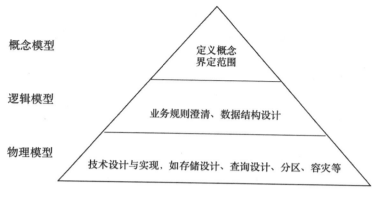

图 10-1

1. 概念模型

概念模型通常由业务利益相关者、数据架构师和业务分析师共同构建。其核心目的在于组织信息、明确界定业务的范围以及定义业务概念。概念数据模型可以被视作一个"白板"模型，它专注于业务需求的表达，而不涉及数据的具体存储实现细节。

这个模型主要关注"什么（What）"，即业务实体以及它们之间的关系，而不是"如何（How）"进行数据的技术实现。通过这种方式，概念模型为后续的逻辑模型和物理模型的开发提供了一个清晰的业务基础和指导。

例如，概念模型（商品－订单－客户）对应三个实体：商品、订单和客户，它们分别包含各自的属性和相互之间的关系，一个客户可以下多个订单，一个订单包含多个商品，如图10-2所示。

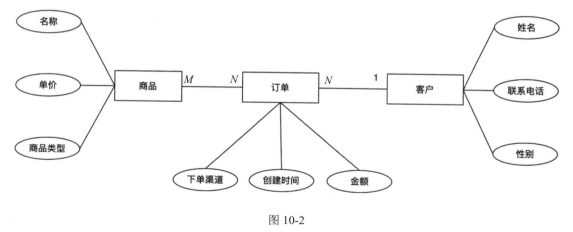

图 10-2

2. 逻辑模型

逻辑模型会通过结构上的设计来进一步细化概念模型。逻辑模型通常由数据架构师和业务分析师创建。其目的是制定包含业务的逻辑实体，这个逻辑实体需体现出每个单独字段/列的类型、大小、长度、数组、嵌套对象，并通过梳理关系体现逻辑实体之间的业务联系。逻辑模型阶段同样不考虑数据存储实现。

逻辑模型是业务人员和技术人员沟通的蓝图,对库表的实施有指导作用。下面根据概念模型(商品-订单-客户)来创建逻辑模型,这里设计出三个主要数据表及对应的字段信息:customer(客户表)、sales_order(订单表)和product(商品表)。这里还考虑到订单和商品是多对多的关系,使用一个关系表order_product_relation(订单-商品关联表)来解决订单和商品之间多对多的关系,如图10-3所示。

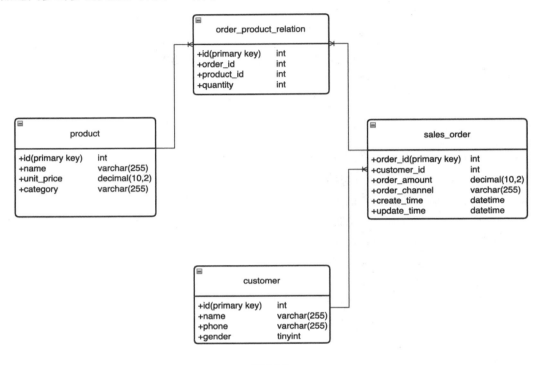

图 10-3

3. 物理模型

物理模型描述了如何在特定的数据库管理系统(Database Management System,DBMS)中实现,需要充分考虑业务场景中的关注点,包括ACID属性需求、连接(Join)操作需求、查询性能需求等。这些模型通常由数据库管理员(Database Administrator,DBA)和开发人员共同创建。

物理模型常用的建模技术如表10-1所示。

表 10-1 物理模型常用的建模技术

建模技术	说 明
表设计	根据逻辑模型,定义数据库中的表结构,包括确定每个表的字段、数据类型、大小、约束等信息。此过程通常考虑到性能、存储需求和查询需求
索引设计	确定需要创建的索引,以提高查询性能。索引设计包括选择哪些列用于索引、索引的类型(如B树索引、哈希索引等)以及是否需要复合索引等
存储过程设计和触发器	定义存储过程(Stored Procedures)和触发器(Triggers),以实现对数据的复杂操作和业务规则的实施。这有助于将处理逻辑从应用程序转移到数据库层面

（续表）

建模技术	说　明
分区和分片	对大型数据库进行分区或分片，以提高查询和维护性能。分区可以基于某个列的范围、哈希值等进行
数据类型和大小优化	根据具体的DBMS优化数据类型的选择和字段大小，以节省存储空间和提高性能
数据压缩	通过数据压缩降低存储空间，提高IO效率
审计日志和备份	设计有效的审计日志和数据库备份策略，以确保数据的完整性和可恢复性
并发设计	实现有效的并发控制机制，以处理多用户同时对数据库进行读写的情况
数据库选择	根据系统需求选择合适的数据库引擎，如MySQL、MongoDB等，以满足性能、可扩展性和一致性需求
事务管理	设计事务处理策略，确定事务的边界和隔离级别
安全性设计	定义数据库的用户权限、访问控制和安全策略，以确保敏感数据的保护

物理模型阶段的输出一般是SQL语句或者物理实施的设计文档。

10.1.2 数据建模方法

数据建模是描述和组织数据的方法，是数据库设计和开发的重要基础。它可以帮助我们更好地理解数据，并将其存储在数据库中。数据建模可以提高数据的准确性和一致性，并减少数据冗余。

数据建模有多种方法，其中最常用的是关系建模和维度建模。本章将围绕这两种建模方法展开讨论，选择合适的数据建模方法应依据具体的应用场景和需求而定。

关系数据模型是一种将数据组织成二维表的方法，它遵循特定的建模范式规则。每个表由行和列构成，表中的数据项共享相同的属性。该模型具有以下特点：良好的数据完整性和一致性，易于实现和维护，以及对数据冗余进行严格管控。例如，商品订单表的示例如图10-4所示。

product表(商品表)

id	name	unit_price	category
1	苹果手机	5000	1
2	华为手机	4000	1
3	小米手机	2000	1

sales_order(订单表)

id	order_amount	channel
1	11000	1
2	5000	2
3	4000	1
4	2000	2

order_product_relation

order_id	product_id	quantity
1	1	1
1	2	1
1	2	3
2	1	1
3	1	1
4	1	1

sales_channel(销售渠道)

channel_id	channel_name
1	线上
2	门店

category(商品类别表)

id	category_name
1	手机
2	笔记本电脑

图 10-4

根据图10-4，每一个数据模型的设计都非常精确，并且数据结构简洁，这能够最大限度地满足数据复用的需求。然而，如果要统计每个渠道的各种商品销售数量，就需要对多个表进行关联操作。关联操作存在两个主要问题：

- 关联过程较为耗时，并非易事。
- 多表关联可能会影响查询性能，无法保证其效率。

维度建模是一种从业务需求出发，由实现细节到系统抽象的自下而上的建模方法。为了实现查询性能，适当增加冗余，采用反范式化设计的技术，将数据组织成事实表和维度表。事实表存储度量值，表示客观发生的事件。维度表存储描述度量值的属性，表示事实发生的环境。维度建模可以提高数据分析的性能和效率。在商品交易中，一般会将订单按照订单包含的商品类别拆分为子订单，以子订单为事实表的维度，建模示例如图10-5所示，数据示例如图10-6所示。

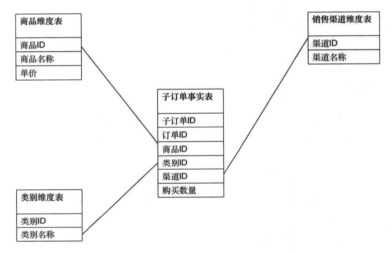

图 10-5

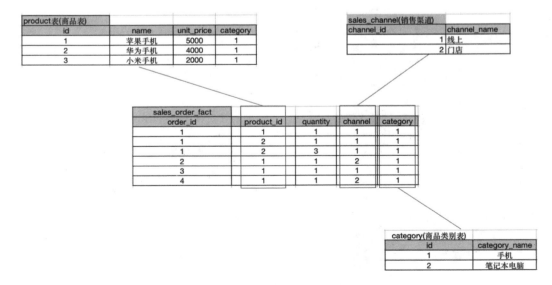

图 10-6

根据图10-5，位于中心的是一个子订单事实表，详细记录了每一类商品的交易信息，并维护了一组外键，这些外键分别指向商品维度表、销售渠道维度表和类别维度表。通过这种方式，统计每个渠道各种商品的销售数量变得十分简单：只需根据渠道ID和商品ID对事实表进行分组并统计数量，即可得到各类商品的销售数据。然而，这种方法也存在一个明显的缺点：每当在子订单表中添加一个商品（product），就必须同时填入其所属的商品类别（category）信息，这导致了商品类别信息的重复存储。

这里有必要解释一下建模方法和数据存储的关系。随着数据技术的发展，业务系统主要分为操作型系统和分析型系统：

- 操作型系统主要进行联机事务处理（On-Line Transaction Processing，OLTP），如一般业务系统的增删改查等操作。
- 分析型系统主要进行联机分析处理（On-Line Analytical Processing，OLAP），如通过数据汇聚后，进行分组统计得到业务指标。

OLTP类操作通常通过关系数据库（如MySQL、SQL Server、Oracle等）来执行。而OLAP类操作则通常需要强大的存储和计算能力，因此更适合使用Hadoop生态系统、数据湖技术如Snowflake、Hudi、Delta Lake等来实施。

建模方法是独立于存储介质的，例如可以在数据仓库中同时使用关系建模和维度建模。

10.2　数据仓库建模架构

企业一般存在很多应用程序，每个应用程序都是以业务应用为中心来存储和管理数据的，如图10-7所示。

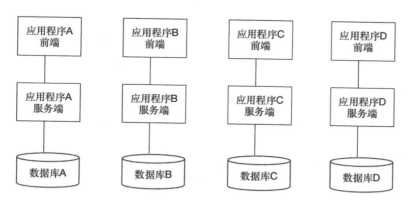

图 10-7

这个架构被称为"烟囱式"架构，它虽然具有灵活性，但也存在一些问题。首先，数据容易分散，因为不同的业务系统可能需要相同的数据，导致数据冗余现象，使得数据一致性难以维护。其次，对于数据分析而言，业务人员不可能将所有数据汇集到本地再进行分析。

因此，可以将数据集中存储于数据仓库中，利用数据仓库作为数据的统一出口，为业务提供所需的数据，从而形成更小的数据集合，满足业务分析的目的。这里有两种设计模式。

一种设计模式是将数据汇集到数据仓库时，首先通过关系型数据建模，以最大限度地确保数据的一致性、完整性，并避免冗余。在尚未明确任何具体业务需求的情况下，进行顶层设计，完成数据技术层面的统一建设模式。然后，根据业务人员的分析需求，通过物理方式提供所需的业务数据，这称为数据集市。在数据集市中，可以采用维度建模，允许数据的非规范化，以便于业务分析和提高查询性能。相关架构如图10-8所示。

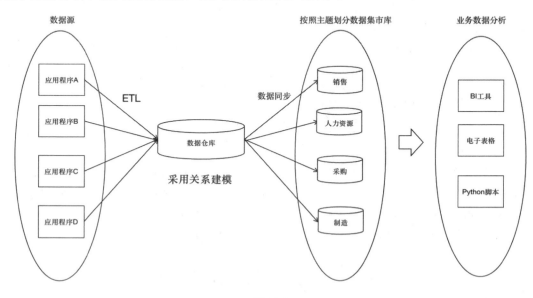

图 10-8

另一种设计模式是首先将数据统一汇集到数据仓库，并进行简单的加工处理，将数据表分为事实表和维度表，以满足维度建模的要求。然后，根据业务逻辑，通过层层逻辑汇聚和计算，完成各个业务领域（即数据集市）的数据准备。相关架构如图10-9所示。

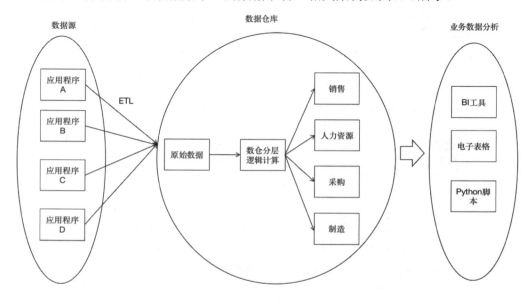

图 10-9

两种架构设计方案的比较如表10-2所示。

表 10-2　两种架构设计方案的比较

方　案	优　点	缺　点
方案1	数据冗余性低，数据完整性和一致性能得到追溯	顶层设计，前期数据仓库设计和建设需要投入大量设计和开发成本
方案2	业务驱动，需求一旦确定，可快速实施数据处理逻辑	业务驱动，多个业务部门存储同样的数据，造成数据冗余。不同业务人员根据自身需求提取数据需求，导致不同业务板块之间的数据完整性缺失

10.3　关系型数据建模

在概念模型阶段，我们需要从业务需求中识别出数据对象，这包括实体、关系和属性等，并从中提炼出概念对象。在逻辑模型阶段，设计必须满足规范化的范式要求，通常至少满足第一范式至第三范式。这个阶段与物理实现无关，重点在于清晰地表达业务的详细解决方案。而在物理模型阶段，就需要考虑具体的技术解决方案，包括索引、分区、存储介质等。

这里通过一个示例来详细说明。假设我们有业务输入：2023年，某大学需要记录大学学生个人信息。学生会被一个学院录取，学校同时给每个学生准备了一张校园卡，并预充了100元，后续学生可以自己充值，用于校园内的日常消费。学校由多个学院组成，每个学院开设不同的课程，一门课程也可能被不同的学生要求选修。数据信息示例如图10-10所示。

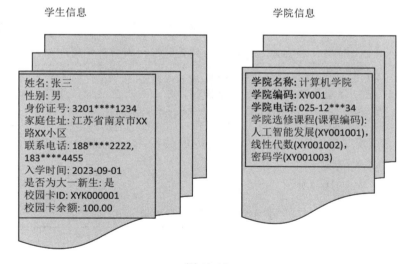

图 10-10

10.3.1　概念模型阶段

1. 识别实体

实体反映现实世界中一个独立的基本事物，它可以是具体的物体（如人、地方、物品）

或抽象的概念（如事件、概念）。在数据模型中，实体通常表示业务领域中的一个独立单位。例如，"人"就是一种实体。

实体的ER图表示如表10-3所示。

表 10-3 实体的 ER 图的表示

图形表示	图形名称	图形说明
Entity	实体	每个实体由一个包含实体名称的矩形表示
Weak Entity	弱实体	两个矩形和名称表示弱实体。弱实体是必须依赖于实体，不能独立存在的实体，例如商品订单有物流项，物流项不能单独存在，它依赖于订单
Associative Entity	关联实体	在多对多关系中使用的实体（表示额外的关系映射表），关联实体的所有关系都应为多对多。例如，学生表和课程表就是多对多的关系

上述业务示例的实体如图10-11所示。

图 10-11

2. 识别关系

关系表示实体之间的连接或交互规则。它描述了一个实体如何与另一个实体相关联的规则。关系通常包括角色、度（参与实体的数量）和约束条件。例如，"人"实体可能有一个或多个"地址"。实体之间的连接或者交互规则一般分为两种：结构规则和行为规则。

- 结构规则：定义了实体和实体之间映射的数量关系，如一个学校可以包含多个学生、一个学生只有一个学号等。
- 行为规则：表明了当实体的属性超出范围时，在业务上应该如何处理，如一个学生一年最少需要修满30学分、一个订单最多只能包含200个商品等。

结构规则一般应用在ER图中来表达实体之间的关系，行为规则一般更多应用于数据库的具体设计，甚至业务流程设计中。

关系的一般表示如表10-4所示。

表 10-4 关系的一般表示

图形表示	图形名称	图形说明
Relationship	强关系	强关系用单个菱形表示。它是指实体的存在独立于另一个实体，且子实体的主键（PK）不包含父实体主键的组件。假设学生表以学生的身份证号码为主键，学生和学校之间就构成强关系，学生的存在并不依赖于学校，且主键不包含学校主键的任何信息

（续表）

图形表示	图形名称	图形说明
◇◇Relationship◇◇	弱关系	弱关系通常由双菱形表示，其中子实体的存在依赖于父实体，而子实体的主键包含父实体主键的某些组件。例如，学生表和成绩单表两个实体就可能构成弱关系，成绩单表的主键可能由学生表主键加上学期组成，即student_id + term

- 一个学生只能有一张学生卡。
- 一张学生卡只能被一个学生拥有。
- 一个学生属于一个学院。
- 一个学院可以有多名学生。
- 一个学生可以选择多门课程。
- 一门课程也可以被多个学生选择。

基数（Cardinality）是用于描述关系的一个术语，表示一个实体集合与另一个实体集合之间的元素数量关系。基数符号表示如表10-5所示。

表 10-5　基数符号表示

图形表示	图形说明
⊢○────	0或者1个
≻────	大于1个
⊦⊦────	有且仅有1个
≻○────	0个或者多个

这样，综合上面的信息，可以画出如图10-12所示的E-R图。

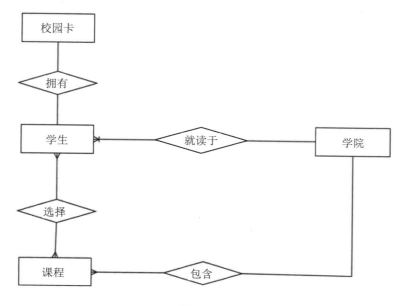

图 10-12

3. 识别属性

属性是实体的特征、性质或描述。它用于描述实体具有的各种信息。属性是实体的特定数据项。例如，"人"实体可能具有"姓名"和"鞋码"。一个"地址"实体可能具有"邮政编码"和"城市"。属性的一般分类和表示如表10-6所示。

表 10-6 属性的一般分类和表示

图形表示	图形名称	图形说明
Attribute	属性	每个属性由一个包含属性名称的椭圆表示
Key attribute	关键属性	通过在名称下面增加下画线的方式来标识特定实体的唯一属性。例如在学生实体中，学号就是唯一标识每个学生的属性
Multivalue attribute	多值属性	多值属性用双椭圆表示，表示包含多个值的属性。例如在学生实体中，学生联系电话可以是多个，包括家庭联系电话、学生手机号码、父母手机号码等多个值
Derived attribute	派生属性	衍生属性用虚线椭圆表示。它是从其他属性计算（推导）而来的属性。例如在学生实体中，从学生出生时间这个字段能推断出学生年龄，学生年龄就是一个派生属性

在业务示例图中扩充属性，如图10-13所示。

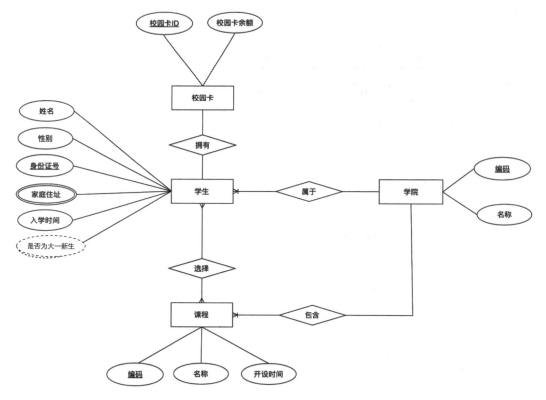

图 10-13

10.3.2　逻辑模型阶段

1. 定义表模型

定义表模型涵盖表的基本结构、表的键的选择以及约束条件等要素。

键的定义主要是主键定义和外键定义。需要为每个实体定义一个主键，主键用于唯一标识实体对象记录。主键通常是实体的某个属性或属性组合。另外，可以为每个非主键属性定义外键，外键指向另一个实体的主键，用于维护两个关系之间的一致性。外键通常也是实体的某个属性或属性组合。

根据概念模型可以发现，学生和课程之间是"多对多关系"，一名学生可以选择多门课程，一门课程也可以被多名学生选择。两个表之间并不能像通过外键表达"一对多"关系那样来表达"多对多"关系。为了解决这一问题，一种常见的做法是在学生表和课程表之间建立一张额外的关系表。这张关系表的主键由学生学号和课程编码组成，形成一个联合主键，确保学生学号和课程编码的组合唯一地确定一条数据记录。为了逐步详细说明，这里我们暂时称之为"学生选课表"。

2. 正则化逻辑模型

为了保证数据的一致性和完整性，提高数据库的性能，一般需要通过数据库设计的"三范式"对模型的属性进行整理。

- 第一范式（First Normal Form，1NF）：要求表中的每一列都是不可再分的原子数据项，即每个字段只包含一个值，而且这个值是不可再分的。
- 第二范式（Second Normal Form，2NF）：在满足第一范式的基础上，要求表的列完全依赖于主关键字。所谓完全依赖，是指不能存在仅依赖主关键字一部分的属性，如果存在，那么这个属性和主关键字的这一部分应该分离出来形成一个新的实体，新实体与原实体之间是一对多的关系。
- 第三范式（Third Normal Form，3NF）：在满足第二范式的基础上，非主键列不应该直接依赖于其他非主键列，即不存在非主键列的传递依赖。

可以应用范式模型到示例中，对数据模型进行调整。

1）第一范式

学生表的联系电话属性可能包含多个值，经和业务人员确认，联系电话可以分割为三个字段：学生手机号码、家庭电话和紧急联系人电话。根据第一范式，将不可分割的字段重新分割为原子列。

学生表（Student表）如表10-7所示。

表 10-7　学生表（Student 表）

字 段 名	含 义	描 述
student_code	学生学号	主键
name	姓名	

（续表）

字 段 名	含 义	描 述
gender	性别	
phone	手机号码	
family_phone	家庭电话	
emergency_phone	紧急联系人电话	
department_code	学院编码	外键，关联学院表
enter_time	入学时间	
is_fresh	是否为大一新生	由enter_time计算而来

2）第二范式

在学生选课表中，发现任何m名学生选择同一门课程的时候，课程的信息会冗余m次，如表10-8所示。

表 10-8 m 名学生选择同一门课程时的冗余次数

学生学号	课程编码	课程名称	课程开设时间
XS00001	00001	数据结构	2007-09-01
XS00002	00001	数据结构	2007-09-01
XS00003	00001	数据结构	2007-09-01

这里的主键是（学生学号，课程编码）的联合主键，但是课程名称和课程开设时间只依赖于课程编码，部分依赖于主键。为满足第二范式，可以将课程名称、课程开设时间等课程信息拆解为单独的课程表，和选课表建立一对多的关系。

学生选课表（StudentCourseMapping表）如表10-9所示。

表 10-9 学生选课表（StudentCourseMapping 表）

字 段 名	含 义	描 述
student_code	学生学号	联合主键，也就是说两个编码确定一条数据
course_code	课程编码	

课程表（Course表）如表10-10所示。

表 10-10 课程表（Course 表）

字 段 名	含 义	描 述
course_code	课程编码	主键
name	课程名称	
create_time	设立时间	

下面来看一个选课表示例。学生XS00001选择了KC00001课程，KC00001课程是2007年9月1日开设的数据结构课程，如表10-11所示。

表 10-11　选课表示例

学生编码	课程编码
XS00001	KC00001
XS00002	KC00001
XS00003	KC00001

课程表示例如表10-12所示。

表 10-12　课程表示例

课程编码	课程名称	课程开设时间
KC00001	数据结构	2007-09-01

3）第三范式

假设需要为每门课程指定教材，一门课程包含多本教材，一本教材只能被一门课程所用。教材信息包括教材编码、教材名称、教材价格等，如表10-13所示。

表 10-13　教材信息

课程编码	课程名称	课程开设时间	教材编码	教材名称	教材价格
KC00001	数据结构	2007-09-01	JC00001	《XXX数据结构》第五版	59.9
KC00001	数据结构	2008-09-01	JC00002	《XXX数据结构配套习题集》	21.9

注意和第二范式的区别，教材信息并不是部分依赖于主键课程编码，教材编码是全部依赖于课程编码，课程决定了用什么样的教材，但是教材名称、教材价格和课程编码并不构成依赖关系，而是依赖于非主键的教材编码，这样的传递依赖数据冗余存储，第三范式就是要消除这种现象。这里将教材信息拆分出来，成为单独的教材表。

课程表如表10-14所示。

表 10-14　课程表

课程编码	课程名称	课程开设时间
KC00001	数据结构	2007-09-01

教材表如表10-15所示。

表 10-15　教材表

教材编码	教材名称	教材价格	课程编码
JC00001	《XXX数据结构》第五版	59.9	KC00001
JC00002	《XXX数据结构配套习题集》第五版	21.9	KC00001

3. 定义约束条件

约束条件的完整性是指数据库中的数据必须满足所有定义的约束条件。约束条件是用来确保数据库中数据的准确性和一致性的规则。业务定义约束条件需要考虑的因素如表10-16所示。

表 10-16　业务定义约束条件需要考虑的因素

约束名称	约束含义	示　例
完整性约束	要求每个实体都必须有一个唯一标识符，称为主键。主键不能为null或重复	在一个学生表中，学生学号是主键，因此每个学生都必须有一个唯一的学号
参照性约束	要求一个表中的外键值必须指向另一个表中的主键值。外键不能为null或指向不存在的记录	在一个学生选修课程表中，学生学号和课程代码是外键，它们必须分别指向学生表和课程表中的主键
域完整性约束	域完整性要求一个属性的值必须满足指定的范围或格式。例如，一个属性的值必须是数字或日期	在一个员工表中，员工年龄属性的域完整性可以定义为员工年龄必须大于18岁
用户自定义约束	用户定义完整性是指由用户定义的约束条件	在一个公司数据库中，可以定义一个约束条件，规定每个部门的员工数量不能超过100人

4. 逻辑模型图

基于前面的信息，画出完整逻辑模型图（范式三增补的内容也包括在内），示例如图10-14所示。

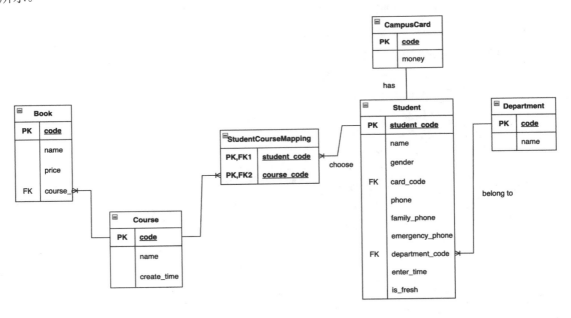

图 10-14

上面模型图中，PK表示主键，FK表示外键。

10.3.3　物理模型阶段

由于逻辑模型设计阶段不考虑具体实现，在物理模型设计阶段可以从存储介质、数据区域等技术角度考虑。可以假定基于单机节点的MySQL来实现。

经前期和业务人员讨论，后期在业务应用过程中会根据学生的姓名、是否为大一新生两个字段来查询数据，并在这两个字段上分别加上索引。

根据逻辑模型设计作为输入，可以构建对应的物理建表语句，示例如表10-17所示。

表 10-17 物理建表语句示例

表	SQL 语句示例
校园卡表	```CREATE TABLE campus_card (
code VARCHAR(255) NOT NULL,
money DECIMAL(10,2) NOT NULL DEFAULT 0,
PRIMARY KEY (code)
);```
学院表	```CREATE TABLE department (
code VARCHAR(255) NOT NULL,
name VARCHAR(255) NOT NULL,
PRIMARY KEY (code)
);```
学生表	```CREATE TABLE student (
student_code VARCHAR(255) NOT NULL,
name VARCHAR(255) NOT NULL,
card_code VARCHAR(255) NOT NULL,
phone VARCHAR(255) NOT NULL,
family_phone VARCHAR(255) DEFAULT NULL,
emergency_phone VARCHAR(255) DEFAULT NULL,
department_code VARCHAR(255) NOT NULL,
enter_time DATETIME NOT NULL,
is_fresh INT NOT NULL DEFAULT 1,
PRIMARY KEY (student_code),
FOREIGN KEY (card_code)
REFERENCES campus_card (code),
FOREIGN KEY (department_code)
REFERENCES department (code),
INDEX idx_student_name (name), -- Index on name
INDEX idx_student_is_fresh (is_fresh) -- Index on is_fresh
);```
课程表	```CREATE TABLE course (
code VARCHAR(255) NOT NULL,
name VARCHAR(255) NOT NULL,
create_time DECIMAL(10,2) NOT NULL,
PRIMARY KEY (code)
);```

（续表）

表	SQL 语句示例

教材表	```
	CREATE TABLE book (
	  code VARCHAR(255) NOT NULL,
	  name VARCHAR(255) NOT NULL,
	  price DECIMAL(10,2) NOT NULL,
	  course_code VARCHAR(255) NOT NULL,
	  PRIMARY KEY (code),
	  FOREIGN KEY (course_code) REFERENCES course (code)
	);
	``

学生选修课程表	```
	CREATE TABLE student_course_mapping (
	  student_code VARCHAR(255) NOT NULL,
	  course_code VARCHAR(255) NOT NULL,
	  PRIMARY KEY (student_code , course_code),
	  FOREIGN KEY (student_code) REFERENCES student (student_code),
	  FOREIGN KEY (course_code) REFERENCES course (code)
	);
	``

10.4　维　度　建　模

如前文所述，维度建模将数据分成事实表和维度表。事实表存储度量值，表示客观发生的事件。维度表存储描述度量值的属性，表示事实发生的环境。

10.4.1　基本概念

1. 数据来源及命名规范

在了解更多事实表、维度表的知识之前，我们先来看一下实践过程中，事实表和维度表出现在哪里。现阶段数据仓库一般都采用分层设计。数据分层计算有以下好处：首先是将最终的计算指标分步计算，将大问题拆解成若干小问题，计算逻辑更清楚；其次是分层使得数据管理较为方便，而且可以复用计算过程中的表结构，节省资源。那么，事实表和维度表的数据从何而来，又位于数仓分层的哪个阶段呢？如图10-15所示。

从图10-15左边的分层可以看到以下内容。

- ODS 层：存储原始数据，不进行任何加工。
- DWD 层：对 ODS 层数据进行清洗、整理，保留业务事实明细。事实表出现。
- DWS 层：对 DWD 明细数据进行聚合、累积、分组等计算，产生初步计算结果。
- ADS 层：根据初步计算结果，再次计算为最终业务指标或面向数据分析的最终业务模型。
- DIM 层：保存维度数据，是对事件环境的描述信息。维度表出现。

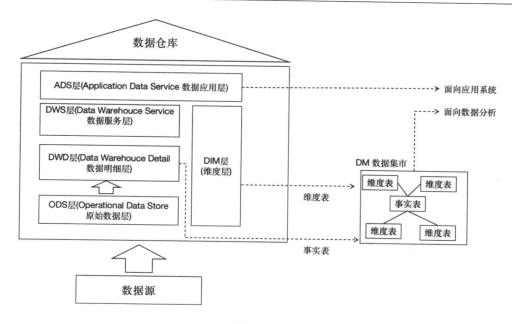

图 10-15

从图10-15右边的分层可以看到在ODS层、DWD层、DIM层之上构建出了数据集市DM层,这就是为什么有的企业组织数仓是按照5层划分的,有的是按照4层划分的,这个取决于数仓的主体服务对象是谁。

所以,DIM层保留维度表数据,并服务于DWD层和DWS层两层的计算。事实表的出现是在DWD层,既不是最底层的原始数据层,也不是经过聚合计算后的DWS层。这样的分层能直接指导实践中数据表的命名,初步的命名规范参考如下:

- ODS 层:ods_表名,如 ods_sales(原始订单表)。
- DWD 层:dwd_fact_表名,如 dwd_fact_sales_items(子订单事实表)。
- DWS 层:dws_表名,如 dws_sales_by_channel(按门店分组,统计商品售出情况)。
- ADS 层:ads_表名,如 ads_top3_sales 表(销量前 3 的商品表)。
- DIM 层:dim_表名,如 dim_product 表(商品维度表)。

当然,在实际生产中,命名规范会更加复杂,比如希望在命名中涵盖实时任务的信息,还是离线任务的信息,离线任务的计算是按月、按天、按小时进行的,如表 dwd_sales_orders_fact_rt,表示位于DWD明细层,面向sales销售主题的订单实时表。这里只进行一个简单的介绍,突出事实表和维度表的来源和命名即可,不再详细展开。

现在,我们知道了接下来要讨论的所有内容基本都是发生在DWD层到DWS层的聚合、累积计算过程中,或者发生在为业务部门构建数据集市表数据的过程中。

2. 维度建模模式

当有一个业务需求的时候,如何通过事实表和维度表来计算呢?通常有以下三种模式。

1)星型模型

星型模型(Star Schema)是一种广泛使用的维度模型,它由一张事实表和多张维度表组成，类似于星星形状。星型模型的特点是一张事实表通过外键和多张维度表关联，维度表和维度表之间没有关联。模式表示如图10-16所示。

优点：简单，容易实现。在实际生产中，往往存在很多星型模型来满足不同的业务需求，但是需求之间的维度表不尽相同。

缺点：局部数据缺失，造成不同的业务域的计算和统计不一致；数据冗余存储。例如，有10 000个商品的维度表，采购部门根据自己的筛选条件拿走了6 000个，销售部门拿走了7 000个。这样就有部分数据重复存储在销售部门和采购部门，同时两个部门都不知道到底有多少商品数据。

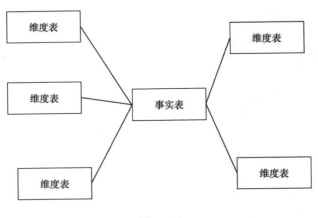

图 10-16

2）雪花模型

雪花模型（Snowflake Schema）在星型模型的基础上进行设计，它由一张事实表和多张维度表组成，维度表之间可以存在多对多的关系。雪花模型的特点是维度表可以进一步细分为多个子维度表，形成雪花状的结构，维度表之间可以存在多对多关系，数据冗余较少。但是使用和维护比较复杂，实际应用较少。模式表示如图10-17所示。

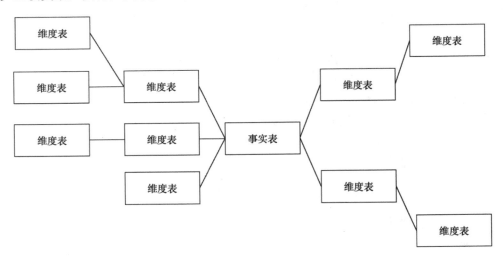

图 10-17

优点：降低数据冗余，提高维度数据的复用率。

缺点：结构复杂，设计和开发难度更大；多级查询，性能可能有瓶颈。

3）星座模型

星座模型（Galaxy Schema）是多个事实表共享维度表。其复杂性和成本较高。模式表示如图10-18所示。

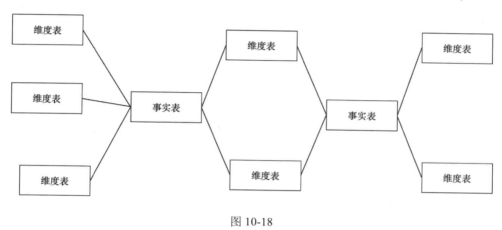

图 10-18

优点：星座模型就是多个星型模型的组合，总体来看比星型模型节约成本，也能快速满足开发需求。

缺点：管理和设计相对复杂。

在实际生产环境中，通常会混合使用不同的数据模型。星型模型因其能够迅速满足业务需求而相对使用得更为广泛。

3. 粒度

粒度是维度建模中的一个核心概念，它决定了事实表中一行记录所代表的细分程度。原子粒度是指数据可以被分解到的最小单元。例如，如果某项上报数据是按秒记录的，那么其最小的原子粒度就是秒。粒度越小，意味着事实表所需的存储空间越大。然而，较小的粒度也意味着可以通过聚合操作，从这些数据中派生出更大粒度的数据，从而为业务分析提供了更大的灵活性和扩展性。

关于粒度有以下原则：

- 一个事实表只有一个粒度，不能混用多个粒度。
- 事实表和维度表关联，粒度要相同。
- 综合考虑粒度大小需要平衡考虑存储和业务需求的可能性。

4. 维度表结构

每个维度表都有一个唯一的主键列，作为事实表的外键。维度表还包含属性列，这些列用来描述对应事实表一行数据的上下文环境。因此，维度表结构包含维度主键和维度属性两方面的信息。

维度表的属性通常用于查询、分组统计、信息展示等用途。例如，当事实表关联到维度表后，可以利用维度属性"商品名称"来进行数据过滤，根据"单价"进行排序，以及根据"商品类别"进行分组统计，以计算购买数量的总和。同时，还可以快速展示商品名称等信息，以满足特定的业务场景需求，如图10-19所示。

5. 事实表结构

下面来看一下我们前面学习的维度模型示例。事实表中的"购买数量"是一个度量的示例，它是一个简单的数值。度量就是业务流程事件的结果衡量。

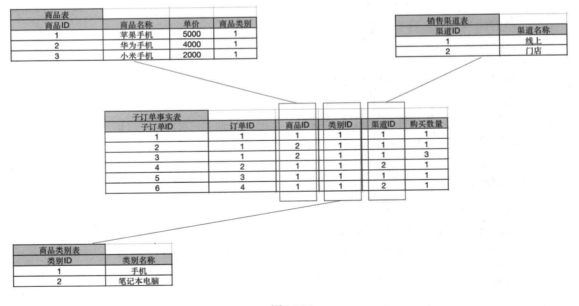

图 10-19

另外，事实表中还维护了一组外键，包商品ID、类别ID和渠道ID，这些外键帮助子订单事实表可以随时关联到维度表，获取维度信息，如图10-20所示。

图 10-20

我们再看这样的一个事实表，如图10-21所示。它直接将商品名称维度信息集成到了表中。

这里冗余了字段（即所谓的"维度退化"，将维度信息退化到事实表中），使得根据商品名称分组统计售卖数量，再也不用关联产品维度表了，直接进行分组便可以统计。这样以空间换时间，提高了查询效率。

| 子订单事实表 | | | | | |
子订单ID	订单ID	商品名称	类别名称	渠道ID	购买数量
1	1	苹果手机	1	1	1
2	1	华为手机	1	1	1
3	1	小米手机	1	1	3
4	2	苹果手机	1	2	1
5	3	苹果手机	1	1	1
6	4	苹果手机	1	2	1

图 10-21

因此，我们可以认识到事实表由度量和维度两部分组成。即便面对更复杂的表或更庞大的数据量，其核心构成也不外乎这两大部分。

6. 维度建模步骤

维度建模过程分为4步，顺序不能调换，如图10-22所示。

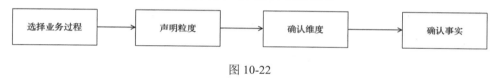

图 10-22

1）选择业务过程

维度建模就是业务驱动，自下而上的建模方法。选择业务过程就是从业务流的各种活动中选择需要建模的活动。比如某POS机业务活动如下，假设每一步业务活动成功才能往下继续进行。如果要分析销售额的情况，就需要针对其中的结算活动进行建模，而其他的业务活动，如暂存订单、打印小票等不需要纳入建模范畴，如图10-23所示。

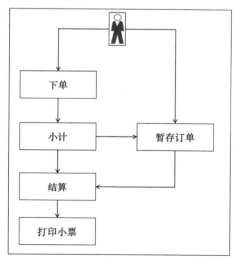

图 10-23

2）声明粒度

在建表之前，需要考虑清楚，模型的粒度是什么。

示例中的最小粒度是天吗？确实，可以选择每天作为数据的粒度，这意味着一天内所有数据将被聚合为一条记录。这种方法确实可以保证通过每天的数据分组计算得到月销售额的可能性。然而，需要注意的是，一天的数据实际上是由多条交易记录聚合而成的。因此，从数据细分的角度来看，最小的粒度应该是交易订单。

在实际生产中，还是尽量选择可能的最小粒度，保持业务扩展的最大可能性。

3）确认维度

在确定了粒度之后，我们才能明确业务分析和计算可能需要哪些维度。如果我们没有确定粒度为交易单，那么我们就不能直接定义如门店、POS ID、交易时间这样的维度。因为交易单的金额可能需要根据门店、POS机、客户等条件进行筛选、分组计算或关联分析，所以我们可以确认需要建立门店维度表、POS机器维度表和客户维度表。

4）确认事实

从业务需求中提炼出所需的度量，并结合确定的粒度，我们便能从原始的操作数据存储层（ODS）清洗并构建出事实明细表。如果我们未能事先确定维度，就无法绕过这一步骤直接定义事实表，因为事实表的设计需要包含指向维度表的外键。一旦维度表确定，我们就可以从数据仓库中获取POS机上传的数据，将其清洗并整合，形成以交易单为粒度、度量为每日总金额的事实表，并添加POS ID、门店ID、交易时间等相关维度的外键。图10-24展示了按照天的粒度和交易单粒度构建的不同事实表的效果。

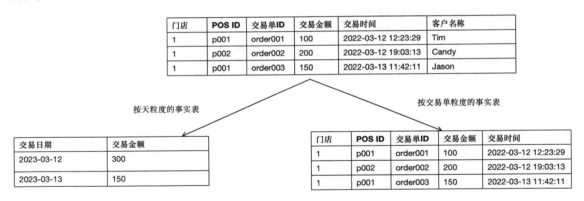

图 10-24

按天粒度建模出来的事实表，虽然能满足业务需求，但是我们没有办法放置任何维度信息进去。按交易单粒度的事实表，我们放置了门店、POS ID、交易时间维度外键，使得业务分析的可扩展性大大提升。

10.4.2　维度表设计

如前文所述，维度决定了看数据的角度。在维度建模过程中，维度表的设计非常重要，设计过程中也会碰到形形色色的问题。

1. 一致性问题

经典的维度建模模式都是通过事实表关联维度表，然后进行数据分析和探查。但是，在现实生产中，会出现事实表关联事实表的情况，这种探查叫作交叉探查。交叉探查会出现粒度一致性问题和维度一致性问题。

1）维度一致性问题

比如，采购订单和销售订单如图10-25所示。

商品名称	数量	采购订单时间
篮球	20	2023-10-12
苹果手机	5	2023-10-13
华为手机	5	2023-10-14
苹果手机	5	2023-10-15
洗衣机	10	2023-10-16
苹果手机	11	2023-10-17

商品名称	商品类别	数量	销售订单时间
篮球	体育	13	2023-10-19 22:01:12
苹果手机	电子	5	2023-10-31 22:01:12

图 10-25

采购订单表和销售订单表分别来源于两个数据集市，假设每个月的采购行为和销售行为都是独立的，现在想通过两张事实表来分析商品的库存消化情况,按月哪个商品库存消化最快，即哪个商品最畅销。我们先将采购订单表汇聚成商品粒度，得到商品和数量的分组计算结果，然后和销售订单表用商品名称关联，似乎可以得出如图10-26所示的结论。

商品名称	采购数量	销售数量	库存消化率
篮球	20	13	0.65
华为手机	5	0	0
苹果手机	21	5	0.23
洗衣机	10	0	0

图 10-26

看起来一切顺利，但是这个结论很可能是错误的。因为我们并不知道销售部门的销售时间维度是UTC时间，还是北京时间。如果这个维度是UTC时间，那么最后一行销售记录应该是11月的数据，不应该纳入10月的计算范围。另外，我们无法分析按照类别的库存消化，因为不知道洗衣机到底属于哪个类别。这都是由于维度上的差异，使得交叉探查出现了问题。

解决粒度不一致问题，本质上是通过变换找到维度的共性，有以下方式：

（1）维度转换。首先确定维度的数据造成不一致的统计出入在哪里，按照规则对其中一张维度表进行数据转换。转换可以通过新建视图、新增转换列等方法来进行。

（2）维度上卷。如果需要按季度统计库存消化率，则需要将两张事实表都上卷为同样的季度维度。

（3）补充未知维度。在处理数据时，如果遇到未知的维度信息，可以暂时将其补充为"未知"类别，例如"洗衣机"。通过这种方式，我们可以初步进行数据分析。如果分析结果显示，"未知"数据对最终结果的影响微乎其微，那么我们就可以不必因为这些未知数据而延迟整个探查过程。然而，如果"未知"数据的占比相对较大，这可能意味着我们需要重新审视数据来源，并追溯上游数据，以便将缺失的维度信息补全到事实表中。

2）粒度一致性

为了方便追溯商品质量问题，一般会在采购表上加上采购批次维度，订单表同样也加上采购批次维度，这样订单如果因为质量问题被退回，就能追溯到采购批次的信息了。一个采购批次的商品可能要分多个销售订单才能完成全部售出，如图10-27所示。

商品名称	采购数量	采购批次
篮球	20	1
苹果手机	5	2

商品名称	商品类别	销售数量	采购批次
篮球	体育	10	1
篮球	体育	5	1
篮球	体育	5	1
苹果手机	电子	5	2

图 10-27

我们是否可以分析每个商品类别的库存消化率，先用销售订单表关联采购订单表，如图10-28所示。

商品名称	商品类别	销售数量	采购批次	采购数量	采购批次
篮球	体育	10	1	20	1
篮球	体育	5	1	20	1
篮球	体育	5	1	20	1
苹果手机	电子	5	2	5	2

按照商品名称分组求和

商品名称	商品类别	销售数量	采购批次	采购数量	库存消化率
篮球	体育	20	1	60	0.33
苹果手机	电子	5	2	20	1

图 10-28

篮球采购数量是20个，为什么分组聚合后变成了60个？因为两个事实表在关联的时候，由于订单表的粒度更小，"扩散"了采购表的采购数量这个度量。当粒度小的事实表去关联粒度大的事实表时，粒度大的事实表的度量就会扩散，造成结果错误。解决粒度一致性问题的方法如下：

（1）粒度转换，将两张表的粒度换算成同一个粒度。比如，这里可以将销售订单表和采购订单表都换算成商品粒度，再根据商品关联计算商品的库存消化率。

（2）更好的办法是使用Bridge（桥）表。桥表是一种基于星型模型的新型建模方法。桥表包含两个事实表主键连接关系，并关联到两个事实表，如图10-29所示。

Stage	_KEY_Purchase	_KEY_Sales	采购数量	销售数量
Purchase	P_001	NULL	20	NULL
Purchase	P_002	NULL	5	NULL
Sales	S_001	P_001	NULL	10
Sales	S_002	P_001	NULL	5
Sales	S_003	P_001	NULL	5
Sales	S_004	P_002	NULL	5

采购表主键	商品名称	采购数量	采购批次
P_001	篮球	20	1
P_002	苹果手机	5	2

销售表主键	商品名称	商品类别	销售数量	采购批次
S_001	篮球	体育	10	1
S_002	篮球	体育	5	1
S_003	篮球	体育	5	1
S_004	苹果手机	电子	5	2

图 10-29

为每张事实表新增代理主键，桥表通过Stage区分不同的表，主关联的表会把自己的主键和要关联的主键填满，被关联的表只填自己的主键。将事实表的度量都填入桥表中。这样通过桥表去关联两个事实表就会出现如图10-30所示的结果。

Stage	_KEY_Purchase	_KEY_Sales	采购数量	销售数量	采购表商品名称	采购表采购批次	销售商品名称	销售商品类别	销售表采购批次
Purchase	P_001	NULL	20	NULL	篮球	1	NULL	NULL	NULL
Purchase	P_002	NULL	5	NULL	苹果手机	2	NULL	NULL	NULL
Sales	S_001	P_001	NULL	10	篮球	1	篮球	体育	1
Sales	S_002	P_001	NULL	5	篮球	1	篮球	体育	1
Sales	S_003	P_001	NULL	5	篮球	1	篮球	体育	1
Sales	S_004	P_002	NULL	5	苹果手机	2	苹果手机	电子	2

采购数量和销售数量均没有重复

图 10-30

这样就可以通过采购表商品名称分组求和，得到正确的采购数量和销售数量，进而求得库存消耗率。

2. 缓慢变化维

在实践中，维度表并非一成不变，只是相对于事实表而言变化较为缓慢。例如，商品的价格可能会经历调整，国家的行政区划有时也会因合并而发生变化，时间年维度在新的一年到来后也会有所更新等。这些场景都是缓慢变化维（Slowly Changing Dimension，SCD）所描述的内容。

当维度发生变化的时候，有4个基本操作：SCD1、SCD2、SCD3、SCD4。

- SCD1 是指在原来维度表的基础上直接修改变化的维度，这样做比较简单，但是会损失数据仓库应该保留的历史数据。
- SCD2 是指在原来的维度表的基础上新增一行，并新增生效时间戳、失效时间戳和是否当前使用三个字段，这样既能保留原始数据，又能分辨当前应该使用哪个维度的数据。
- SCD3 是在原维度表的基础上新增一个属性列用来保留原属性的值，而将新的变化值写入原属性值中。这样能通过属性保留版本。SCD3 相比 SCD2 的好处是只需要增加一个字段，一般选择性保留历史数据，而不是全量保留。SCD1~SCD3 的示例如图 10-31 所示。
- SCD4 描述的是微型维度的概念，当一个维度表数量比较庞大的时候，例如在销售场景中，有 100 万条商品数据，商品折扣可能每天都有几十万的数据需要调整，这些调整随时会发生，采用前面 3 种方法，维度表的更新动作比较大，甚至可能会影响正在查询的请求。微型维度就是将这些“不稳定”的维度从主维度表中抽取出来，作为一个微型维度表。再在事实表上加上微型维度表的外键，如图 10-32 所示。

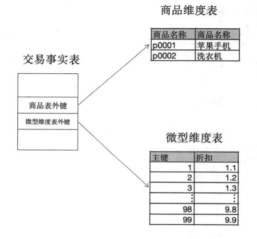

客户ID	客户姓名	客户年龄
1	Tim	32

SCD1

客户ID	客户姓名	客户年龄
1	Tim	33

SCD2

客户ID	客户姓名	客户年龄	有效	生效时间	失效时间
1	Tim	32	FALSE	08/01/2022	31/07/2023
1	Tim	32	TRUE	08/01/2023	31/12/2099

SCD3

客户ID	客户姓名	客户年龄	客户之前年龄
1	Tim	32	31

图 10-31

商品维度表

商品名称	商品名称
p0001	苹果手机
p0002	洗衣机

交易事实表

商品表外键
微型维度表外键

微型维度表

主键	折扣
1	1.1
2	1.2
3	1.3
⋮	⋮
98	9.8
99	9.9

图 10-32

另外，SCD5~SCD7基本都是SCD0~SCD4组合而来的，关于这方面的内容，读者参阅Kimball的《数据仓库工具箱》。

10.4.3 事实表分类

事实表的各种类型设计都是为了更好地满足数据分析、商业洞察的目的。现阶段，一般数据分析师会直接将自己的BI工具对接到事实表上，然后通过BI工具自身的数据获取能力可视化地完成数据分析工作。事实表类型、说明及其示例如表10-18所示。

表 10-18　事实表类型、说明及其示例

事实表类型	说　　明	示　　例
事务事实表	事务事实表是通过一次测量产生事实度量数据而存在的表，可能是密集的，也可能是稀疏的。这种事实表始终包含每个相关维度的外键，有时会包含精确的时间戳和退化维度键。测量的数字事实必须与事务粒度一致	某时间点物联网设备测量的温度、湿度、电流、电压值，事实表数据结构如（设备编码，测量时间，温度值，湿度值，电流值，电压值）

（续表）

事实表类型	说　　明	示　　例
周期快照事实表	周期快照事实表中的一行汇总了一个标准周期内发生的许多测量事件，如一天、一周或一个月。粒度是周期，而不是单个事务的度量值。即使在此期间没有发生任何活动，通常也会在事实表中插入一条空或者零数值的记录	门店每天对每种商品售卖情况进行盘点，同一个商品一天可能会被售卖很多次。事实表结构如（门店编码，商品编码，售卖量，盘点日期）
累计快照事实表	累计快照事实表是由多个周期数据组成的，每行汇总了过程开始到结束之间的度量。每行数据相当于管道或工作流，有事件的起点、过程和终点，并且每个关键步骤都包含日期字段	汽车的行程就是一条数据，有行程开始时间和结束时间，并有燃油消耗率、行驶距离等度量值
无事实表	只包含维度信息，没有度量信息的事实表。无事实表在按照维度统计总数、查看缺失情况时很有用	某天参加课程的学生，结构如（学生学号，日期，课程）
聚合事实表	聚合事实表是原子事实表数据的简单数字卷积，其建立的唯一目的是加快查询性能	为了查看每天全国各个门店的销售情况，每天凌晨按照门店维度统计各个门店前一天的营业额，表结构如（门店编码，营业额，统计日期）
合并事实表	如果多个流程中的事实可以用相同的粒度表示，那么将它们合并到一个综合事实表中通常会很方便	例如，可以将销售实际数据与销售预测数据合并到一个单一的事实表中，从而使实际数据与预测数据的分析任务变得简单快捷

10.4.4　基于维度建模的数据分析实践

维度建模是面向多维数据分析的，下面来看一下常见的数据分析操作。

1. 数据钻取

数据钻取操作分为上卷和下钻。上卷（roll-up）是沿着低层维度向高层维度聚集数据，一般通过减少维度汇总数据。下钻（drill-down）是上卷的逆操作，一般通过增加维度查看更详细的数据。示例如图10-33所示。

2. 切片和切块

切片是指按照一个维度过滤出数据，过滤出的数据就是原始数据集的一个分片。切块是指对多个维度进行过滤，得到的数据就是原始数据集的一个切块。示例如图10-34所示。

3. 旋转

旋转（Pivot）是一种数据展示时的维度变化，相当于换个角度看数据。示例如图10-35所示。

按渠道
维度上卷

渠道名称	购买数量
线上	6
门店	2

订单ID	渠道名称	购买数量
1	线上	5
2	门店	1
3	线上	1
4	门店	1

按子订单
维度下钻

子订单ID	订单ID	商品名称	类别名称	渠道名称	购买数量
1	1	苹果手机	手机	线上	1
2	1	华为手机	手机	线上	1
3	1	小米手机	手机	线上	3
4	2	苹果手机	手机	门店	1
5	3	苹果手机	手机	线上	1
6	4	苹果手机	手机	门店	1

图 10-33

按照商品名称维度等于
"苹果手机"切片

子订单ID	订单ID	商品名称	类别名称	渠道名称	购买数量
1	1	苹果手机	手机	线上	1
4	2	苹果手机	手机	门店	1
5	3	苹果手机	手机	线上	1
6	4	苹果手机	手机	门店	1

按照商品名称维度等于
"苹果手机"，渠道名
称等于"线上"切块

子订单ID	订单ID	商品名称	类别名称	渠道名称	购买数量
1	1	苹果手机	手机	线上	1
2	1	华为手机	手机	线上	1
3	1	小米手机	手机	线上	3
4	2	苹果手机	手机	门店	1
5	3	苹果手机	手机	线上	1
6	4	苹果手机	手机	门店	1

子订单ID	订单ID	商品名称	类别名称	渠道名称	购买数量
1	1	苹果手机	手机	线上	1
5	3	苹果手机	手机	线上	1

图 10-34

旋转一个维度，把类别
去掉，换成渠道

以商品和类别
看购买数量

商品名称	类别名称	购买数量
苹果手机	手机	4
华为手机	手机	1
小米手机	手机	3

商品名称	渠道名称	购买数量
苹果手机	线上	2
苹果手机	门店	2
小米手机	线上	3
华为手机	线上	1

子订单ID	订单ID	商品名称	类别名称	渠道名称	购买数量
1	1	苹果手机	手机	线上	1
2	1	华为手机	手机	线上	1
3	1	小米手机	手机	线上	3
4	2	苹果手机	手机	门店	1
5	3	苹果手机	手机	线上	1
6	4	苹果手机	手机	门店	1

图 10-35

参 考 文 献

[1] Gartner. Hype Cycle for Data Security in China, 2023[R]. [2023-07-14] . https://www.gartner. com/doc/reprints?id=1-2ES8P9DZ.

[2] Grandviewresearch. Metadata Management Tools Market Size, Share & Trends Analys is Report By Metadata Type (Business, Technical, Operational), By Deployment (Cloud, On-premise), By Application, By End-user, By Region, And Segment Forecasts, 2022 - 2030[R]. [2023]. https://www.grandviewresearch.com/industry-analysis/metadata-management-tools-market-report.

[3] ISO/IEC. ISO/IEC 11179-1:2023(en) Information technology — Metadata registries (MDR) — Part 1: Framework[S/OL]. [2023].

[4] Ralph Kimball, Margy Ross. The Data Warehouse Toolkit: The Definitive Guide to Dimensional Modeling, Third Edition[M]. New York, USA: John Wiley & Sons, Inc., 2013.